高职高专机电类专业"十三五"规划教材

电工电子技术简明教程

主　编　王成安　胡国柱
副主编　李庆海　王　春
参　编　王　超　贾厚林

U0311669

西安电子科技大学出版社

内 容 简 介

本书以项目引领电工技术和电子技术的知识教学，以具体任务带动技能训练，以实际操作检验技能水平和知识水平。

本书共包含 11 个项目，分别为电力系统简介与安全用电、直流电路的认识与测量、交流电路的认识与测量、电机的认识与控制、半导体电子元件的认识与应用、基本放大电路的分析、集成运放及其应用、集成功放及其应用、数字逻辑电路基础、集成组合逻辑电路及其应用、集成触发器与时序逻辑电路等。同时，全书设有 28 个实训任务，以便加强学生的实践能力培养。

本书可作为高职高专院校机械类专业和机电类专业或其他非电类专业的电工电子技术课程教材，也可作为工厂职业技术培训的电工和电子技术教材。

图书在版编目(CIP)数据

电工电子技术简明教程/王成安，胡国柱主编. —西安：西安电子科技大学出版社，2018.7
ISBN 978 - 7 - 5606 - 4934 - 4

Ⅰ. ① 电… Ⅱ. ① 王… ② 胡… Ⅲ. ① 电工技术 ② 电子技术 Ⅳ. ① TM ② TN

中国版本图书馆 CIP 数据核字(2018)第 126512 号

策划编辑 高樱
责任编辑 李清妍 阎 彬
出版发行 西安电子科技大学出版社(西安市太白南路 2 号)
电 话 (029)88242885 88201467 邮 编 710071
网 址 www.xduph.com 电子邮箱 xdupfxb001@163.com
经 销 新华书店
印刷单位 陕西天意印务有限责任公司
版 次 2018 年 7 月第 1 版 2018 年 7 月第 1 次印刷
开 本 787 毫米×1092 毫米 1/16 印张 20.75
字 数 490 千字
印 数 1～3000 册
定 价 43.00 元

ISBN 978 - 7 - 5606 - 4934 - 4/TM

XDUP 5236001 - 1

＊＊＊如有印装问题可调换＊＊＊

前　言

高职教育的目标是培养满足行业和市场需求的实用型人才，重视学生的实践能力。本书秉承"教学工厂"理念，以"工作过程导向"为主线，采取项目式的教学方法来编写，重在突出技能训练。书中的训练内容按照国家职业技能鉴定规范执行，是高职教育在专业基础教材建设方面的尝试，符合现代化的高职教育理念，是提高高职教育水平的积极创新。

"电工电子技术简明教程"是高职机械类专业和机电类专业的一门专业基础课程，作为学生接触专业技术知识的首门课程，必须及时反映出电工电子技术的最新进展，与时俱进，才能胜任现代电工电子技术对高职教育的要求。电工电子技术课程的教学内容必须按照社会生产的实际情况来制定，必须与实际紧密结合，学以致用。

本书采用项目式教学方法来编写，力图用实际工作任务来引导技能训练和知识学习，使重要的电工电子基础理论都在明确的任务背景下展开。所有的教学内容都是在教、学、做相结合的情况下展开的。教学活动应尽可能在理实一体化实训室或生产现场进行，努力将理论课、实训课、习题课和答疑课等有机地结合起来，努力建立以学生为主体、以能力为中心、以分析和解决实际问题为目标的高职教学模式。

通过本课程学习将使学生具备电工电子技术的基本知识，掌握从事电工电子技术的基本技能，帮助学生掌握电工电子技术的实际应用。

本书既强调基础知识，又力求体现新知识、新技术、新产品，教学内容与国家职业技能鉴定规范相结合。在体例上采用新的形式编写，并配以简洁的文字表述及大量的实物图片，使内容直观明了。书中注重理论和实践的结合，为学生提供了有实用价值的技能技巧训练，相信会对提高学生的电工电子技术和开拓学生的视野有所帮助。

本课程的教学时数约为 62 学时，各项目的参考教学课时见下述课时分配表。

本书由广州城建职业学院王成安教授和辽宁机电职业技术学院胡国柱担任主编，辽宁地质工程技术学院王春和浙江工贸职业技术学院李庆海担任副主编，安徽淮安信息职业技术学院王超和无锡职业技术学院贾厚林参加编写。本书在编写过程中参阅了许多文献，在此对相关作者表示深深的感谢。

电工电子技术教学课时分配表

序　号	项目名称	课时分配		
		合计	理论	实训
项目 1	电力系统简介与安全用电	4	2	2
项目 2	直流电路的认识与测量	8	6	2
项目 3	交流电路的认识与测量	6	4	2
项目 4	电机的认识与控制	4	2	2
项目 5	半导体电子元件的认识与应用	6	4	2
项目 6	基本放大电路的分析	6	4	2
项目 7	集成运放及其应用	6	4	2
项目 8	集成功放及其应用	4	2	2
项目 9	数字逻辑电路基础	6	4	2
项目 10	集成组合逻辑电路及其应用	6	4	2
项目 11	集成触发器与时序逻辑电路	6	4	2
总　计		62	40	22

尽管我们在现代电工电子技术高职教材的建设方面做了许多努力，但由于编者水平所限，书中难免存在不妥之处，在取材新颖性和实用性等方面也会有诸多不足，敬请兄弟院校的师生和广大读者给予批评和指正。

我们衷心盼望本书能对有志于从事电工电子技术应用的读者有所帮助。请您把对本书的意见和建议告诉我们，以便修订时改进。所有意见和建议请寄往电子邮箱：1419036625@qq.com。

编　者

2018 年 6 月

目 录

绪　　论

　　世纪交替，风云变幻。发电机和电动机问世迄今不过一百八十余年，半导体三极管问世迄今不过七十年，在历史的长河中真可以说是一瞬间，但它们的出现却从根本上改变了世界的面貌，让整个世界跨进了电时代。

　　从库伦发现了电荷定律，到法拉第发明了发电机，电从魔术表演转变为为人类造福。现在人类已经掌握了电的运动规律，有能力让电为人类服务。

　　工厂里电机轰鸣，轨道上高铁飞驰，房间里灯火通明，这一切都有赖于电的应用。很难想象，现在的世界如果没有了电，人类将会如何发展。

　　20 世纪 20 年代，人们发明了电子管，由此促使了电子工业的诞生，发展了无线电广播和通信产业。1946 年诞生的世界上第一台电子计算机（名为 ENIAC）可以认为是这个阶段的典型代表和终极产品。虽然它的运算速度仅有 5000 次/秒，却是一个重达 28 吨、体积为85 立方米、占地 170 平方米的庞然大物。这台电子计算机由 18 000 个电子管组成，耗电150 千瓦，其内部的连线总长可以绕地球 20 圈。

　　1948 年，第一只半导体三极管的问世，标志着电子技术第二次革命的开始，掀起了电子产品向小型化、大众化和高可靠性、低成本进军的革命风暴。半导体进入电子领域，促进了无线广播电视和移动通信的高度发展，使得计算机的小型化变为现实，开启了人造地球卫星的太空之旅。随后，电子产品逐渐由科研和军用领域向民用领域普及，极大地改善了人们的生活质量。

　　到了 20 世纪 70 年代，集成电路的使用已经不再新奇，电子技术步入了第三个发展阶段。正是在这个阶段，电子技术飞速发展，各种电子产品如雨后春笋般涌现，世界进入了空前繁荣的电子时代。电子计算机分别朝着大型化和微型化发展，其应用领域由科研转向工业及各个行业，自动控制、智能控制得以真正实现，航天工业得到从未有过的发展。

　　随着制造工艺的提高，在一块 36 平方毫米的硅片上制造 100 万只三极管已经不是梦想。1999 年美国英特尔公司宣布，其生产的奔腾 4 CPU，在一块芯片上集成了 2975 万只三极管，使微型机的运算速度远远超过以往的大型计算机。移动数字通信技术已非常成熟，手机、笔记本电脑等移动智能终端设备已不再是奢侈品，它们已成为人们必不可少的工具，正在把人们的工作从办公室里解放出来。

　　各种智能家用电器如雨后春笋般涌现，人们的生活质量大幅提高。中国古代传说中的"千里眼"和"顺风耳"都在电子技术的发展过程中变成现实。人们可以"上九天揽月"，能够"下五洋捉鳖"。2003 年，人类将高度智能化的火星探测器送上火星。随后，科学家们研发出了一种可以自愈的芯片。此外，交流 1100 kV 特高压传输和直流 ±800 kV 特高压传输已经在中国大地上正常运行，实现了"西电东输"。可以预料，21 世纪，电工电子技术仍将高速发展，其所能达到的水平和发展速度，是历史上任何一个科幻作家都无法想象的。

我国的电子工业在新中国成立前基本上是空白。新中国成立后，在一批归国科学家的引领下，我国于1956年自主生产出第一只半导体三极管，1965年生产出第一块集成电路，1983年研制出银河Ⅰ型亿次计算机（银河Ⅰ型亿次计算机的出现标志着我国的计算机行业迈入巨型机行列）。1992年我国又研制出银河Ⅱ型十亿次计算机，1995年研制出曙光1000型并行处理计算机（其运行速度可达25亿次/秒）。2003年曙光4000L百万亿数据处理超级服务器研制成功，其每秒峰值速度达到6.75万亿次。2016年11月，运算速度达到33.86千万亿次/秒的超级计算机在中国国防科技大学研制成功，使得我国的超级计算机连续第六年蝉联世界第一。

我国自行研制的神舟系列飞船成功地进行了航天飞行，实现了中国人在太空漫步的梦想。不久的将来，中国人在月球上散步的目标也将成为现实。这些成就的取得，电工电子技术功不可没。尽管如此，我国在电工电子核心元器件的生产和高级电工电子产品等方面，与发达国家相比还有较大差距。努力缩小差距，赶超世界先进水平，正是历史赋予年轻人的光荣使命。

电工电子技术的知识范围很广，其分支也很多，有些分支已发展成为一门独立的学科，如工厂供电、电动机、计算机、单片机、晶闸管、可编程控制器等。但这些学科的知识基础仍然是电工电子技术。

电工电子技术包含了电工技术和电子技术两部分。电工技术主要是研究交流电和直流电的运动规律，还有发电机、电动机、变压器的运行和控制技术；电子技术是研究电子电路的功能和特点，对电信号进行处理和控制的专门技术。

电子技术还可以分成电子元器件和电子电路两部分。在电子元器件这部分内容中，主要研究各种电子元器件的结构、特点、主要参数和生产工艺，其设计和制造属于电子技术的一个重要领域，是生产电子产品科研人员的研究范围；电子电路是把电子元器件按照电信号处理的要求进行一定的连接，以实现预定的功能，是研究和制作电子产品的科研人员的研究范围。

我国是一个正处在飞跃发展中的电工电子大国，但还不是电工电子强国，每一个炎黄子孙都感到复兴中华的责任重大而迫切。中国的科学技术面临着国情的挑战，面临着世界的挑战，面临着21世纪的挑战，急需一大批爱好电工电子技术的有志者投入到电工电子技术的革命洪流中来。让我们共同努力，为中华复兴和世界进步献出满腔热血。当然，当你付出的时候，你也会享受到世界进步带给你的幸福和快乐。

项目 1　电力系统简介与安全用电

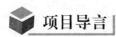 **项目导言**

　　自从法国物理学家查尔斯·库仑于 1785 年发现了点电荷的运动规律——库仑定律，到现在不过 200 多年，但人们已经掌握了电的运动特点和规律，可以让电按照人们的意志运行，造福于人类。当今世界，离开了电已是寸步难行。

　　学习电工电子技术，需要先从电能的使用入手，知道电的来龙去脉，了解电源的种类和特点，然后再去研究电的内在规律。由于电能在使用过程中存在着一定的危险性，因此要注意安全用电，了解用电防护措施，再去合理使用和测量电能。

 知识目标

　　(1) 了解电力系统的基本组成和功能。

　　(2) 认识常用的电工仪表，知道各种电工仪表的用途。

　　(3) 熟悉安全用电常识和规定。

　　(4) 了解防止触电的保护措施，了解触电的现场紧急处理措施，了解电气火灾的防范及扑救常识。

技能目标

　　(1) 会使用测电笔测量交流电，能判断和区分火线和零线。

　　(2) 会用万用表测量交流电压。

1.1　电力系统简介

　　电能是人们使用最多的能源。电能分为交流电和直流电两种，各种家用电器如液晶电视、电冰箱和洗衣机等使用的都是交流电，而手机使用的则是直流电。

　　各种电池中储存的直流电能一般是由化学能源转换而来的，如各种干电池和汽车中使用的铅酸蓄电池。在各种固定场所中使用的电子设备其实也需要使用直流电，只不过这些直流电多是由交流电转化而来的。交流电是由发电机产生的。发电机的发明是电工技术的重大革命。

1831年，法拉第制作了第一台发电机原型，产生了电力。在此之前，所有的电都是由静电发生器和电池产生的，但这二者均不能产生巨大的电量，只能用于表演。

法拉第将电磁感应原理以实物的形式表现了出来，而西门子则于1866年将发电机提高到了可以实际应用的程度。

1.1.1　发电、输电和配电

1. 发电厂

发电厂使用发电机将各种一次能源转换成电能。按照所用能源种类的不同，发电厂可分为火力发电厂（燃烧煤或者石油）、水力发电厂（利用水的落差）、核能发电厂（利用核裂变）、风力发电厂（利用风能）、太阳能发电厂（利用太阳能）等。

1）火力发电厂

火力发电厂利用燃烧化石燃料（煤、石油、天然气等）所得到的热能发电。

火力发电的发电机组有两种主要形式：一种是利用锅炉产生高温高压蒸汽推动汽轮机旋转带动发电机发电，这种发电形式称为汽轮发电机组；另一种是燃料进入燃气轮机燃烧，将热能直接转换为机械能，再驱动发电机发电，这种发电形式称为燃气轮机发电机组。

火力发电厂通常是指以汽轮发电机组为主的发电厂，在火力发电厂中做过功的蒸汽排入凝汽器冷凝成水，重新送回锅炉。火电厂的能量效率较低，只能达到30%～40%。

火电厂的能量转换过程如图1-1所示。

图1-1　火电厂的能量转换过程

现代火电厂一般都考虑了"三废"（废渣、废水、废气）的综合处理。通常既能发电又能供热的火电厂称为"热电厂"。热电厂的总能量利用率高，热能利用率高达60%～70%，而且非常环保。它一般位于城市或工业区附近。在热电厂汽轮机中做过功的蒸汽可以经热交换器将水加热后把热水供给用户取暖。

2）水力发电厂

水力发电厂将水的势能和动能转变成电能。水力发电的基本生产过程是：从河流高处或水库内引水，利用水的压力或流速冲动水轮机旋转，将水能转变成机械能，然后水轮机带动发电机旋转，将机械能转变成电能。水力发电厂的容量取决于上下游的水位差和流量大小。我国的三峡水电站是世界上规模最大的水电站，也是中国有史以来建设规模最大的工程项目。

水电站的能量转换过程如图1-2所示。

图1-2　水电站的能量转换过程

3）核能发电厂

核能发电是利用原子反应堆中核燃料（例如铀）裂变所放出的热能产生的蒸汽驱动汽轮机转动再带动发电机旋转而发电的。以核能发电为主的发电厂称为核能发电厂，简称核电站。我国的核电站从无到有，秦山核电站、广东大亚湾核电站、田湾核电站、岭澳核电站都已建成发电，目前具有世界最高技术水平的第三代核电站——三门核电站已经基本建成，而且掌握了最新的第四代核电站技术。

核能发电厂的生产过程与火电厂基本相同，只是以核反应堆代替了燃煤锅炉，以少量的核燃料取代了大量的煤、油等燃料。

核电站的能量转换过程如图 1-3 所示。

图 1-3　核电站的能量转换过程

核能是极其巨大的能源，也是相当洁净和安全的一种能源，而且核电建设具有重要的经济和科研价值，所以世界各国都很重视核电建设，核电发电量的比重也在逐年攀升。

4）其他能源发电厂

风力发电厂利用风力的动能来生产电能。它一般建在风力资源丰富的地方。风力发电对我国边远地区的电力发展具有不可替代的重要意义。我国风力资源储量丰富，尤其是新疆、内蒙古一带。在人口分散、集中供电困难的情况下，发展风力发电是一条重要途径。

太阳能发电厂是利用太阳光能和太阳热能来生产电能的，它一般建在常年日照时间长的地方。

地热发电厂是利用地球内部储藏的大量地热能来生产电能的，一般建在有丰富地热资源的地方。

这里要指出的是，作为无污染、可再生的太阳能发电和风力发电，在世界各国普遍重视环境保护的今天，具有广阔的发展前景。

从国情出发，我国目前的电力建设方针确定为"优化火电结构，大力发展水电，适当发展核电，因地制宜开发新能源，同步建设电网，积极减少环境污染，开发与节约并举，把节约放在首位"。

2. 变电所

变电所的功能是接收电能、变换电压和分配电能。

按变电所的性质和任务不同，可分为升压变电所和降压变电所，除与发电机相连的变电所为升压变电所外，其余均为降压变电所。按变电所的地位和作用不同，变电所分为枢纽变电所、中间变电所和终端变电所。

升压变电所一般和大型发电厂结合在一起，它把电能电压升高后，再进行长距离输送。枢纽变电所一般都汇聚多个电源和大容量联络线，且容量大，处于电力系统的中枢位置，地位重要。中间变电所处于电源与负荷中心之间，可以转送或抽引一部分负荷。终端变电所一般都是降压变电所，只负责对一个局部区域负荷供电而不承担功率转送任务。

工业企业等一些大型电力用户都有自己的降压变电所。

3. 电力线路

电力线路的功能是将发电厂、变电所和电能用户用导线连接起来，完成输送电能和分配电能的任务。电力线路由输电线路和配电线路组成。

（1）输电线路的电压等级较高，至少在 35 kV 以上，110 kV、220 kV、330 kV、660 kV 都是常见的电压等级。DC/AC 500 kV、DC 800 kV 以及上海新建的 1000 kV 线路也都属于输电线路。

（2）配电线路主要用于人工照明和电气使用，目前在房屋装修时都要重新铺设配电线路。

一般情况下，发电厂距离人们用电的地方很远，这就需要把电能输送到用电的地方。现在的输电技术已经非常成熟，交流电的输送和直流电的输送都被广泛使用，但使用最多的还是交流高压电的输送。

发电厂发出的交流电一般为几千伏，经变电站升压后升高至几十万伏，再用铜导线将电力输送到远方。高压交流电送到用电地区后，先经过降压变电站，将高压交流电变成 10 000 V 的次高压交流电，再经过工厂内的变电站或者居民附近的变电站，将电压变成 220 V 或者 380 V，直接供用户使用。

利用高压输电可降低电能损耗。输电电压越高，电能损耗越小，但危险性越大，相应地，电气设备制造及维护成本也越高。我国在输送电能的技术上已经处于世界领先水平，交流高压传输已经达到 1100 kV。2013 年 12 月，我国成功实现了 ± 800 kV 的直流高压输电。2016 年 12 月 21 日，从新疆昌吉到甘肃古泉的 ± 1100 kV 直流高压线路建设成功，这是目前世界上电压等级最高、输送容量最大、送电距离最远、技术水平最高的特高压直流输电工程。

4. 电能用户

电能用户又称电力负荷，所有消耗电能的用电设备或用电单位都是电能用户。

电能用户使用的电多为交流电，且电压等级不同。在我国，民用交流电的电压是 220 V，工厂的一些大型用电设备使用的交流电压是 380 V。高于 380 V 的电压俗称为高压电。

采用高压输送的电能，要通过变电站变成较低一级的电压，再经配电线路将电能送往用户。图 1-4 所示为从发电厂到用户的送电过程。

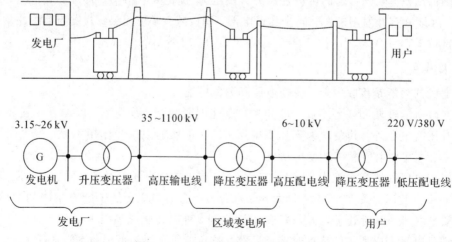

图 1-4 从发电厂到用户的送电过程

5. 三相四线制供电体制

我国工业生产和居民生活用电采用"三相四线制"的供电体制，即三根相线（相线带电，用测电笔测量相线，氖管会发光，俗称火线）和一根中性线（中性线不带电，用测电笔测量中性线，氖管不发光，俗称零线）。任意一根相线与中性线之间的电压为 220 V，供给居民使用；任意两根相线之间的电压为 380 V，供给工业生产使用。

中性线和零线是有区别的。如果中性线接地，那么这根中性线也称为零线；如果中性线不接地，那么这根中性线不能称为零线。

进入工厂用户的输电线路中有四条线，其中三条为相线 L，一条为中性线 N，中性线在正常情况下会有电流通过，以构成电流回路。但在三相平衡时，中性线中是没有电流的，这样就可以省掉中性线。工厂中使用的三相交流电动机就只需要三条相线。

进入居民用户的输电线路中有两条线，一条为相线 L，另一条为中性线 N，中性线在正常情况下会有电流通过，以构成电流回路。

【新技术】　　　　　　　　　　**直流高压输电**

直流高压输电，是一种输送直流电的输电系统，是继交流高压输送电能之后人们发明的又一种输送电能的新技术。理论和实践证明：在长距离配电的情况下，直流高压输电会比现行常见的交流高压输电更经济。

直流高压输电主要依靠大功率电力电子器件制作成的大功率换流器电路，将交流高压电变换成直流高压电再加以输送。现在我国已经生产出质量过关的大功率电力电子器件可供使用。

1.1.2　电工实训室的初步认识

1. 电工实训室的电源配置

电工实训室一般都配有 220 V 和 380 V 两种规格的交流电。220 V 交流电供一般的电工仪器使用，380 V 交流电供三相交流电动机使用。交流电源一般通过配电盘引入室内。

实训室配电盘一般由电源开关（闸刀开关或空气开关）、熔断器、仪表盘等组成。图 1-5 所示为电工实训室配电盘示意图，颜色为黄（1）、绿（2）、红（3）的导线是火线，颜色为黑色（4）的导线是中性线。

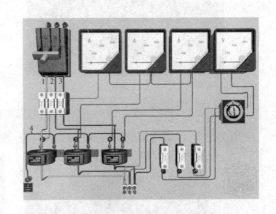

图 1-5　电工实训室配电盘示意图

闸刀开关一般采用三刀单掷开关，用来切断三相交流电。在四块仪表中，左上角标有 V 字样的是交流电压表，左上角标有 A 字样的是交流电流表。

2. 测电笔的用途及使用技巧

测电笔俗称为试电笔、验电笔，是一种低压验电器，能直观地确定被测试导线和用电设备上是否带电，是电工最常用的工具。一般测电笔的外形如图 1-6 所示。

测电笔一般由金属探头、降压电阻、氖管、透明绝缘套、弹簧、挂钩等组成，如图 1-7 所示。

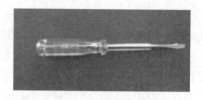

图 1-6　测电笔的外形

图 1-7　测电笔的结构

如果把测电笔的金属尖与带电体接触，测电笔的金属笔尾与人手接触，就会形成一个电流回路，氖管就会发光。测电笔测试电路的等效电路如图 1-8 所示。由于测电笔中的电阻值很大，所以流过人体的电流很小，人并无触电的感觉。若氖管发光则证明被测物体带电，若氖管不发光则证明被测物体不带电，如图 1-9 所示。

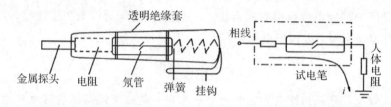

图 1-8　测电笔测试电路的等效电路

（a）带电

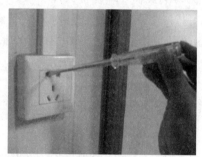

（b）不带电

图 1-9　用测电笔判别电路是否带电

使用测电笔必须掌握正确的使用方法，正确使用测电笔的握法如图 1-10 所示。

（a）正确

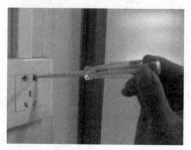

（b）不正确

图 1-10　测电笔的正确握法

使用测电笔可以做许多事情，例如：

（1）火线与零线的判别。

当用测电笔触及导线的金属芯时，如果氖管点亮，则该导线是火线；如果氖管不点亮，则该导线是零线或者地线。如图 1-10 中所示的两孔电源插座，其两根导线的极性应符合"左零右火"的安装要求。

（2）交流电与直流电的判别。

当被测物体带有交流电时，测电笔氖管里的两个极会同时发亮。当被测物体带有直流电时，测电笔氖管里的两个极只有一个极发亮。

（3）直流电正、负极的判别。

把测电笔的金属尖与金属尾串联在直流电的正、负极之间，氖管中两个电极中发亮的一端接触的是直流电的正极。

（4）电气设备是否漏电的判别。

用测电笔碰触电气设备的壳体（如电动机的外壳、变压器的外壳），若氖管发亮，则说明该设备有漏电现象。

（5）线路接触不良或不同电气系统互相干扰的判别。

当测电笔触及带电体时，若发现氖管闪烁，则可能是线头接触不良或者是两个不同的电气系统互相干扰所致。

1.1.3　常用电工测量仪表的认识和使用

图 1-11 是几种新型电工测量仪表。

（a）数字式电压表

（b）数字式电能表

（c）指针式电流表

（d）数字式电流表

图 1-11　几种新型电工测量仪表

电气设备在安装、调试及检修过程中，要使用各种电工仪表对电路中的电流、电压、电阻、电功率等进行测量，这个过程称为电工测量。

电工仪表是实现电工测量所需各种仪器的总称，掌握电工仪表的使用是电工技术人员必须掌握的一门技能。

1. 电工仪表的分类

电工仪表可以根据其工作原理、内部结构、测量对象和使用条件等进行分类。

（1）根据测量机构的工作原理分类，可以把电工仪表分为磁电系、电磁系、电动系、感应系、整流系等。

（2）根据测量的对象分类，可以分为电流表（安培表、毫安表、微安表）、电压表（伏特表、毫伏表、微伏表以及千伏表）、功率表（瓦特表）、电度表、欧姆表、兆欧表、相位表等。

（3）根据仪表工作电流的性质分类，可以分为直流仪表、交流仪表和交直流两用仪表。

（4）按仪表的使用方式分类，可以分为安装式仪表和便携式仪表。

（5）按仪表的使用条件分类，可以分为 A、A1、B、B1 和 C 五组。

（6）按仪表的准确度分类，有 0.1、0.2、0.5、1.0、1.5、2.5 和 5.0 七个准确度等级。

2. 电工仪表的符号

电工仪表的表盘上有许多表示其技术特性的标志符号。根据国家标准的规定，每一个仪表必须有表示测量对象的单位、准确度等级、工作电流的种类、相数、测量机构的类别、使用条件级别、工作位置、绝缘强度、试验电压的大小、仪表型号和各种额定值等标志符号。几种常见电工仪表的符号如表 1-1 所示。

表 1-1　几种常见电工仪表的符号

分类	符号	名称	分类	符号	名称	分类	符号	名称
电流种类	——	直流表	测量对象	Ⓐ	电流表	结构		磁电式仪表
	∿	交流表		Ⓥ	电压表			电动式仪表
	≂	交直流表		Ⓦ	功率表			铁磁电动式仪表
	≋	三相交流表		kW·h	电能表			电磁式仪表
绝缘实验	↯ 2 kV	实验电压 2 kV	工作位置	⊥	水平使用			电磁式仪表（有磁屏蔽）
	☆			↑	垂直使用			整流式仪表
						准确度	0.5	0.5 级
防及磁电场	‖‖‖	三级		⊥		使用条件	▲B	磁屏蔽

3. 电工仪表的准确度

电工仪表的基本误差通常用准确度来表示，准确度越高，仪表的基本误差就越小。

当一台仪表测量不同大小的被测量时，其绝对误差变化不大，但相对误差却有很大变化，即被测量越小，相对误差越大。显然，通常的相对误差概念不能反映出仪表的准确性能，所以，一般用引用误差来表示仪表的准确度性能。

仪表测量的绝对误差与该表量程的百分比，称为仪表的引用误差。

仪表的准确度就是仪表的最大引用误差，即在仪表量程范围内的最大绝对误差与仪表量程的百分比。显然，准确度等级表明了仪表基本误差最大允许的范围。表 1-2 所示是仪表的准确度等级。

表 1-2　仪表的准确度等级

仪表准确度等级	0.1	0.2	0.5	1.0	1.5	2.5	5.0
基本误差	±0.1%	±0.2%	±0.5%	±1.0%	±1.5%	±2.5%	±5.0%
应用范围		标准表		实验用表		工程测量用表	

4. 电工测量中最常用的仪表

1）电流表

电流表是测量电流的一种仪器，在面板上会有一个电流表的符号：A 或 kA。电流表可分为直流电流表和交流电流表。在结构上电流表分为指针式电流表和数字式电流表。过去经常使用的是指针式电流表，如图 1-12(a)所示；现在普遍使用的是数字式电流表，如图 1-12(b)所示。数字式电流表可将被测的电流直接用数字显示出来。

（a）指针式电流表　　　　　（b）数字式电流表

图 1-12　电流表的类型

2）电压表

电压表是测量电压的一种仪器，在面板上常有一个电压表的符号：V。在结构上，电压表分为指针式电压表和数字式电压表。过去经常使用的是指针式电压表，现在普遍使用的是数字式电压表。数字式电压表可将被测的电压直接用数字显示出来。从测量对象上电压表分为直流电压表和交流电压表，直流电压表的符号在 V 下加一条直线："＿"，交流电压表的符号要在 V 下加一个波浪线："～"。几种常见的数字式电压表外形如图 1-13 所示。

（a）交流数字式电压表　　　　　（b）直流数字式电压表

图 1-13　几种常见的数字式电压表外形

3）万用表

万用表是一种应用较广泛的电工电子测量仪器，用它可以测量直流电流、直流电压、交流电流、交流电压、电阻和晶体管直流电流放大系数等物理量。根据测量原理及测量结果显示方式的不同，万用表分为两大类：指针式万用表和数字式万用表。

（1）指针式万用表。

在电工测量中一般都使用 MF500 型万用表，其外形如图 1-14 所示。MF500 型万用表以其测量范围广、测量精度高、读数准确、经久耐用被电工技术人员所推崇。

在电子测量中一般都使用 MF-47 型万用表。MF-47 型万用表是一款便携式的多量程万用电表，在无线电爱好者和从事电子技术的技术人员中得到广泛使用。

MF-47 型万用表可以测量直流电流、交流电压、直流电压、直流电阻等，具有 26 个基本量程，还具有测量信号电平、电容量、电感量、晶体管直流参数等 7 个附加量程。

MF-47 型万用表的外形如图 1-15 所示。

图 1-14　MF500 型万用表的外形　　　图 1-15　MF47 型万用表的外形

使用 MF-47 型万用表时，必须先进行机械调零，调节表盘上的机械调零螺丝，使表针指准零位。然后将红表笔插入标有"＋"符号的插孔，黑表笔插入标有"－"符号的插孔。再根据不同的被测物理量将转换开关旋至相应的位置。

合理选择量程的标准是：测量电流和电压时，应使表针偏转至满刻度的 1/2 或 2/3 以上；测量电阻时，应使表针偏转至中心刻度值的附近。

读数时应根据不同的测量物理量及量程在相应的刻度尺上读出指针指示的数值。另外，读数时应尽量使视线与表面垂直，以减小由于视线偏差所引起的读数误差。

（2）数字式万用表。

数字式万用表已经在电工电子测量中得到广泛使用。数字万用表的等级是用位数来表示的，比如某块数字表有四位数字显示，最左边的高位只能显示 0 或者 1 两个数字，而其余的低三位能显示 0~9 十个数字，这样的表就叫作三位半表。

工程上一般使用的是三位半表，在实验室里可以采用四位半表。五位半的数字表是作为标准表来用的，用以校验位数低的数字表。

三位半表和四位半表的价格相差很大，所以有的厂家就推出了三又四分之三位数字表。三又四分之三三位表的最高位可以显示 0、1、2、3 四个数字，相当于扩大了测量范围，

但其测量精度不变，所以价格也比较低廉。市场上的
F15B 型数字万用表就是一款三又四分之三位表，其外形
如图 1-16 所示。

　　数字万用表一般都具有自动调零、显示极性、超量
程显示和低压指示等功能，并装有快速熔丝管、过流保
护电路和过压保护电路。

　　4）兆欧表

　　兆欧表俗称摇表，是电工常用的一种测量仪表。兆
欧表主要用来检查电气设备、家用电器或电气线路对地
或者各相线间的绝缘电阻，以保证这些设备、电器和线
路工作在正常状态，避免发生触电伤亡及设备损坏等事
故。它的刻度是以兆欧（MΩ）为单位的。PRS-801 型表
就是一种数字式兆欧表，其外形如图 1-17 所示。

图 1-16　F15B 型数字万用表的外形

　　兆欧表的电压等级应高于被测物的绝缘电压等级，
所以在测量额定电压为 500 V 以下的设备或线路的绝缘
电阻时，可选用 500 V 或 1000 V 的兆欧表；测量额定电
压为 500 V 以上的设备或线路的绝缘电阻时，应选用
1000～2500 V 的兆欧表；测量绝缘子时，应选用 2500～
5000 V 的兆欧表。对兆欧表的测量量程范围也有要求，
在一般情况下，测量低压电气设备的绝缘电阻时，可选
用 0～200 MΩ 量程的兆欧表。

图 1-17　PRS-801 型兆欧表

【杂谈】　　　　　　　　　　**摇表名称的由来**

　　兆欧表为何又叫作摇表呢？因为兆欧表需要使用高电压作为电源才能工作，在兆欧表
里有一个手摇发电机，工作时需要用手来摇动发电机给兆欧表供电，所以电工师傅们就常
常把兆欧表叫作摇表。

　　常见的摇表工作电压有两种，分别是 500 V 和 1000 V。额定电压在 500 V 以下的用电
器要用工作电压为 500 V 的摇表进行检测；额定电压在 1000 V 以下的用电器要用工作电
压为 1000 V 的摇表进行检测。现在也有工作电压为 2500 V 的摇表，可用于检测更高额定
电压的用电设备。

实训任务 1　变电所和电工电子实训室电气设备的认识

任务实施

一、看一看

　　参观学校内的变电所和电工电子实训室，请电工师傅介绍变电所的设备及其功能，了
解电力系统的基本组成，对电工实训室的电源设施进行了解和认识，对电工常用的仪器仪

表进行识别，使用试电笔和万用表对交流电进行实际测量，用万用表对直流电进行测量。

仔细观察变电所内的各种电气设备，仔细观察电工实训室墙上的电源配置和配电盘上电工仪表的种类，认真聆听电工师傅和教师的讲解，认识配电盘上各种电工仪表的名称，知道各种器材和设备的作用。

二、测一测

（1）在教师的指导下，用测电笔分别接触电工实训室墙上三孔电源插座内的各个铜极片和两孔电源插座内的各个铜极片，仔细观察测电笔上氖管发光的情况。

（2）在教师的指导下，再用测电笔分别接触电工实训室墙上四孔电源插座内的各个铜极片，仔细观察测电笔上氖管发光的情况。

（3）在教师的指导下，用万用表的交流电压挡(500 V 挡)分别碰触三孔电源插座内的各个铜极片和两孔电源插座内的各个铜极片，测量铜极片间的交流电压值，将测量结果记录下来。

（4）在教师的指导下，用万用表的交流电压挡(500 V 挡)，分别碰触四孔电源插座内的各个铜极片，测量各个铜极片之间的交流电压值，将测量结果记录下来。

三、电流表、电压表、万用表和兆欧表的认识与使用

1. 实训器材

交、直流电压表各 1 个；交、直流电流表各 1 个；兆欧表 1 个；指针式万用表和数字式万用表各 1 个；直流稳压电源(0~30 V，0~3 A)1 台。

2. 电工仪表的认识与操作

操作步骤：

① 指导教师介绍各种仪表的名称与作用。

② 学生分别观察交流电压表、直流电压表、交流电流表、直流电流表、兆欧表、万用表的表盘标记与型号，并将它们记录在表 1-3 中。

表 1-3 电工仪表表盘的标记与型号

仪 表 名 称	符号标记和型号	标记和型号的意义

③ 学生用直流电压表测定直流稳压电源的输出电压。

在教师的指导下，调节直流稳压电源的旋钮，使其输出端分别获得 6.0 V 和 18.0 V 的

电压。选定电压表上的量限，使电压表的指针分别偏转在1/3量限以下和2/3量限以上，各读取两个不同的电压值，填入表1-4中，同时将电压表的准确度等级和选定的量限记录下来。

表1-4　直流电压表测定直流稳压电源的输出电压

（电压表量限＿＿＿＿＿）电压表准确度等级（＿＿＿＿＿）

	量程为1/3量限以下的读数		量程为2/3量限以上的读数	
测量次数				
被测电压值				

④ 按照表1-5中所示，将直流稳压电源的电压输出调节到表中所示的各个值，分别用指针式万用表和数字式万用表测量，将测得数据填入表中，并进行误差原因分析。

表1-5　万用表测量数据表

直流稳压电源的输出电压	3.0 V	7.0 V	9.0 V	12.0 V
指针式万用表测量数值				
数字式万用表测量数值				
误差值				
误差原因分析				

1.2　安全用电与触电急救

1.2.1　触电对人体的伤害及常见触电类型

1. 触电对人体的伤害

触电对人体的伤害有电击和电伤两类。

（1）电击是指电流通过人体时所造成的内伤，它可使人的肌肉抽搐、内部组织损伤，造成发热、发麻、神经麻痹等现象，严重时会使人昏迷、窒息，甚至使人心脏停止跳动，因血液循环中止而死亡。通常说的触电多指电击。人类触电死亡的案例中绝大部分系电击造成。

（2）电伤是在电流的热效应、化学效应、机械效应以及电流本身作用下造成的人体外伤。常见的有灼伤、烙伤和皮肤金属化等现象。

2. 电流对人体造成不同伤害的因素

人体对电流的反应非常敏感，电流对人体的伤害程度与以下几个因素有关。

1）电流的大小

触电时，流过人体的电流强度是造成损伤的直接因素。实验证明，通过人体的电流越大，对人体的损伤越严重。

2）电压的高低

人体接触的电压越高，流过人体的电流就越大，对人体的伤害也越严重。对触电事例的分析统计表明，70％以上的死亡者是在对地电压为 250 V 的低压下触电的，而对地为380 V 以上的高压，本来其危险性更大，但由于人们接触机会少，且对它的警惕性较高，所以触电死亡的事例约在 30％以下。

3）电源频率的高低

实验证明，频率为 40～60 Hz 的交流电对人类造成的危害最大。

4）触电时间的长短

一般用触电电流与触电持续时间的乘积（叫电击能量）来衡量电流对人体的伤害程度。触电电流越大，触电时间越长，则电击能量越大，对人体的伤害越严重。实验表明，电击能量超过 150 mA·s 时，触电者就有生命危险。

5）电流通过的路径

电流通过人的头部，可使人昏迷；通过人的脊髓，可能导致肢体瘫痪；通过人的心脏，可造成心跳停止、血液循环中断；通过人的呼吸系统，会造成窒息。其中尤以电流通过人的心脏时，最容易导致死亡。

实验还证明，电流从人的右手流到左脚的路径，对人的伤害最大。

6）人体状况

人的性别、健康状况、精神状态等与触电伤害程度有着密切关系。女性比男性触电伤害的程度约严重 30％。与成人相比，小孩触电伤害的程度也更严重。体弱多病者比健康者也更容易受电流伤害。另外，人的精神状况、对接触电器时有无思想准备 对电流反应的灵敏程度等也会影响到受害程度，而醉酒、过度疲劳等情况都可能增加触电事故的发生次数，加重受电流伤害的程度。

7）人体电阻的大小

人体的电阻越大，受电流伤害越轻。通常人体的电阻可按 1～2 kΩ 考虑。这个数值主要由皮肤表面的电阻值决定。如果皮肤表面的角质层损伤、皮肤潮湿、流汗、带着导电粉尘等，则会大幅度降低人体电阻，增加触电伤害程度。

3. 安全电压

从对人接触电气设备的安全性出发，我国的电气标准规定，12 V、24 V 和 36 V 三个电压等级为安全电压级别，分别适用于不同的场所。

在湿度大、空间狭窄、行动不便、周围有大面积接地导体的场所（如金属容器内、矿井内、隧道内、汽车内等）使用的手提照明灯，应采用 12 V 安全电压。

凡手提照明器具、在危险环境使用的局部照明灯、携带式电动工具等，若无特殊的安全防护装置或安全措施，均应采用 24 V 或 36 V 安全电压。

4. 人体触电类型

人体触电的原因主要有两个方面：

一是设备、线路问题。如接线错误，特别是插头、插座接线错误会直接造成触电事故；由于电气设备的绝缘层损坏而漏电，又没有采取切实有效的安全措施，也会造成触电事故。

二是人为因素。大量触电事故的统计资料表明，有 90％以上的事故是由人为因素造成的。其中，最主要的原因是安全教育不够、安全制度不严、安全措施不完善、操作者素质不高等。

人体触电主要有以下几种类型。

1) 单相触电

单相触电是指人体的一部分接触一相带电体所引起的触电。例如，人体直接接触带有电的电源插座或导线、接触没有绝缘皮或绝缘不良(如受潮、接线桩头包扎不严)的导线及与导线连通的导体、接触金属外壳带电的用电设备(俗称漏电)等，都是引起单相触电的常见原因。图 1-18 示出了两种单相触电的情况。

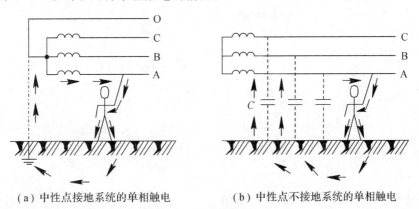

（a）中性点接地系统的单相触电　　　　（b）中性点不接地系统的单相触电

图 1-18　单相触电示意图

单相触电又可分为中性点接地和中性点不接地两种情况。

(1) 中性点接地系统的单相触电。

在中性点接地的系统中，发生单相触电的情况如图 1-18(a)所示。这时，人体所触及的电压是相电压(在我国的照明线路中，相电压为 220 V)，电流从相线、人体、大地和中性点接地装置中流过形成通路。这种触电类型人体承受的电压为 220 V。

(2) 中性点不接地系统的单相触电。

在中性点不接地的系统中，发生单相触电的情况如图 1-18(b)所示。当站立在地面的人手触及某相导线时，由于相线与大地间存在着分布电容，所以有对地的电容电流从另外两相流入大地，并全部经人体流入人手触及的相线。一般来说，导线越长或者空气的湿度越大，对地的电容电流就越大，触电的危险性也越大。这种触电类型人体承受的电压最大可接近 380 V。

2) 两相触电

两相触电是指人体的两个部位分别接触到交流电源的两相所发生的触电，如图 1-19 所示。操作人员在安装检修电路或电气设备时，若忘记切断电源，就容易发生这类触电事故。两相触电比单相触电更危险，因为此时直接加在人体上的电压是 380 V。

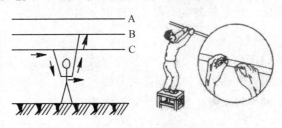

图 1-19　两相触电

3) 跨步电压触电

当电气设备的绝缘损坏或线路的一相断线落在地上时，落地点的电位就是导线的电位。当电压超过 6000 V 以上的带电导线断落在地面上时，接地点周围会产生强电场，电流就会从落地点流入地中。离落地点越远的地方，其电位越低。如果有人走近高压导线落地点的附近，由于人的两脚所处的位置不同，则在两脚之间出现电位差，这个电位差叫作跨步电压。离电流入地点越近，跨步电压越大；离电流入地点越远，跨步电压越小。根据实际测量，在离导线落地点 20 m 以外的地方，地面的电位近似等于零。当人们感受到跨步电压的威胁时，应赶快把双脚并在一起，采用蹦跳的方式远离导线落地点，也可以用一条腿跳着离开危险区。否则，因触电时间长，也会导致触电者触电死亡，如图 1-20 所示。

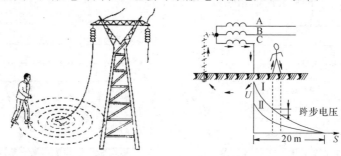

图 1-20　跨步电压触电示意图

1.2.2　电气火灾的产生原因及其预防

1. 电气火灾的产生原因

电气火灾一般是指由于电气线路、用电设备以及供配电设备出现故障而引起的火灾，也包括由雷电和静电引起的火灾。据统计，电气火灾事故中，由线路漏电、短路、过负荷、接触电阻过大等因素造成的事故比例较高。

1) 线路漏电

所谓漏电，就是线路的某一个地方因为某种原因(自然原因或人为原因，如风吹雨打、潮湿、高温、碰压、划破、摩擦、腐蚀等)使电线的绝缘或支架材料的绝缘能力下降，导致电线与电线之间(通过损坏的绝缘、支架等)、导线与大地之间(电线通过水泥墙壁的钢筋、马口铁皮等)有一部分电流通过，这种现象就是漏电。这时，漏泄电流在流入大地的途中，如遇电阻较大的部位，就会产生局部高温，致使附近的可燃物着火，从而引起火灾。此外，在漏电点产生的漏电火花，同样也会引起火灾。

2) 导线过负荷

所谓导线过负荷，是指当导线中通过的电流量超过了导线的安全载流量时，导线的温度不断升高，这种现象就叫导线过负荷。当导线的温度升高到一定温度时，就会引起导线上的绝缘层发生燃烧，并能引燃附近的可燃物，造成火灾。

3) 电路短路

电气线路中的裸导线或导线的绝缘体破损后，火线与火线或火线与地线在某一点碰在一起，引起电流突然大量增加的现象叫短路。电流的突然增大，引起瞬间的发热量也很大，大大超过了线路正常工作时的发热量，并在短路点易产生强烈的火花和电弧，不仅能使绝缘层迅速燃烧，而且能使金属熔化，引起附近的易燃物燃烧，造成火灾。

4）电热设备通电时间过长

长时间使用电热电器，或者用后忘记关掉电源，可能会引起周围易燃物品的燃烧，从而造成火灾。

5）电路接头处接触电阻过大

导线与导线、导线与开关、熔断器、仪表、电气设备等连接的地方都有接头，在接头的接触面上形成的电阻称为接触电阻。接头上有电流通过时会发热，这是正常现象。如果接头处理良好，接触电阻不大，则接头点的发热就很少，可以保持正常温度。如果接头中有杂质、连接不牢靠使接头接触不良，造成接触部位的局部电阻过大，就会产生大量的热，形成高温。当电流通过接头时，接触电阻过大的局部范围会产生极大的热量，使金属升温甚至熔化，进而引发可燃物燃烧，造成火灾。

6）电路中产生电火花或电弧

在生产和生活中，电气设备在运行或操作过程中，有时会产生电火花和电弧。如电动机的电刷与滑环接触处在正常运行中就会产生电火花；当使用开关断开电路时，若负载很重，就会在开关的刀闸处产生电弧；当拔掉电源插头或使用接触器断开电路时，会有电火花发生。如果电路发生短路故障，则产生的电弧更大。电火花、电弧的温度很高，特别是电弧的温度可高达 6000 ℃。这么高的温度不仅能引起可燃物的燃烧，还能使金属熔化、飞溅，所以电火花和电弧是一种非常危险的火源。

2. 预防电气火灾的安全措施

(1) 各种用电器的金属外壳，必须有良好的保护接零或保护接地措施，如图 1-21 所示。

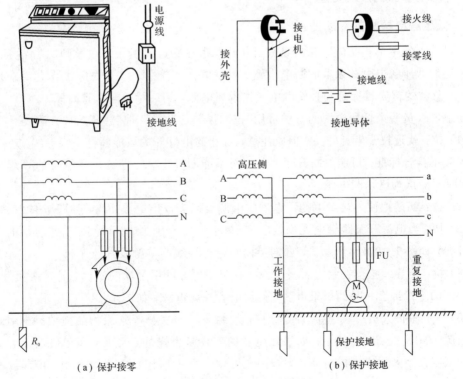

图 1-21　用电器的保护措施

保护接零就是把电气设备在正常情况下不应该带电的金属部分与电网的零线连接起来。保护接零适用于电网的中性点接地系统。保护接零是居民生活用电中常用的安全保护措施。

保护接地就是将电气设备的金属外壳接地，适用于电网中性点不接地的低压系统。保护接地是工业生产用电气设备常用的安全保护措施。

（2）经常检查电器内部电路与外壳间的绝缘电阻，凡是绝缘电阻不符合要求的，应立即停止使用。电器在使用前要仔细查看电源线及插头是否有破损现象。

（3）各种电气设备的安装必须按照规定的高度和距离施工，火线与零线的接线位置要符合"左零右火"的用电规范。

（4）在用电器发生火灾时，应首先切断电源，切勿用水去灭火。

（5）在电路中安装漏电保护器。漏电保护为近年来国家推广采用的一种新的防止触电的保护装置。在电气设备中发生漏电或接地故障时，漏电保护装置会自动切断电源；在人体触及带电体时，漏电保护器能在非常短的时间内切断电源，保证人员安全。

实训任务 2 触电事故应急处置方法的训练

任务实施

一、触电事故的应急处置

1. 低压触电事故的应急处置

假设某人发生单相交流电触电事故，电源线搭在触电者身上。在教师的指导下，学生按照下述的低压触电事故采取的断电措施，对触电者实施急救。在医务工作者没在现场的情况下，急救的首先目标是务必使触电者先脱离电源，为后续抢救赢得时间。

使触电人员脱离低压电源的方法可用"拉""拔""切""挑""拽""垫"六种方法。

（1）拉：就近拉开电源开关。但应注意，普通的电灯开关只能断开一根导线，有时由于电路安装不符合标准，可能只断开了零线，而不能断开电源，导致人身触及的导线仍然带电，这时不能认为已切断电源。

（2）拔：就是把使人员触电的用电器的电源线插头拔出电源插座，如图 1-22（a）所示。

（3）切：当电源开关距触电现场较远，或断开电源有困难时，可用带有绝缘柄的工具切断电源线，如图 1-22（b）所示。切断时应防止带电导线断落触及其他人。

（4）挑：当导线搭落在触电者身上或压在身下时，可用干燥的木棒、竹竿等挑开导线，或用干燥的绝缘绳套拉导线或触电者，使触电者脱离电源，如图 1-22（c）所示。

（5）拽：救护人员可戴上手套或在手上包缠干燥的衣物等绝缘物品拖拽触电者，使之脱离电源，如图 1-22（d）所示。如果触电者的衣物是干燥的，又没有紧缠在身上，不至于使救护人直接触及触电者的身体，则救护人可用一只手抓住触电者的衣物，将其拉开脱离电源。

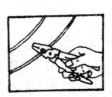

（a）拉开开关或拔掉电源插头　　　　　　　（b）切断电源线

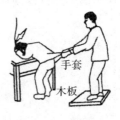

手套

木板

（c）挑电源线　　　　　　　　　　　（d）拽开触电者

图 1-22　使触电者脱离电源的方法

　　（6）垫：如果触电者由于痉挛，手指紧握带电导线，或导线缠在身上，可先用干燥的木板塞进触电者的身下，使其与地绝缘，然后再采取其他办法切断电源。

2. 高压触电事故的应急处置

　　假设某人发生高压交流电触电事故，电源线搭在触电者身上。在教师的指导下，学生按照高压触电事故采取的断电措施，对触电者实施急救。在现场没有医务工作者的情况下，可按照下述步骤进行抢救：

　　（1）立即拨打 110 报警电话，报告事故发生地的准确位置，请他们通知电业部门对该线路进行停电。

　　（2）在有高压绝缘器材的情况下，抢救人员必须戴好高压绝缘手套，穿上高压绝缘鞋，使用相应电压等级的绝缘工具杆，拉开触电者身上的电源线，或者拉开就近高压线路上的高压跌落开关。

二、发生电气火灾时的急救训练

　　一旦发生电气火灾，要迅速采取以下急救措施：

　　（1）发现电子装置、电气设备、电缆等冒烟起火时，要首先尽快切断电源，再按照对待普通火灾的方法进行扑救。

　　（2）对电气起火物体要使用沙土或专用不导电的灭火器进行灭火，绝对不能用水来灭火。适用于电气灭火的灭火器有干粉灭火器、1211 灭火器、1301 灭火器、CO_2 灭火器等。

　　（3）若现场人员不能控制火情，则应立即逃生并拨打 119 报警。

练 习 题

1-1 电力系统有哪几个重要组成部分？各承担什么功能？

1-2 电工实训室都配有电压为多少的交流电？各有什么用处？

1-3 如何正确使用测电笔测量交流电？

1-4 使触电者脱离低压电源可采取什么方法？

1-5 当你发现触电者被高压电源击倒时，首先应该采取什么措施？

项目 2 直流电路的认识与测量

 项目导言

在电工电子技术的发展历程中，人们首先研究的就是直流电路。直到今天，直流电路的应用仍然占据头筹。许多电学定律和公式都是先从对直流电路的研究中获得，然后才推广到交流电路中的。

在电路中最常用到的电路元件就是电阻、电容和电感，这些元件在直流电路中的特性和在交流电路中的特性有许多是不一样的，需要分别进行研究。有些物理量如电压、电流、功率等在直流电路中和在交流电路中的单位是一样的，但其意义有着诸多不同，需要加以区分。

 知识目标

(1) 了解电路的组成和各部分电路的作用。
(2) 知道电路的三种工作状态和意义。
(3) 掌握额定电压、电流和功率的概念。
(4) 理解电动势、端电压和电位的概念。

 技能目标

(1) 会计算电阻的串联与并联。
(2) 会分析计算简单直流电路中各点的电位。
(3) 会用基尔霍夫定律分析计算电路。
(4) 能正确使用电流表，会将电流表正确接入电路进行测量。
(5) 会使用万用表对电压、电流和电阻进行测量。

2.1 电工技术中的基本物理量及其测量方法

在电工技术中，有几个最基本的物理量：电压、电流、电功率和电能。

在电路中，有三个最基本的元件：电阻、电容和电感，它们在直流电路中的表现各不相同，分别代表了不同的电路特性。

2.1.1 电路中的基本物理量

1. 电流

电荷的定向运动形成电流，电流在电路中的流动产生了电能和其他形式能量之间的转换。电路中没有电流，就没有能量转换的发生。电流是电路中的一个最基本的物理量。

1）电流的大小

电流的大小叫作电流强度，用符号 I 或 i 表示，定义为单位时间内通过导体横截面的电荷量，即

$$i = \frac{\mathrm{d}q}{\mathrm{d}t}$$

当电流的大小、方向均不随时间变化时，称为直流电流，用大写字母 I 来表示，即

$$I = \frac{q}{t}$$

电流强度简称为电流，所以"电流"一词不仅表示电荷定向运动的物理现象，还代表电流的大小。

在国际单位制中，电流的单位是安培(A)，简称安。在电力系统中，有时取千安(kA)为电流的单位，而在电子系统中，常用毫安(mA)、微安(μA)作为电流的单位。各个单位之间的换算关系为

$$1 \text{ kA} = 10^3 \text{ A}, \quad 1 \text{ A} = 10^3 \text{ mA} = 10^6 \text{ } \mu\text{A}$$

2）电流的方向

人们规定：将正电荷运动的方向作为电流的方向。在简单电路中，人们很容易判断出电流的实际方向，但是对于比较复杂的电路，电流的实际方向就很难直观判断了。另外，在交流电路中，电流是随时间变化的，在图上也无法表示其实际方向。

为了解决这一问题，人们引入了电流的参考方向这一概念。参考方向，也称正方向，是假定的方向。

在电路中一般用实线箭头表示电流的参考方向。电流参考方向不一定是电流的实际方向。当电流的参考方向与实际方向一致时，计算出来的电流为正值($I>0$)；当电流的参考方向与实际方向相反时，计算出来的电流为负值($I<0$)。这样，在选定的参考方向下，根据电流的正负，就可以确定电流的实际方向。电流的实际方向与参考方向如图 2-1 所示。

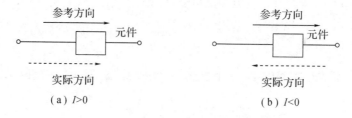

图 2-1 电流的实际方向与参考方向

在对电路进行分析时，首先要假定电流的参考方向，并用箭头在图中标出，然后进行分析计算，最后再从结果的正负值与图中标出的参考方向来确定电流的实际方向。如果图中没有标出参考方向，那么计算结果的正负就是没有意义的。

【电学史话】　　　　　　**电流方向的规定原来是个错误**

1820 年，法国著名电学家安培在没有发现电子以前，就规定了电流的方向。那时候科学家们都认为电流是正电荷从电源的正极经导线流向负极的。现在人们已经知道在金属导体中的电流是由带负电的电子移动产生的，这些电子从电源的负极经导线流向正极，其移动的方向与电流的方向正好相反。但是到目前为止，这个规定所引起的效果除了与霍尔效应的结果不同之外，别无他缪，所以人们依然沿用了这个规定。

2. 电压

1）电压的大小

在电路中，电场力做功使电荷做定向移动。为了衡量电场力做功的能力，人们引入了电压这一物理量。

定义：电场力把单位正电荷从 a 点移动到 b 点所做的功称为 a、b 两点间的电压，用字母 u_{ab} 表示，即

$$u_{ab}=\frac{\mathrm{d}w}{\mathrm{d}q}$$

式中，$\mathrm{d}w$ 表示电场力将电荷量为 $\mathrm{d}q$ 的正电荷从 a 点移动到 b 点所做的功，单位为焦耳。

在国际单位制中，电压的单位是伏特，用大写字母 V 表示，在电力系统中，常用的电压单位还有千伏（kV）。在电子电路中，常用的电压单位还有毫伏（mV）、微伏（μV）。各单位之间的换算关系是 $1\ \mathrm{kV}=10^3\ \mathrm{V}$，$1\ \mathrm{V}=10^3\ \mathrm{mV}$，$1\ \mathrm{mV}=10^3\ \mathrm{\mu V}$。

2）电压的方向

电压的实际方向是由高电位端指向低电位端。在实际电路的分析计算中，也需要引入电压的参考方向，当电压的实际方向与参考方向一致时，计算出来的电压为正值；当电压的实际方向与参考方向相反时，计算出来的电压为负值。根据电压的参考方向与数值的正负就可判断出电压的实际方向，如图 2-2 所示。

图 2-2　电压的实际方向与参考方向

电压的参考方向通常用箭头来表示，其中箭头方向为假定电压降的方向，也可以用"＋"表示假定的高电位端，用"－"表示假定的低电位端，还可以用带双下标的字母来表示，例如，U_{ab} 表示电压的参考方向是由 a 指向 b。

3）电动势

电动势描述的是在电源中外力做功的能力，它的大小等于外力在电源内部克服电场力把单位正电荷从负极移动到正极所做的功，用字母 E 表示。电动势的实际方向在电源内部是由电源负极指向电源正极的，如图 2-3 所示。

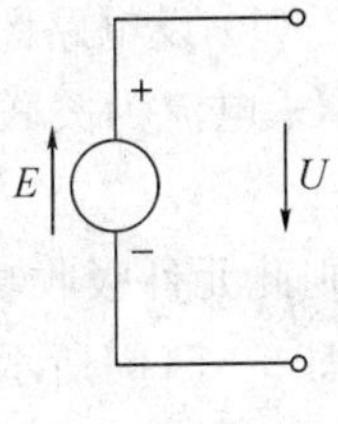

图 2-3　电动势与电压的方向

4）关联参考方向

虽然电压与电流的参考方向可以任意选定，但为了计算方便，常选择电流与电压一致的参考方向，这样的方向称为关联参考方向，如图 2-4(a)所示。当电压与电流的参考方向不一致时，称为非关联参考方向，如图 2-4(b)所示。

（a）关联参考方向　　　　　　　　（b）非关联参考方向

图 2-4　电压与电流的关联参考方向与非关联参考方向

3. 电功率

当把正电荷从高电位移动到低电位时，电场力做正功，电路吸收电能；当把正电荷从低电位移动到高电位时，外力克服电场力做功，电路将其他形式的能量转化为电能，电路发出电能。

人们将单位时间内，电路吸收或发出的电能定义为该电路的电功率，简称功率，用字母 P 表示。当电压与电流为关联参考方向时，功率的计算公式为

$$P=UI$$

当电压和电流为非关联参考方向，功率的计算公式为

$$P=-UI$$

式中，U 是某一元件或这一部分电路的端电压，I 是流经某一元件或电路的电流。

以上两个公式中，若 $P>0$，则电路或元件吸收（或消耗）功率；若 $P<0$，则表示此电路或元件发出（或产生）功率。

功率的单位是 W（瓦），除了 W 之外，还有 kW（千瓦）、mW（毫瓦）。各单位之间的关系为

$$1\ \text{kW}=10^3\ \text{W}=10^6\ \text{mW}$$

例 2-1　（1）在图 2-5 中，电流均为 3 A，且均由 a 点流向 b 点，求这两个元件的功率，并判断它们的性质。

（2）在图 2-5(b)中，设元件产生的功率为 4 W，求电流。

（a）　　　　　　　　　　　　　（b）

图 2-5　例 2-1 题电路

解　（1）设电路图 2-5(a)中电流 I 的参考方向由 a 指向 b，则对图 2-5(a)所示元件来说，电压、电流为关联参考方向，故此元件的功率为

$$P=UI=2\times3=6\ \text{W}$$

$P>0$，则此元件吸收功率。

对图 2-5(b)所示元件来说，设电流 I 的参考方向由 a 指向 b，则电压、电流为非关联参考方向，故此元件的功率为

$$P=-UI=-(-2\times3)=6\ \text{W}$$

$P>0$，则此元件吸收功率。

（2）设图 2-5(b) 中电流 I 的参考方向由 a 指向 b，因元件产生的功率为 4 W，故功率 $P=-4$ W，由 $P=-UI=-4$ W 可得

$$I=\frac{-4}{-U}=\frac{-4}{-(-2)}=-2 \text{ A}$$

负号表明电流的实际方向是由 b 指向 a。

以上是电路分析中常用的电流、电压和功率的基本概念及相应的计算公式，这些量可以取不同的时间函数，所以又称它们为变量。

特别值得注意的是：对电路中电流、电压设参考方向是非常必要的。电路中电流、电压的参考方向，原则上可以任意假设，但是为了避免公式中的负号可能对计算带来麻烦，习惯上凡是能确定电流、电压实际方向的，就将参考方向与实际方向设为一致方向，对于不能确定的，也不必花费时间去判断，只需任意假定一个参考方向即可。

习惯上常把电流、电压参考方向设成关联方向，有时为了简化，一个元件上只标出电流或电压一个量的参考方向，意味着省略的那个量的参考方向与给出量的参考方向是关联的。电路中的功率与电压和电流的乘积有关，因此用来测量功率的仪表必须具有两个线圈：一个用来反映负载电压，与负载并联，称为并联线圈或电压线圈；另一个用来反映负载电流，与负载串联，称为串联线圈或电流线圈。这样，电动式仪表可以用来测量功率，常用的就是电动式功率表。

例 2-2　计算图 2-6 中各元件的功率，指出是吸收还是发出功率，并求整个电路的功率。已知电路为直流电路，$U_1=4$ V，$U_2=-8$ V，$U_3=6$ V，$I=2$ A。

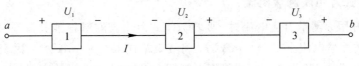

图 2-6　例 2-2 电路图

解　在图中，元件 1 电压与电流为关联参考方向，得

$$P_1=U_1 I=4 \times 2=8 \text{ W}$$

故元件 1 吸收功率。

元件 2 和元件 3 电压与电流为非关联参考方向，得

$$P_2=-U_2 I=-(-8) \times 2=16 \text{ W}$$
$$P_3=-U_3 I=-6 \times 2=-12 \text{ W}$$

故元件 2 吸收功率，元件 3 发出功率。

整个电路功率为

$$P=P_1+P_2+P_3=8+16-12=12 \text{ W}$$

例 2-2 中，元件 1 和元件 2 的电压与电流实际方向相同，二者吸收功率；元件 3 的电压与电流实际方向相反，发出功率。由此可见，当电压与电流的实际方向相同时，电路一定是吸收功率的；当电压与电流的实际方向相反时，电路一定是发出功率的。

在实际电路中，电阻元件的电压与电流的实际方向总是一致的，这说明电阻总是在消耗能量。而电源则不然，其功率可能为正也可能为负。当电源功率为正时，说明它正在作为电源为电路提供电能；当电源功率为负时，说明它正在被充电，此时电源在吸收电能。

对于一个完整电路而言，它吸收的功率与产生的功率总是相等的，即在任意时间 t 内，电路中所有元件功率的代数和恒等于零，这称为功率平衡。

4. 电能

根据电功率的计算公式可得

$$\mathrm{d}w = p\,\mathrm{d}t$$

则在 t_0 到 t 的一段时间内，电路消耗的电能为

$$\int_{t_0}^{t} p\,\mathrm{d}t = \int_{t_0}^{t} ui\,\mathrm{d}t$$

电能在直流电路中的表达式为：$W = Pt = UIt$。

电能的单位为 J(焦耳)，常用的还有千瓦·时，习惯上称为度。各单位之间的换算关系是

$$1\ 度 = 1\ 千瓦 \cdot 时 = 3.6 \times 10^6\ 焦耳$$

2.1.2 电流的测量

1. 用指针式万用表测量电流

指针式万用表的表头就是一个电流表，表头指针偏转的大小反映了流经仪表的电流大小。测电流时，电表要与被测元件所在的支路串联。

在测量直流电流时，要注意表棒的极性不要接反，否则会打弯表针。在测量交流电流时，若要求测量的精度不高，则可选用电磁式电流表，若测量精度要求高，则可选用电动式电流表。

2. 用数字式万用表测量电流

用数字式万用表测量直流电流时，要将数字式万用表的量程开关拨至"DCA"范围内的合适挡位。当被测量电流小于 200 mA 时，将红表笔插入"200 mA"孔，黑表笔插入"COM"孔；当被测电流超过 200 mA 时，应将红表笔插入"20 A"插孔，黑表笔插入"COM"孔。将两表笔与被测电路串联，显示器上就会显示出被测的电流值，同时还会显示出红表笔一端的电流极性。

用数字式万用表测量交流电流时，要将量程开关拨至"ACA"范围内的合适挡位。当被测量电流小于 200 mA 时，将红表笔插入"200 mA"孔，黑表笔插入"COM"孔；当被测电流超过 200 mA 时，应将红表笔插入"20 A"孔，黑表笔插入"COM"孔。将两表笔与被测电路串联，显示器上就会显示出被测电流的有效值。

数字式万用表的红色表笔有三个插孔可选：20 A、mA 和 VΩ，分别用于测量大电流、小电流、电压和电阻。图 2-7 清楚地显示了数字万用表的四个插孔。

图 2-7 数字式万用表的四个插孔

2.1.3 电压的测量

1. 用指针式万用表测量电压

用指针式万用表测量直流电压时，先将红表笔插入万用表面板上标有"＋"符号的孔

中，接直流电压的正极，将黑表笔插入万用表面板上标有"－"符号的孔中，接直流电压的负极。再选择相应的量程，即可从表盘指针的位置读出被测量的直流电压值。

用指针式万用表测量交流电压时，因为交流电压无极性的区别，所以只要将量程开关放置在交流电压的相应量程挡，用两只表笔并联在两个测量点上，即可从表盘指针的位置读出被测量的交流电压有效值。

在测量高电压(500～2500 V)时，测量人员一定要戴上绝缘手套，测量时要站在绝缘垫上进行，并且必须使用专用的高压测量表笔，将其插在专用的测量高压插孔中。

2．用数字式万用表测量电压

用数字式万用表测量直流电压时，先将电源开关拨至"ON"，再将量程开关拨至"DCV"范围内的合适量程，把红表笔插入"VΩ"孔中，把黑表笔插入"COM"孔中，将两表笔与被测电路并联，显示屏上即可显示出被测量的电压数值，同时还会自动显示出红表笔端直流电压的极性。

用数字式万用表测量交流电压时，先将电源开关拨至"ON"，再将量程开关拨至"ACV"范围内的适合量程，把红表笔插入"VΩ"孔中，把黑表笔插入"COM"孔中，将两表笔与被测电路并联，显示屏上即可显示出被测量交流电压的有效值。

需要注意的是：当被测量信号的频率为45～500 Hz 以内时，且输入信号为正弦波，则可以比较准确地显示出该信号交流电压的有效值。当被测量信号的频率在45～500 Hz 以外时，显示的该信号交流电压的有效值误差会很大。此时需要使用电子毫伏表来进行测量，才能得到比较准确的数值。

2.1.4 电功率的测量

图 2-8 所示是功率表的接线图。固定线圈的匝数少，导线粗，与负载串联，作为电流线圈；可动线圈的匝数较多，导线较细，与负载并联，作为电压线圈。

由于并联线圈串联有高阻值的倍压器，它的感抗与其电阻相比可以忽略不计，所以可以认为其中电流 i_2 与两端电压 u 同相。这样功率表指针的偏转角度为

$$\alpha=kUI\cos\varphi=kP$$

即电动式功率表中指针的偏转角度 α 与电路中平均功率 P 成正比。

功率表的电压线圈和电流线圈各有其量程。改变电压量程的方法和电压表一样，即改变倍压器的电阻值。电流线圈常常是由两个相同的线圈组成，当两个线圈并联或串联时，电流量程发生相应变化。

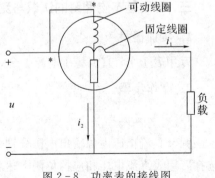

图 2-8 功率表的接线图

2.1.5 电能的测量

电度表是测量电能的仪表。电度表结构由驱动元件、转动元件、制动元件、计度器组

成，当驱动元件即线圈中通入电流，产生转动力矩驱动转盘转动时，计度器计算转盘的转数，以达到测量电能的目的。电度表的接线图如图2-9所示。

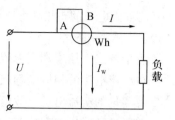

A—电流线圈；B—电压线圈
图2-9　电度表的接线图

电能的测量原理与功率测量原理相同。电能与功率和时间成正比，在使用电度表测量电能时，测量功率的大小与电度表转盘的转速成正比，而测量时间与转盘转动的转数成正比。电度表通过计算转盘转动的转数来实现对电能的测量。

实训任务 3　电工技术中基本物理量的认识与测量

任务实施

一、看一看

认识常见的各种类型的电阻、电容和电感，并正确识读元件表面上的文字符号。

二、测一测

（1）学生用指针式万用表对各种类型的电阻器进行测量，将测量结果与元件的规格进行比较。

（2）学生用指针式万用表对各种材料的电容器进行测量，总结出质量好的电容器的阻值结果。

（3）学生用指针式万用表对各种类型的电感器进行测量，总结出质量好的电感器的阻值结果。

三、电工基本物理量的认识与测量

1. 实训器材

万用表1个；直流稳压电源1台；滑线变阻器1个；电阻器（510 Ω）1个。

2. 操作步骤

1）测量直流电压

调节直流稳压电源输出电压分别为1 V、5 V、8 V、12 V、15 V、20 V、25 V、30 V，选择万用表直流电压相应挡位测上述各电压，将测量结果记入表2-1中。

2）测量直流电流

按图2-10连接电路，直流电源输出电压为10 V，$R=510$ Ω。选择好万用表直流电流挡的量限，闭合开关后，调节滑线变阻器分别为$\frac{1}{4}R_P$、$\frac{1}{2}R_P$、$\frac{3}{4}R_P$、R_P，测量各自的直流电流值，记入表2-1中。在测量中，如需改变电流挡的量限，则要在开关断开后进行。图中毫安表为万用表的直流电流挡。

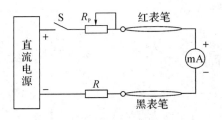

图 2-10　直流电流测量连接图

3）测量交流电压

用万用表交流电压挡，测量实验室的 220 V 和 380 V 的交流电源电压值，并记入表
2-1 中。

表 2-1　直流电流的测量

项　目		测量记录							
直流电压测量	挡位（　）								
	直流电源电压（　）								
	测量电压值（　）								
直流电流测量（R 为定值）	滑线电阻器 R_P	$\frac{1}{4}R_P$		$\frac{1}{2}R_P$		$\frac{3}{4}R_P$		R_P	
	挡位								
	测量电流值（　）								
交流电压测量	挡位（　）								
	交流电源电压（　）								
	测量电压值（　）								

2.2　直流电路中的基本元件

不同的用电设备能实现不同的转换功能，也许你会感到它们很神秘，实际上，这些看
似复杂的东西都是由最简单的电路元件组合而成的。

2.2.1　简单直流电路的初步认识

仔细观察如图 2-11(a)所示的手电筒电路结构。当按下手电筒的开关按钮时，电珠就
会发光。电珠发光显然是因为有电流流过电珠，电流是通过哪些环节由电池流到电珠的？
这就牵扯到电路由哪几部分组成的问题。在电路中，各个组成部分又各起什么作用呢？让
我们来仔细分析一下。

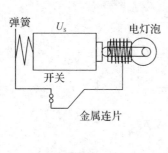

（a）电路结构

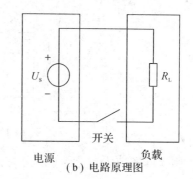

（b）电路原理图

图 2-11　手电筒的电路组成

1. 电路的组成及其功能

1）电路的组成

电路是电流的流通路径，它是由一些电气设备和元器件按一定方式连接而组成的。

手电筒电路由电池、灯泡、开关和金属连片组成。当我们将手电筒的开关接通时，金属片把电池和灯泡连接成通路，就有电流通过灯泡，使灯泡发光，这时电能转化为热能和光能。其中，电池是提供电能的器件，称为电源；灯泡是用电器件，称为负载；金属连片相当于导线，它和开关将电源与负载连接起来，起传输和控制作用，称为中间环节。

由此可知，一个完整的电路由电源、负载和中间环节（包括开关和导线等）三部分按一定方式组合而成。

2）电路的功能

在通信、自动控制、计算机、电力等工业领域中，各种元器件和电气设备组成了各种千差万别的电路，但就其实质而言，电路的功能可概括为两个方面：

（1）电能的传送、分配与转换。

例如在电力系统中，发电厂的发电机将其他形式的能量转换为电能，通过变电站和输电线路，将电能传送分配到用电单位，再通过负载把电能转换为其他形式的能量，为社会生产与人们生活服务。

（2）信息的传递与处理。

电路将输入的电信号进行传送、转换或处理，使之成为满足一定要求的输出信号。例如载有音像、文字信息的电磁波即为电视机电路的输入信号，此电磁波信号通过天线进入电路并被电路处理后送到显像管和扬声器，还原成声音和图像。

电路按照工作频率的不同，可以分为低频（包括直流）电路和高频电路。本书只研究低频和直流电路。

2. 理想电路元件

实际电路种类繁多，用途各异，组成电路的元器件以及它们在工作过程中发生的物理现象也形形色色。但从能量的角度来看，电路在工作过程中只有三种电磁特性：电能的消耗、电能与电场能的转换、电能与磁场能的转换。在电路中，一个实际电路器件往往具有两种或两种以上的电磁特性，并同时存在着几种能量形式。

例如，一个白炽灯有电流通过时，它消耗电能转变为热能和光能，表现为电阻的性质；同时白炽灯中的电流还会产生磁场，电能转换为磁场能，因而白炽灯就兼有电感的性质；此外，白炽灯中的电流还会产生电场，电能转换为电场能，因而白炽灯还具有电容的性质。

在进行电路分析时，若将每个电路器件的电磁特性都考虑进去，则会使电路的分析变得十分烦琐，甚至难以进行。为了使分析简单方便而又能满足要求，我们引入一个抽象的概念：理想电路元件。理想电路元件简称为电路元件。

理想电路元件就是具有某种确定的电性质或磁性质的假想元件，一种理想电路元件只具有一种物理性质，多个理想电路元件的组合可以反映出实际电路器件的电磁性质和电磁现象。

规定：在电路中，只消耗电能的元件叫作电阻元件。例如白炽灯、电炉丝、电阻器等实际器件均可用电阻元件作为模型。

在电路中，只具有储存和释放磁场能量性质的元件叫作电感元件。例如日光灯电路中的镇流器、电动机中的定子线圈等，都可以用电感元件作为模型。

在电路中，只具有储存和释放电场能量性质的元件叫作电容元件。例如各种电容器都可用电容元件作为模型。

三种理想电路元件的电路符号如图 2-12 所示。

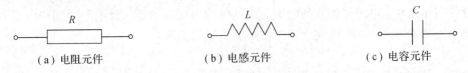

(a) 电阻元件　　　　　(b) 电感元件　　　　　(c) 电容元件

图 2-12　三种理想电路元件的符号

理想电路元件性质单一，可以用数学公式精确描述它们的性质，因而可以建立起相应的电路模型，可以用数学关系式来描述电路的性质，还可以用数学的方法来分析和计算电路参数，从而掌握电路的全部性质。

3. 电路模型

对于实际电路的研究一般采取两种方法：一种方法是测量法，用各种仪表对电路的各种物理量进行测试，从而研究出电路的工作情况；另一种方法是分析法，根据实际电路抽象得到电路模型，再通过分析和计算来进行研究。

电路模型就是用理想电路元件通过一定的连接所构成的，这种实际电路的模型简称为电路。本书所说的电路，都是指由理想电路元件构成的电路模型。

图 2-11(b) 所示的电路原理图，就是实际手电筒电路的模型。通过分析法对电路进行研究时，建立实际电路的模型(简称建模)是一项重要工作。建模时必须考虑到电路的工作条件和环境，要按照精确度的要求把电路的主要性质和功能都反映出来。

图 2-13(a) 是一个电感器件。在直流工作情况下，这个电感器件的模型是一个电阻元件，如图 2-13(b) 所示；在较低的频率工作情况下，这个电感器件的模型要用电阻元件和电感元件的串联组合模拟，如图 2-13(c) 所示；在较高的频率工作情况下，还要考虑到电感器件导体表面的电荷作用，即电容效应，所以这个电感器件的模型还需包含电容元件，如图 2-13(d) 所示。

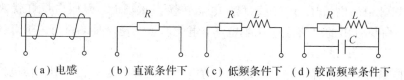

（a）电感　　（b）直流条件下　　（c）低频条件下　　（d）较高频率条件下

图 2-13　电感器件在不同工作条件下的模型

可见在不同的条件下，同一个实际电路器件应该采用不同的模型。模型取得恰当，对电路分析和计算的结果就与实际情况接近；如果模型取得太复杂，就会造成分析困难；如果模型取得太简单，就不足以反映电路的真实情况。

2.2.2　在直流电路中基本元件的特性

1. 电阻

1）电阻元件

电阻元件是反映在电路中消耗电能这一物理现象的理想元件，电阻元件简称为电阻。电阻还是表示对电流呈现阻力的电路参数。

2）电阻元件的伏安关系

欧姆定律指出：电阻元件上的电压与流过它的电流成正比。设电阻两端的电压和电阻中的电流为关联参考方向，则在直流电路中的伏安关系为

$$U=IR$$

电阻元件有线性电阻元件和非线性电阻元件之分，服从欧姆定律的电阻元件称为线性电阻元件。线性电阻元件的伏安特性为过原点的一条直线，如图 2-14 所示。而非线性电阻元件的伏安特性依每种元件的不同而各不相同。

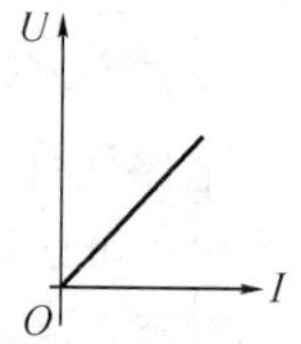

在国际单位制中，电阻的单位为欧姆（Ω）。电阻的倒数称为电导，记为 G，单位为西门子，简称西（S），即

图 2-14　线性电阻元件的伏安特性

$$G=\frac{1}{R}$$

当电路中 a、b 两端的电阻 $R=0$ 时，称 a、b 两点短路；当电路中 a、b 两端的电阻 $R\to\infty$ 时，称 a、b 两点开路。

3）电阻元件上的功率

电阻 R 上的功率表达式为

$$P=UI=I^2R=\frac{U^2}{R}$$

可见，$P\geqslant 0$，即电阻元件总是消耗（或吸收）功率。

4）电阻器

电阻器和电阻是两个不同的概念。电阻是理想化的电路器件，其工作电压、电流和功率没有任何限制。而电阻器是实际的电路器件，只有在一定的电压、电流和功率范围内才能正常工作。电子设备中常用的碳膜电阻器、金属膜电阻器和线绕电阻器在生产制造时，除注明标称电阻值（如 100 Ω、10 kΩ 等）外，还要标注额定功率值（如 1/8 W、1/4 W、

1/2 W、1 W、2 W、5 W 等），以便用户使用时参考。

常用电阻元件的外形与图形符号如图 2-15 所示。

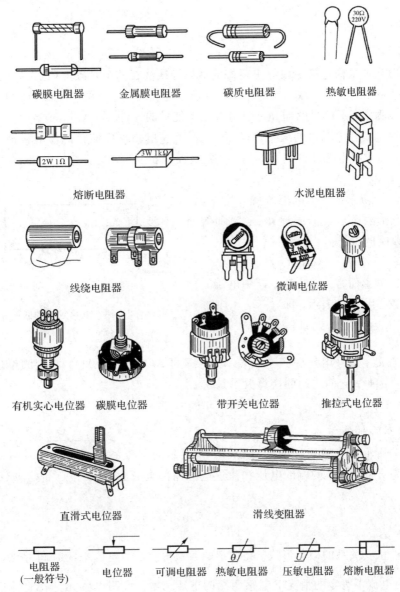

碳膜电阻器　　　金属膜电阻器　　　碳质电阻器　　　热敏电阻器

熔断电阻器　　　　　　　　　　　　水泥电阻器

线绕电阻器　　　　　　　　　　微调电位器

有机实心电位器　碳膜电位器　　带开关电位器　　推拉式电位器

直滑式电位器　　　　　　　滑线变阻器

电阻器　　　电位器　　可调电阻器　热敏电阻器　压敏电阻器　熔断电阻器
(一般符号)

图 2-15　常用电阻元件的外形与图形符号

在一般情况下，电阻器的实际工作电压、电流和功率均应小于其额定电压、电流和功率值。当电阻器消耗的功率超过额定功率过多或超过虽不多但时间较长时，电阻器会因发热而温度过高，致使自身烧焦变色甚至断开造成电路故障。

【电学史话】　　　　　　　　　　　欧姆与欧姆定律

欧姆定律的简述：在同一电路中，通过某段导体的电流跟这段导体两端的电压成正比，跟这段导体的电阻成反比。该定律由德国物理学家乔治·西蒙·欧姆在 1826 年 4 月发表的《金属导电定律的测定》论文中提出。

随研究电路工作的进展，人们逐渐认识到欧姆定律的重要性，欧姆本人的声誉也大大提高。为了纪念欧姆对电磁学的贡献，物理学界将电阻的单位命名为欧姆，以符号 Ω 表示。

2. 电感

1）电感元件

电感器的基本结构是把一段导电良好的金属导线绕在一个骨架上（也可以是铁芯）形成一个线圈，再外加屏蔽罩组成。当电感元件中流过电流时，电流就产生磁场，电能转变成磁场能储存在线圈中。所以电感器是能够储存磁场能量的元件。

电感元件是实际电感器的理想化模型，它是反映电路器件储存磁场能量这一物理性能的理想元件。通常将电感元件简称为电感，它也是表征材料（或器件）储存磁场能量多少的一种参数。

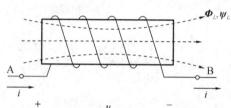

如图 2 - 16 所示，一个电感线圈，当电流 i 通过后，会产生磁通 $\boldsymbol{\Phi}_L$，若磁通 $\boldsymbol{\Phi}_L$ 与 N 匝线圈相交链，则线圈的磁链为

$$\boldsymbol{\Psi}_L = N\boldsymbol{\Phi}_L$$

对于线性电感而言，磁链与线圈中电流的比值是一个常数，用 L 来表示，即

$$L = \frac{\boldsymbol{\Psi}_L}{i}$$

图 2 - 16　电感线圈的磁通和磁链

电感器的文字符号用大写字母 L 表示。电感的单位是亨利（H），常用的单位还有毫亨（mH）、微亨（μH）。它们之间的换算关系是

$$1\,\text{H} = 10^3\,\text{mH} = 10^6\,\mu\text{H}$$

2）电感元件的伏安关系

图 2 - 17 所示为电感元件的图形符号。在图示的电压、电流关联参考方向下，其两端的电压和流过电感内部电流的伏安关系为

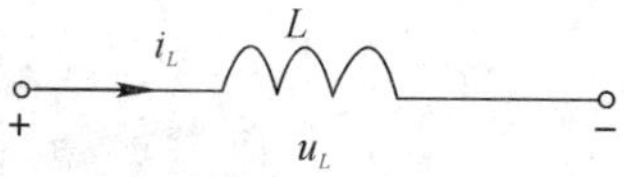

图 2 - 17　电感元件的图形符号

$$u_L = L\,\frac{di_L}{dt}$$

这是电感元件伏安关系的微分形式。在稳定的直流电路中，电流不随时间变化，所以 $u_L = L\,\dfrac{di_L}{dt} = 0$，在电流不为零的情况下电感两端的电压为零，说明电感元件在直流电路中相当于短路。

由上式可知：

（1）电感上任一时刻的自感电压 u_L 取决于同一时刻的电感电流 i_L 的变化率，即电流变化越快，自感电压也越大。

（2）当电流 $i_L = I_L$ 为恒值时，由于电流不随时间变化，则 $u_L = 0$，电感相当于短路。

（3）电感在直流电路中不消耗功率。

3）电感器

常见电感器的外形和图形符号如图 2 - 18 所示。

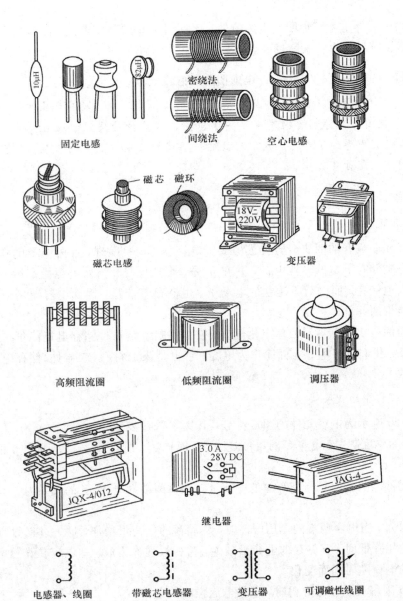

图 2-18　常见电感器的外形和图形符号

　　理想化的电感元件只有储存磁场能量的性质,其两端电压和流过的电流没有限制。在实际电路中使用的电感线圈类型很多,电感的范围也很大,从几微亨到几亨不等。

　　实际的电感线圈可以用一个理想电感与理想电阻的串联作为它的电路模型,在电路工作频率很高的情况下,还需要再并联一个电容来构成线圈的电路模型,如图 2-19 所示。

　(a) 电感　　　　　(b) 实际电感电路模型　　　(c) 高频条件下电感电路模型

图 2-19　电感器的几种电路模型

在实物电感器上除了标明其电感值外，还标明了它的额定电流。因为当电流超过一定值时，线圈将有可能由于温度过高而被烧坏。

【电学史话】   **电感器与自感应现象**

最原始的电感器是 1831 年英国的 M. 法拉第用以发现电磁感应现象的铁芯线圈。

1832 年美国的 J. 亨利首次发表了关于自感应现象的论文。19 世纪中期，电感器在电报、电话等装置中得到了广泛应用。为了纪念亨利对自感应现象的贡献，人们把电感量的单位称为亨利，简称亨。

3. 电容

1）电容元件

用绝缘介质隔开的两块金属极板构成了电容器。实验发现，在外电源的作用下，两块极板上能分别储存等量的异性电荷，并在介质中形成电场。当外电源撤走后，两极板上的电荷能长久地储存，而电荷所建立的电场中，也储存着能量，因此电容器是一种将电能转变为电场能量的元件。

电容元件是实际电容器的理想化模型，它是反映电路器件储存电场能量这一物理性能的理想元件。我们常将电容元件简称为电容，它也是表征材料（或器件）储存电场能量多少的一种参数。

2）电容元件的伏安关系

图 2-20 所示为电容元件的图形符号，其文字符号表示为 C。在国际单位制中，电容 C 的单位是法拉，简称法，用 F 表示。

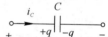

图 2-20 电容元件的图形符号

电容元件上的电容量与其存储的电荷量 q 和它两端的电压 u_C 的关系为

$$q = C u_C$$

由此可知，当电容两端的电压升高时，其储存的电荷量增加，这一过程称为充电。当电容两端的电压降低时，其储存的电荷量减少，这一过程称为放电。电容在充放电的过程中，它所储存的电荷随时间而变化。

当 u、i 采用关联参考方向时，根据电流强度的定义：

$$i = \frac{\mathrm{d}q}{\mathrm{d}t}$$

可得

$$i = C \frac{\mathrm{d}u_C}{\mathrm{d}t}$$

这个式子是电容元件伏安关系的微分形式。在稳定的直流电路中，电容的端电压为一常数，因此，流经电容的电流 $i = C \dfrac{\mathrm{d}u_C}{\mathrm{d}t} = 0$，在直流电路中电容相当于开路，故说电容有隔断直流的作用。

由上式可知：

（1）电容上任一时刻的电流 i 取决于同一时刻的电容电压 u_C 的变化率。即电压变化越快，充放电的电流也越大。

（2）当电容两端的电压 $u_C = U_C$ 为恒值时，由于电压不随时间变化，则 $i = 0$，电容相当于开路。

（3）电容在直流电路中不消耗功率。

3）电容器

常用电容元件的外形和图形符号如图 2-21 所示。

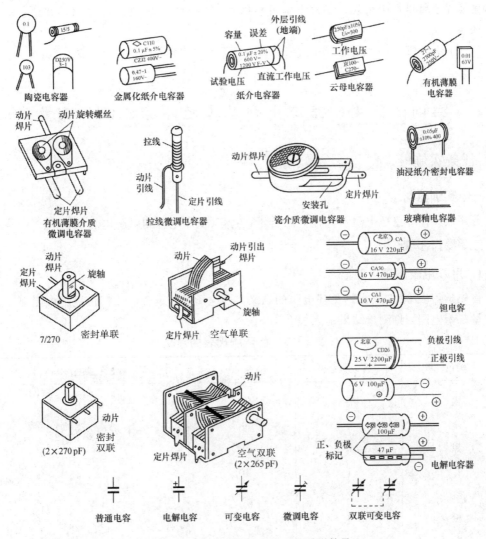

图 2-21　常见电容器的外形和图形符号

实际电容器两极板之间的介质不可能是理想的，所以必然存在一定的漏电阻，也就是说，电容既有储能的性质，也有一些能量损耗。因此，在实际电容器的电路模型中，除了电容之外，还应并联一个电阻元件。

在实物电容器上除了标明其电容外，还标明其额定工作电压，因为每个电容器能够承受的电压是有限的。电压过高，介质将被击穿，从而丧失了电容器的作用。电解电容器的两个极板是有正负极性的，所以在电解电容器上还有表示负极的符号。在实际使用时，这两个电极不可用反，否则，电解电容器将被击穿甚至发生爆炸。

【电学史话】 法拉和电容的单位

在国际单位制中，电容的单位是法拉，这是以发现电磁感应现象的英国物理学家迈克尔·法拉第的名字而命名的。

但是法拉这个单位实在是太大了，根据计算，1法拉等于一个直径为9 km的空心金属球的电容量。所以人们又规定了几个常用单位，分别叫作毫法、微法、纳法和皮法。各单位之间的换算关系是

$$1 \text{法拉}(F) = 10^3 \text{毫法}(mF) = 10^6 \text{微法}(\mu F) = 10^9 \text{纳法}(nF) = 10^{12} \text{皮法}(pF)$$

实训任务 4　直流电路基本元件的认识与测量

 任务实施

一、实训器材

万用表1个；色环电阻及其他电阻若干；电容（瓷片电容和电解电容）若干。

二、操作步骤

1. 用万用表测量电阻器

首先学习表2-2给出的色环电阻的意义，再选择万用表合适的挡位进行电阻测量，每挡测量三个电阻，将测量结果记入表2-3中。

表2-2　色环所代表的意义

颜色	有效数字	乘数	允许误差/(%)
银	—	10^{-2}	±10
金	—	10^{-1}	±5
黑	0	10^{0}	—
棕	1	10^{1}	±1
红	2	10^{2}	±2
橙	3	10^{3}	—
黄	4	10^{4}	—
绿	5	10^{5}	±0.5
蓝	6	10^{6}	±0.2
紫	7	10^{7}	±0.1
灰	8	10^{8}	—
白	9	10^{9}	—
无色	—		—

表 2 - 3   电阻测量结果

项　目		测 量 记 录			
电阻	电阻挡倍率	R×1	R×10	R×1k	R×10k
	测量电阻值				

2. 用万用表测量电感器

对实验室已有的各种电感器(选择三个)和变压器(有初级绕组和一个次级绕组)进行测量。选择万用表的合适电阻挡位对电感器和变压器的线圈绕组进行测量，以判定电感器和变压器线圈的通和断，进而得出其质量是否合格的结论。作好记录，将结果填写在表 2 - 4 中。

表 2 - 4   电感器和变压器线圈质量的测量   电阻挡位：＿＿＿＿

项　目		测 量 电 阻 值			
变压器初级绕组					
变压器次级绕组					
电感器	1				
	2				
	3				

3. 用万用表测量电容器

选择一个瓷片电容、一个涤纶电容和三个不同容量的电解电容，选择合适的电阻挡位进行测量，以判定电容器的质量，同时判别电容器的极性，作好记录，将结果填写在表 2 - 5 中。

表 2 - 5   电容器质量的测量   电阻挡位：＿＿＿＿

项　目		测 量 电 阻 值			
瓷片电容					
涤纶电容					
电解电容	容量 1				
	容量 2				
	容量 3				

2.3   电位及其测量

2.3.1   直流电路中的电位

在电路中，电流之所以能够流动，是因为电路中在这两点之间存在电位差。要比较两点的电位高低，首先要确定计算电位的起点：零参考点。在电工技术上，常以大地作为零参考点；在电子技术上，则经常以金属底板、机壳或公共点作为零参考点。电位零参考点用符号"⊥"表示。

在电路中，当选定零参考点后，某点对零参考点的电压即为该点的电位，用字母 V 表示，电位的单位与电压相同。在电路中，不首先确定零参考点而讨论电位是没有意义的。

在一个电路中，只能选定一个零参考点，其本身的电位就是零，一旦选定零参考点，电路中其他各点的电位也就随之确定。当零参考点的选择不同时，同一点的电位值也不同，可见电路中各点电位的大小与零参考点的选择密切相关。

由电位的定义可知：电路中 a 点到 b 点的电压就是 a 点电位与 b 点的电位之差，即

$$U_{ab} = V_a - V_b$$

所以电压又称电位差。

例 2-3 如图 2-22(a)所示，已知电路中 $U_{ab}=60$ V，$U_{ca}=80$ V，$U_{da}=30$ V，$U_{cb}=140$ V，$U_{db}=90$ V，求：电路中各点电位。

解 设电路中 a 点为零参考点，即 $V_a=0$（如图 2-22(b)所示），则可得出：

$$V_b - V_a = U_{ba}, \quad V_b = U_{ba} = -60 \text{ V}$$

$$V_c - V_a = U_{ca}, \quad V_c = U_{ca} = +80 \text{ V}$$

$$V_d - V_a = U_{da}, \quad V_d = U_{da} = +30 \text{ V}$$

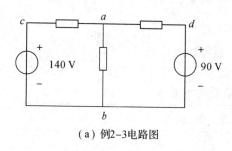 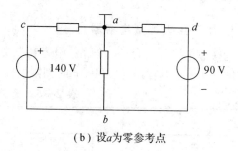

（a）例2-3电路图　　　　　　　　　　（b）设a为零参考点

图 2-22　例 2-3 图

b 点的电位比 a 点低 60 V，而 c 点和 d 点的电位比 a 点分别高 80 V 和 30 V。

如果设 b 点为零参考点，即 $V_b=0$，则可得出：

$$V_a = U_{ab} = +60 \text{ V}$$

$$V_c = U_{cb} = +140 \text{ V}$$

$$V_d = U_{db} = +90 \text{ V}$$

从上面的结果可以看出：

① 电路中某一点的电位等于该点与零参考点之间的电压。

② 在电路中，零参考点选的不同，电路中各点的电位值也随着改变，但是任意两点间的电压值是不变的。所以各点电位的高低是相对的，而两点间的电压值是绝对的。

在电子电路中，为使电路简化常省略电源不画，而在电源端用电位的极性及数值标出，如图 2-23(a)的电路可改画为图 2-23(b)的电路，a 端标出 $+V_a$，意为电压源的正极接在 a 端，其电位值为 V_a，电源的负极则接在零参考点 c。

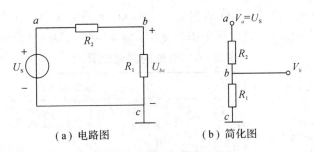

（a）电路图　　　　　（b）简化图

图 2-23　用电位简化电路

2.3.2　直流电路中电压和电位的测量

测量电路中任意两点间的电压时，先在电路中假定电压的参考方向，将电压表的红、黑表笔分别与电路中假定的正、负相接。若电压表表针正向偏转，表明实际极性与参考极性相同，则该电压记作正值；若电压表表针反向偏转，则应立即将两只表笔相互交换接触位置，再读取读数，则该电压记作负值。

测量电路中的电位时，首先在电路中选定一电位零参考点，将电压表跨接在被测点与零参考点之间，用电压表的红表笔接被测点，黑表笔接零参考点。若电压表指针正向偏转，则该点的电位为正值；若电压表指针反向偏转，则应立即交换两表笔的接触位置，再读取读数，则该点的电位为负值。

对于直流电路中故障的检查和判断，首先要知道各点在正常情况下的电位值，这可根据电路结构计算出来，或者先将已知的正常工作电位值标出来，例如各种家用电器已在电路图中标出正常工作时的电位值。然后将测量数值与正常值相比较，从而可判断出电路中有故障的部位和元件。

实训任务 5　直流电路中电位的测量及故障检测

任务实施

一、实训器材

双输出直流稳压电源 1 台；可变电阻器 1 个；直流电流表 1 个；直流电压表（或指针式万用表）1 个；100 Ω、200 Ω 电阻（均 1 W）各 1 个。

二、操作步骤

（1）按图 2-24 连线。$U_{S1}=3$ V（稳压电源 I），$U_{S2}=8$ V（稳压电源 II），$R_1=100$ Ω，$R_2=200$ Ω，R_P 为可变电阻器，选择 D 点为零参考点，调节 $R_P=R_2$、$R_P=R_2/2$ 时，分别测量 A、B、C、E 各点电位，并将结果记入表 2-6 中。

（2）取上述情况的 $R_P=R_2/2$ 时做正常情况电路。

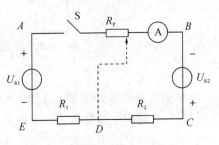

图 2-24　测量电位的电路图

在 R_2 断路和 R_2 短路两种情况下，分别测量 A、B、C、E 各点电位，并将结果记入表 2-6 中。比较故障时的测量值与正常情况的值的差别，重新分析出故障的原因。

表 2-6　电位的测量记录

电路状态		D 点为参考点			
		V_A (　　)	V_B (　　)	V_C (　　)	V_E (　　)
正常	$R_P = R_2$				
	$R_P = R_2/2$				
断开故障	$R_P = R_2/2$				
短路故障	$R_P = R_2/2$				

2.4　直流电路的两个重要定律

2.4.1　电源的理想化模型

在电路中有电阻时，只要有电流流过电阻，就会消耗能量。为电路提供能量的装置是电源，常用的直流电源有电池，还有将交流电转变为直流电的稳压电源等。

为了得到各种实际电源的电路模型，首先定义理想电源。理想电源是实际电源的理想化模型，根据实际电源工作时的外特性，一般将独立电源分为电压源和电流源两种。

1. 理想电源

理想电源按其特性的不同，又可分为理想电压源和理想电流源两种。

1）理想电压源

理想电压源的符号和伏安特性如图 2-25 所示，图中的"+"号、"-"号为 U_S 的参考极性。

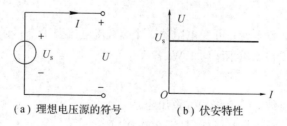

（a）理想电压源的符号　　　（b）伏安特性

图 2-25　理想电压源的符号和伏安特性

由伏安特性可知理想电压源的特点如下：

（1）它的端电压保持为一个定值 U_S，与流过它的电流无关。

（2）通过它的电流取决于它所连接的外电路。

例 2-4　在图 2-26 电路中，$U_S = 15$ V，负载 R 为可调电阻器，求电阻 R 的值分别为

$3\ \Omega$、$30\ \Omega$、∞时，电路中的电流 I、理想电压源的端电压 U 及功率 P_s。

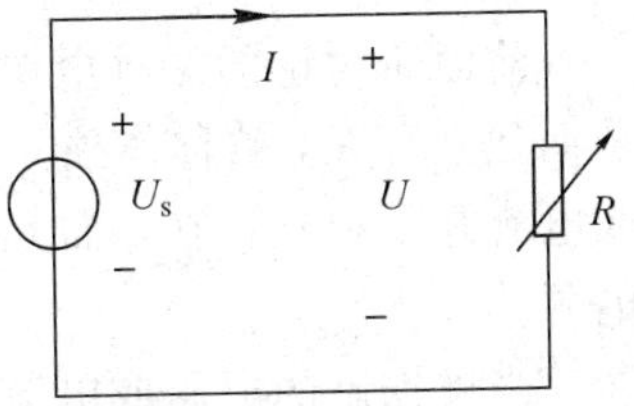

解　$U=U_s=15$ V

① 当 $R=3\ \Omega$ 时，有

$$I=\frac{U}{R}=\frac{15\ \text{V}}{3\ \Omega}=5\ \text{A}$$

$$P_s=-U_sI=-15\ \text{V}\times5\ \text{A}=-75\ \text{W（发出功率）}$$

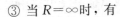

② 当 $R=30\ \Omega$ 时，有

$$I=\frac{U}{R}=\frac{15\ \text{V}}{30\ \Omega}=0.5\ \text{A}$$

$$P_s=-U_sI=-15\ \text{V}\times0.5\ \text{A}=-7.5\ \text{W（发出功率）}$$

图 2-26　例 2-4 图

③ 当 $R=\infty$ 时，有

$$I=\frac{U}{R}=0\ \text{A}$$

$$P_s=-U_sI=-15\ \text{V}\times0\ \text{A}=0\ \text{W}$$

注意：如果计算出电压源的功率 $P_s>0$，则说明该电压源吸收功率，那么该电压源 U_s 就是一个正在被充电的电池。

2）理想电流源

理想电流源的符号和伏安特性如图 2-27 所示，图中箭头所指方向为 I_s 的参考方向。

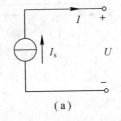 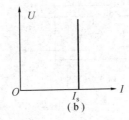

（a）　　　　　　　　　　（b）

图 2-27　理想电流源的符号及伏安特性

由伏安特性可知理想电流源的特点如下：

(1) 流过它的电流保持为一个定值 I_s，与它两端的电压无关。

(2) 它的端电压取决于它所连接的外电路。

例 2-5　在图 2-28 电路中，$I_s=3$ A，负载 R 为可调电阻器，求电阻 R 的值分别为 $0\ \Omega$、$10\ \Omega$、$30\ \Omega$ 时，理想电流源的电压 U、电路中的 I 及功率 P_s。

解　$I=I_s=3$ A

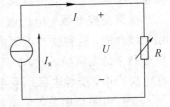

① 当 $R=0\ \Omega$ 时，有

$$U=IR=3\ \text{A}\times0\ \Omega=0\ \text{V}, \quad P_s=-UI_s=0\ \text{W}$$

图 2-28　例 2-5 图

② 当 $R=10\ \Omega$ 时，有

$$U=IR=3\ \text{A}\times10\ \Omega=30\ \text{V}, \quad P_s=-UI_s=-30\ \text{V}\times3\ \text{A}=-90\ \text{W（发出功率）}$$

③ 当 $R=30\ \Omega$ 时，有

$$U=IR=3\ \text{A}\times30\ \Omega=90\ \text{V}, \quad P_s=-UI_s=-90\ \text{V}\times3\ \text{A}=-270\ \text{W（发出功率）}$$

注意：如果电流源的功率 $P_s>0$，则说明该电流源吸收功率。

2. 受控电源

前面所讨论的两种电源模型：电压源和电流源，其电压与电流都不受电路其他量的影响而独立存在，被称作独立电源。在电子电路中，还经常遇到另一类型的电源，它们的电压或电流并不独立存在，而是受电路中其他部分的电压或电流的控制，这种电源称为受控电源。

当被控制的电压或电流消失或等于零，受控电源的电压或电流也将为零，当被控制的电压或电流增加、减少或极性发生改变时，受控电源的电压或电流也将增加、减少或改变极性，所以受控电源又称为非独立电源。如场效应管是一个电压控制元件，晶体三极管是一个电流控制元件，运算放大器既是电压控制元件，又是电流控制元件。

根据受控电源在电路呈现的是电压还是电流，以及这一电压或电流是受电路中另一处的电压还是电流所控制，受控电源又分成电压控制电压源（简称 VCVS）、电流控制电压源（简称 CCVS）、电压控制电流源（简称 VCCS）、电流控制电流源（简称 CCCS）四种类型。四种理想受控电源的模型如图 2 - 29 所示。

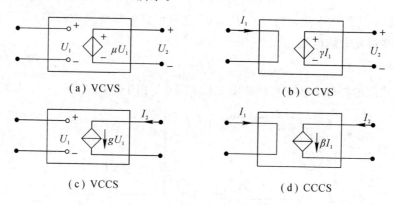

(a) VCVS   (b) CCVS

(c) VCCS   (d) CCCS

图 2 - 29 理想受控电源模型

所谓理想受控电源，就是它的控制端（输入端）和受控端（输出端）都是理想的。在控制端，对电压控制的受控电源，其输入端电阻无穷大，即输入端开路；对电流控制的受控电源，其输入电阻为零，即输入端短路，这样，控制端消耗的功率为零。在受控端，对受控电压源，其输出电阻为零，输出电压恒定；对受控电流源，其输出端电阻为无穷大，输出电流恒定。这与理想独立电压源、电流源的特性相同。

如果受控电源的电压或电流和控制它们的电压或电流之间有正比关系，则这种控制作用是线性的，这种受控电源为线性受控电源，图 2 - 29 中的系数 μ、γ、g 及 β 都是常量。这里 μ 和 β 是无量纲的数，γ 具有电阻的量纲，即电位为 Ω，g 具有电导的量纲，即单位为 S。在电路图中，受控电源用菱形表示，以便与独立电源的符号相区别。

受控电源是用来表示电路中某一器件所发生的物理现象的电路模型，它反映了电路中某处的电压或电流能控制另一处的电压或电流的关系。受控源的 μ、γ、g、β 等参数都是输出量与输入量之比，表示了受控源输出端与输入端之间电压、电流的耦合关系。在电路中，受控源不是激励。

2.4.2 关于直流电路结构的几个名词

在只含有一个电源的简单电路中，电路电流、电压的计算可以根据欧姆定律求出。但在含有两个以上电源的电路中，或者是由电阻特殊连接构成的复杂电路的计算，仅靠欧姆定律解决不了问题，必须得依靠基尔霍夫定律。

这里先介绍几个电路结构的名词。

（1）支路。规定：电路中通过同一电流的每个分支称为支路。比如在图 2-30 中，共有 aeb、acb、adb 三条支路。

（2）结点。规定：电路中 3 个或 3 个以上支路的连接点称为结点。如图 2-31 中共有两个结点，a 结点和 b 结点。

（3）回路。规定：电路中任一闭合的路径称为回路。图 2-30 中的 acbda、aebca、aebda 都是回路。

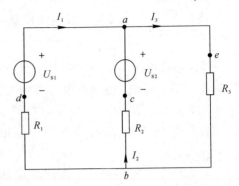

图 2-30　具有三条支路两个节点的电路

（4）网孔。规定：网孔是存在于平面电路的一种特殊回路，这种回路除了构成其本身的那些支路外，在回路内部不另含有支路。如图 2-30 中共有 acbda、aebca 两个网孔。

2.4.3　关于直流电路的两个重要定律

基尔霍夫定律是描述电路中各电流之间和各电压之间相互关系的基本定律，它包含基尔霍夫电流定律（KCL）和基尔霍夫电压定律（KVL）。

1. 基尔霍夫电流定律（KCL）

基尔霍夫电流定律的基本内容是：对于电路中的任一结点，在任一瞬间，流入该结点的电流之和等于流出该结点的电流之和。其数学表示式为

$$\sum i_入 = \sum i_出$$

I_1、I_2、I_3 的电流方向如图 2-31 所示，对结点 A 可得

$$\sum i_入 = I_1 + I_2, \quad \sum i_出 = I_3$$

由 KCL 可得

$$I_1 + I_2 = I_3$$

或

$$I_1 + I_2 - I_3 = 0$$

图 2-31　电流方向

所以基尔霍夫电流定律还可以表述为：对于电路中的任一结点，在任一瞬间，通过该结点的各支路电流的代数和恒等于零。

在用基尔霍夫电流表示电流关系时，要事先对结点电流的正负做好规定。一般规定以流入结点为正，流出结点为负。当然也可以作相反的规定。

例 2-6　在图 2-32 所示的电路中，已知 $i_1 = 6$ A，$i_2 = -4$ A，$i_3 = -8$ A，$i_4 = 10$ A，求 i_5。

解　根据公式，列出电路中 a 点电流关系为

$$i_1 + i_4 = i_2 + i_3 + i_5$$
$$i_5 = i_1 + i_4 - i_2 - i_3$$
$$= 6 + 10 - (-4) - (-8) = 28 \text{ A}$$

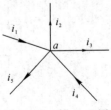

图 2-32　例 2-6 图

2. 基尔霍夫电压定律(KVL)

基尔霍夫电压定律的基本内容是：对于电路中的任一回路，在任一瞬间，沿任意给定的绕行方向，该回路内各段电压代数和等于零。其数学表达式为

$$\sum u = 0$$

式中，各段电压的正负按照其参考方向与选定回路绕行方向的关系来确定。电压的参考方向与选定回路的绕行方向相同时，该电压为正，该电压取"＋"号；电压的参考方向与选定回路的绕行方向相反时，该电压为负，该电压取"－"号。

在图 2-33 电路中，按照确定的绕向，其 KVL 关系式为

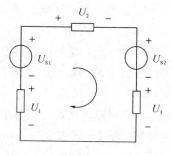

图 2-33　回路电压正负的选定

$$-U_1 - U_{S1} + U_2 + U_{S2} + U_3 = 0$$

可得

$$-U_1 + U_2 + U_3 = U_{S1} - U_{S2}$$

所以基尔霍夫电压定律还可以表述为：对于电路中的任一回路，在任一瞬间，沿任意给定的绕行方向，该回路内各支路负载电压降的总和恒等于各支路电源电压升的总和。其数学表达式为

$$\sum u_i = \sum u_s$$

式中，u_i 为回路中各支路负载的电压，以电压"降"为正；u_s 为回路中各支路电源的电动势，以电压"升"为正。注意：电源电动势的方向是由电源负极指向正极的。

例 2-7　图 2-34 是复杂电路中的一个回路，已知各元件上的电压：$U_1 = U_4 = 2$ V，$U_2 = U_5 = -5$ V，求 U_3。

解　各元件上的电压参考极性如图 2-34 所示，从 a 点出发顺时针方向绕行一周，可得

$$U_1 + U_2 + U_3 + U_4 + U_5 = 0$$

将已知数据代入上式得

$$2 - (-5) + U_3 - 2 - (-5) = 0$$

解得

$$U_3 = -10 \text{ V}$$

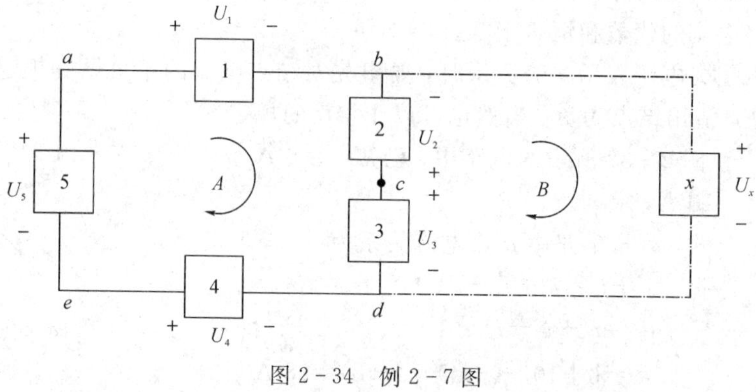

图 2-34　例 2-7 图

U_3 为负值说明 U_3 的实际极性与图中的参考方向相反。

从此题可以看出：在写 KVL 方程时，首先应标注回路中各个元件上的电压参考方向，然后选定一个绕行方向(顺时针或逆时针均可)，自回路中某一点开始按所选绕行方向绕行一周。若某元件上电压的参考方向与所选的绕行方向相同，该电压取正号；若某元件上电压的参考方向与所选的绕行方向相反，该电压取负号。

等计算结果出来后，若某元件上的所得电压为正，则表示该元件上电压的实际方向与参考方向相同；若某元件上的所得电压为负，则表示该元件上电压的实际方向与参考方向相反。

基尔霍夫定律反映了电路结构对各元件电压电流之间的约束关系，是电路分析的两个最重要的基本关系。

例 2 - 8　求图 2 - 35 所示电路的电流和各元件功率以及 a、b 两点的电压 U_{ab}。

解　在电路中标出电流参考方向，并取电阻电压与电流为关联参考方向，如图 2 - 35 所示。由 KVL 定律有

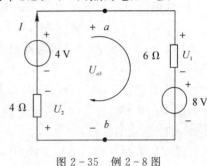

图 2 - 35　例 2 - 8 图

$$U_1 + 8 + U_2 - 4 = 0$$

由欧姆定律有

$$U_1 = 6I$$
$$U_2 = 4I$$

代入 KVL 方程得

$$6I + 8 + 4I - 4 = 0$$
$$I = -0.4 \text{ A}$$

8 V 电源电压和电流为关联参考方向，则有

$$P_{8 \text{ V}} = 8 \times (-0.4) = -3.2 \text{ W}　（发出功率）$$

4 V 电源电压和电流为非关联参考方向，则有

$$P_{4 \text{ V}} = -4 \times (-0.4) = 1.6 \text{ W}　（吸收功率）$$

6 Ω 电阻电压和电流为关联参考方向，则有

$$P_1 = (-0.4)^2 \times 6 = 0.96 \text{ W}　（吸收功率）$$

4 Ω 电阻电压和电流为关联参考方向，则有

$$P_2 = (-0.4)^2 \times 4 = 0.64 \text{ W}　（吸收功率）$$

吸收总功率为 $P_{吸} = P_{4 \text{ V}} + P_1 + P_2 = 3.2$ W，与发出总功率相等。

由 KVL 定律有

$$U_{ab} + U_2 - 4 = 0$$
$$U_{ab} = 4 - 4I = 4 - 4 \times (-0.4) = 5.6 \text{ V}$$

例 2 - 9　求图 2 - 36 电路中两个电阻上的电流和各元件的功率。

解　各电流和电压的参考方向如图 2 - 36 所示，由 KCL 定律有

$$-9 + I_1 + I_2 + 3 = 0$$

由欧姆定律有

$$I_1 = \frac{U}{5}, \quad I_2 = \frac{U}{10}$$

代入 KCL 方程得

$$-9+\frac{U}{5}+\frac{U}{10}+3=0$$

故

$$U=20 \text{ V}$$

$$I_1=\frac{20}{5}=4 \text{ A}, \quad I_2=\frac{20}{10}=2 \text{ A}$$

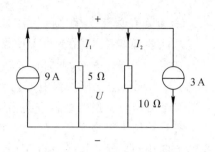

图 2-36 例 2-9 图

9 A 电源电压和电流为非关联参考方向，则有

$$P_{9\text{A}}=20\times(-9)=-180 \text{ W} \quad (发出功率)$$

3 A 电源电压和电流为关联参考方向，则有

$$P_{3\text{A}}=20\times3=60 \text{ W} \quad (吸收功率)$$

5 Ω 电阻电压和电流为关联参考方向，则有

$$P_1=4^2\times5=80 \text{ W} \quad (吸收功率)$$

10 Ω 电阻电压和电流为关联参考方向，则有

$$P_2=2^2\times10=40 \text{ W} \quad (吸收功率)$$

吸收总功率为 $P_{吸}=P_{3\text{A}}+P_1+P_2=180 \text{ W}$，与发出总功率相等。

例 2-10 如图 2-37 所示电路，已知：$U_{S1}=8 \text{ V}$，$I_S=1/6U_2$，$R_1=2 \text{ Ω}$，$R_2=3 \text{ Ω}$，$R_3=4 \text{ Ω}$，试求 U_2。

解 取顺时针绕行方向，按图中标出的电流、电压参考方向对回路 $R_2U_{S1}R_1$ 列 KVL 方程为

$$U_2-U_{S1}+I_1R_1=0$$

得

$$I_1=\frac{(U_{S1}-U_2)}{R_1} \quad (1)$$

对结点 A 列 KCL 方程得

$$I_1+I_S-I_2=0 \quad (2)$$

受控源的特性为

$$I_S=\frac{1}{6U_2} \quad (3)$$

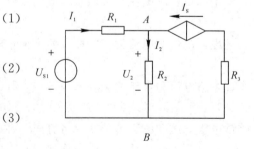

图 2-37 例 2-10 图

联立式(1)、式(2)、式(3)，解方程组得

$$U_2=6 \text{ V}$$

实训任务 6 电压和电流分配关系的认识

任务实施

一、实训器材

双输出直流稳压电源 1 台；直流电压表(或万用表)1 个；直流电流表 1 个；电流插座 1 个；电阻(330 Ω、510 Ω、1 kΩ，均 1 W)5 个。

二、实训步骤

（1）按图 2-38 接线，分别测量表 2-5 中各支路电流和各段电压的数值，记入表 2-7 中。

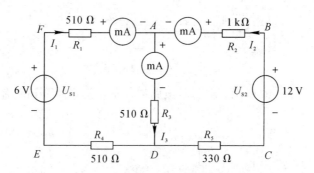

图 2-38　基尔霍夫定律实验电路

表 2-7　各支路电流和各段电压的测量数值记录

被测量	I_1/mA	I_2/mA	I_3/mA	U_{S1}/V	U_{S2}/V	U_{FA}/V	U_{DE}/V	U_{BA}/V	U_{DC}/V	U_{AD}/V
测量值										

（2）分析表 2-7 中的数据是否符合下列关系，通过分析我们能得到什么样的结论？

① 结点 A 上的电流关系：$I_1 + I_2 = I_3$。

② 回路 $FADEF$ 上的电压关系：$U_{FA} + U_{AD} + U_{DE} = U_{S1}$。

回路 $BADCB$ 上的电压关系：$U_{BA} + U_{AD} + U_{DC} = U_{S2}$。

回路 $BAFEDCB$ 上的电压关系：$U_{BA} - U_{FA} - U_{DE} + U_{DC} = U_{S2} - U_{S1}$。

练　习　题

2-1　电流与电压为关联参考方向是指（　　）。

A. 电流参考方向与电压降参考方向一致

B. 电流参考方向与电压升参考方向一致

C. 电流实际方向与电压升实际方向一致

D. 电流实际方向与电压降实际方向一致

2-2　直流电路中，（　　）。

A. 感抗为 0，容抗为无穷大　　　　　B. 感抗为无穷大，容抗为 0

C. 感抗和容抗均为 0　　　　　D. 感抗和容抗均为无穷大

2-3　在指定的电压 u 和电流 i 的参考方向下，写出下述各元件的 u-i 关系：

（1）$R = 10\ \text{k}\Omega$（u、i 为关联参考方向）；

（2）$L = 20\ \text{mH}$（u、i 为非关联参考方向）；

(3) $C=10\ \mu F$(u、i 为关联参考方向)。

2-4　电路如图 2-39 所示。已知 $V_c=12\ V$，$V_d=6\ V$，$R_1=9\ k\Omega$，$R_2=3\ k\Omega$，$R_3=2\ k\Omega$，$R_4=4\ k\Omega$，求 U_{ab}。

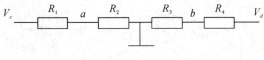

图 2-39　题 2-4 图

2-5　电路如图 2-40 所示。求图示电路中，在开关 S 断开和闭合的两种情况下 A 点的电位。

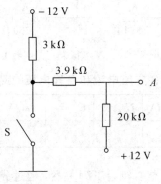

图 2-40　题 2-5 图

2-6　各元件的电压、电流和消耗功率如图 2-41 所示。试确定图中指出的未知量。

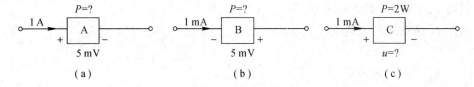

图 2-41　题 2-6 图

项目 3　交流电路的认识与测量

 项目导言

　　在直流电路中，电流和电压的大小、方向均不随时间变化。而人们在日常生活和工业生产中，使用更多的则是交流电，其电流和电压的大小、方向都随着时间按正弦规律周期性变化，所以对交流电路的分析和测量就与直流电路有很大的不同。

　　发电厂产生的交流电都是三相交流电，可以直接供给工厂使用，人们在家庭中使用的交流电都是单相交流电。单相交流电是三相交流电的一部分。

 知识目标

　　(1) 掌握正弦交流电路的三要素，理解交流电的有效值和最大值的意义。
　　(2) 简单了解正弦量的相量表示法。
　　(3) 掌握单相交流电路的计算。
　　(4) 了解三相交流电的特点和三相负载的连接方式。

技能目标

　　(1) 会使用低频信号发生器和毫伏表。
　　(2) 能使用示波器正确测量与分析正弦交流信号。
　　(3) 会认识和区分单相电源和三相电源。

3.1　单相正弦波交流电

3.1.1　正弦交流量的三要素

1. 正弦量的三要素

　　正弦交流量的一般表达式(以正弦电流为例)为

$$i(t) = I_m \sin(\omega t + \varphi)$$

式中，I_m 为正弦交流电流的振幅，ω 为角频率，φ 为初相位。

　　由振幅、角频率和初相位三个量可以准确地表达一个正弦量，故振幅、角频率和初相位称为正弦量的三要素。

1) 振幅(最大值)

正弦量在任一瞬间的数值称为瞬时值,用小写字母 i 或 u 分别表示电流或电压的瞬时值,如图 3-1(a)所示。正弦量瞬时值中的最大值称为振幅,也叫最大值或峰值,用大写字母加下标 m 表示,如图 3-1(b)中的 I_m。

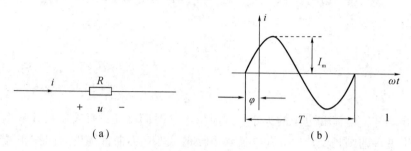

图 3-1   正弦交流电流波形

2) 角频率

角频率是描述正弦量变化快慢的物理量。正弦量在单位时间内所经历的电角度,称为角频率,用字母 ω 表示,单位为"弧度/秒"(rad/s)。正弦量交变一周的电角度是 2π 弧度(2π 弧度$=360°$)。

正弦量交变一周所用的时间叫周期,用大写字母 T 表示,单位为"秒"(s)。正弦量在单位时间内交变的次数叫频率,用小写字母 f 来表示,单位为赫兹(Hz)。频率与周期的关系为

$$f = \frac{1}{T}$$

周期、频率与角频率的关系为

$$\omega = \frac{2\pi}{T} = 2\pi f$$

我国和世界上许多国家电力工业的标准频率(即工频)为 50 Hz,也有一些国家如美国的工频为 60 Hz。

3) 初相位

正弦交流量表达式中的$(\omega t + \varphi)$称为相位角,简称相位,它不仅确定了正弦量瞬时值的大小和方向,而且还能描述正弦量变化的趋势。

初相位是计时起点 $t=0$ 时的相位,用 φ 表示,简称初相。它确定了正弦量在计时起点时的瞬时值,通常规定它不超过 π 弧度。

2. 相位差

两个同频率正弦量的相位之差,称为相位差,例如:

$$u_1 = U_{1m}\sin(\omega t + \varphi_1), \quad u_2 = U_{2m}\sin(\omega t + \varphi_2)$$

它们之间的相位差用 φ_{12} 表示,则

$$\varphi_{12} = (\omega t + \varphi_1) - (\omega t + \varphi_2) = \varphi_1 - \varphi_2$$

可见,同频率正弦量的相位差等于两个同频率正弦量的初相之差,且不随时间改变,是个常量,与计时起点的选择无关,如图 3-2 所示。相位差就是相邻两个零点(或正峰值)之间所间隔的电角度。

当 u_1 比 u_2 先达到正的最大值或零值(或者是 u_2 比 u_1 后达到正的最大值或零值),则相位差 $\varphi_{12} > 0$,即 $\varphi_1 > \varphi_2$,称 u_1 超前 u_2 (或称 u_2 滞后 u_1)。

当两个正弦量同时达到正的最大值或零值,则相位差 $\varphi_{12} = 0$,即 $\varphi_1 = \varphi_2$,这时正弦电压 u_1 和 u_2 的初相位相等,称 u_1 与 u_2 同相,其波形如图 3-3(a)所示。

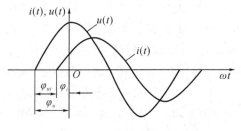

图 3-2 初相不同的两个正弦波形

当一个正弦量达到正的最大值时,另一个正弦量达到负的最大值,则相位差 $\varphi_{12} = \pm\pi$,称 u_1 与 u_2 反相,波形如图 3-3(b)所示。

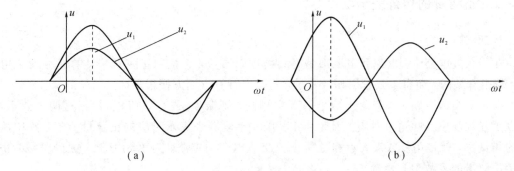

图 3-3 同相与反相的两个正弦波形

例 3-1 设有两个频率相同的正弦电流,$i_1 = 10\cos(\omega t + 45°)$ A,$i_2 = 8\sin(\omega t + 30°)$ A,求两个电流之间的相位差,并说明它们的相位关系。

解 首先将 i_1 电流改写成正弦函数,即

$$i_1 = 10\cos(\omega t + 45°) \text{ A} = 10\sin(\omega t + 135°) \text{ A}$$

故相位差:

$$\varphi_{12} = \varphi_1 - \varphi_2 = 135° - 30° = 105°$$

所以电流 i_1 超前 i_2 的角度为 $105°$。

3. 交流电的有效值

交流电的电压和电流其大小是变化的,如何用某个数值来描述交流电的大小呢?科学上是通过电流的热效应来确定的。

定义:将一个正弦电流 i 和某直流电流 I,分别通过两个阻值相等的电阻,如果在相同的时间 T 内(T 为正弦信号的周期),两个电流产生的热量相等,则称该直流电流 I 的值为此正弦交流电流 i 的有效值。

正弦交流电压和正弦交流电流的有效值分别用大写字母 U、I 来表示,正弦量的有效值与其最大值的关系为

$$I = \frac{I_m}{\sqrt{2}} = 0.707 I_m, \quad U = \frac{U_m}{\sqrt{2}} = 0.707 U_m$$

引入有效值后,正弦电流和电压的表达式可以表示为

$$i(t) = I_m \sin(\omega t + \varphi_1) = \sqrt{2} I \sin(\omega t + \varphi_i)$$

$$u(t) = U_m \sin(\omega t + \varphi_u) = \sqrt{2} U \sin(\omega t + \varphi_u)$$

有效值和最大值是从不同角度反映正弦量大小的物理量。通常所说的正弦波的电流、电压值，如果不作特殊说明都是指有效值。例如，在各种交流电器设备铭牌上所标出的电流和电压数值均指有效值，日常照明的交流电压值为 220 V，也是指有效值。一般测量用的电流表和伏特表上刻度的指示数，都是指正弦波电流和电压的有效值。

值得注意的是，在选择元器件和电器设备的耐压时，必须要考虑到交流电压的最大值。

例 3 - 2 有一电容器，标有"额定耐压为 250 V"，问其能否接在电压为 220 V 的交流电源上。

解 因为正弦交流电压的最大值 $U_m = \sqrt{2} \times 220 = 311$ V，这个数值超过了电容器的额定耐压值，会击穿该电容器，所以该电容器不能接在 220 V 的交流电源上。

3.1.2 正弦量的相量表示法

1. 相量

在正弦波电路中，电流和电压都是时间的正弦函数，直接用正弦量来计算正弦交流电路，是很麻烦的。而将正弦量用相量表示，将会在计算方面方便很多。

在正弦交流电路中，若两个信号的频率相同，则振幅（或有效值）和初相这两个要素，可以用复数的模和幅角来对应。因此，可以用一个复数来表示对应的正弦量。在电路中所用的相量法，就是用复数来表示和分析正弦交流电路的方法。为了区别于一般的复数，将表示正弦量的复数称为相量。

2. 正弦量的相量表示法

对任一正弦量 $i = I_m \sin(\omega t + \varphi_i)$ 可以用复平面中的一个旋转矢量 $\dot{I}_m$ 来表示。其长度（模）为 I_m；和实轴正方向的夹角（幅角）为 φ_i；并以角速度 ω 沿逆时针方向旋转。这个旋转矢量称为相量，如图 3 - 4 所示。

由图 3 - 4 可见，当 $t = 0$ 时，旋转矢量在虚轴上的投影 $i_0 = I_m \sin\varphi_i$，即为零时刻正弦量的瞬时值；当 $t = t_1$ 时，旋转矢量在虚轴上的投影 $i_1 = I_m \sin(\omega t_1 + \varphi_i)$，即为 t_1 时刻正弦量的瞬时值。所以相量能够表示正弦量，但相量本身并不等于正弦量，二者是一一对应的关系。相量是旋转的，由于电路中的各量均为同频率的正弦量，所以作为正弦量三要素之一的角频率可不必考虑，在复平面上只表示出正弦量的最大值和初相位即可。

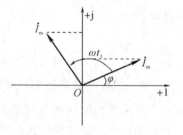

图 3 - 4　旋转矢量

定义：将正弦量的振幅（或有效值）作为复数的模，将正弦量的初相作为复数的幅角，这个复数称为正弦量的相量。电流相量以 $\dot{I}_m$（振幅相量）或 $\dot{I}$（有效值相量）来表示。电压相量以 $\dot{U}_m$（振幅相量）或 $\dot{U}$（有效值相量）来表示。例如：

$$i = I_m \sin(\omega t + \varphi_i),$$
$$u = U_m \sin(\omega t + \varphi_u)$$

将这两个正弦交流电流和正弦交流电压分别用对应的相量电流和相量电压可表示为：

$$\left.\begin{matrix} \dot{I}_m = I_m \angle \varphi_i \\ \dot{U}_m = U_m \angle \varphi_u \end{matrix}\right\} \text{或} \left.\begin{matrix} \dot{I} = I \angle \varphi_i \\ \dot{U} = U \angle \varphi_u \end{matrix}\right\}$$

它们分别是正弦交流电流、电压的振幅值相量和有效值相量。

必须指出：正弦量是代数量，并非矢量或复数量。所以，相量不能等于正弦量，它们之间不能划等号，它们之间只有相互对应的关系。将正弦量的对应相量表示在复平面上，称为相量图，如图 3-5 所示。

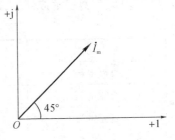

图 3-5　正弦电流的相量图

3. 同频率正弦量的计算

用相量表示对应的正弦量后，正弦量的运算就可以转换成对应相量的运算，即复数的运算，给正弦电路的分析、计算带来很大的方便。这里不再详述。

3.2　常用测量交流信号的仪器

3.2.1　示波器

1. 示波器的功能

示波器是一种用来观察各种周期性变化的电压、电流波形的仪器，也可以用来测量电压、电流的幅值、相位和周期等参数，它具有输入阻抗高、频带宽、灵敏度高等优点，被广泛应用于电流信号的测量。

示波器有多种型号，性能指标各不相同，应根据测量信号的特点选择不同型号的示波器。在许多示波器的面板上，采用英文字母来表示各个旋钮的名称，应先弄清楚英文字母的意义后再进行操作。现在先进的数字示波器已经被广泛使用。

2. UT81A 数字示波器

UT81A 数字示波器的外形如图 3-6 所示，其采用液晶显示和机械式换挡结构，高级的数字示波器一般采用自动换挡结构或者是按键式切换结构。

图 3-6　UT81A 数字示波器的外形

UT81A 数字示波器的技术指标如表 3－1 所示。

表 3－1 UT81A 数字示波器的技术指标

基本功能	量　　程	基本精度
直流电压	400 mV/4 V/40 V/400 V/1000 V	±(0.8％＋8)
交流电压	4 V/40 V/400 V/750 V	±(1％＋15)
直流电流	400 μA/4000 μA/40 mA/400 mA/4 A/10 A	±(1％＋8)
交流电流	400 μA/4000 μA/40 mA/400 mA/4 A/10 A	±(1.5％＋8)
电阻	400 Ω/4 kΩ/40 kΩ/400 kΩ/4 MΩ/40 MΩ	±(1％＋5)
电容	40 nF/400 nF/4 μF/40 μF/100 μF	±(3％＋8)
频率	10 Hz～10 MHz	±(0.1％＋3)
垂直灵敏度	20 mV/div～500 V/div(1－2－5)	√
水平灵敏度	100 ns/div～5 s/div(1－2－5)	√
实时带宽	8 MHz	√
显示分辨	160×160	√
采样率	40 MSa/s	√
占空比	0.1％～99.9％	√
特 殊 功 能		
二极管测试		√
音响通断		√
显示色彩	160×160 单色	√
触发模式	自动/正常/单次	√
波形存储/回放		√
对比度,亮度设置保存		√
测量输入阻抗		√
校偏		√
自动关机		√
低电压显示		√
背光		√
USB 接口		√
最大显示		√

3. 模拟式示波器

采用阴极射线管作为显示器件的示波器仍然是现在常用的示波器,有各种型号可供选用,但操作方法基本上是一样的。

图 3－7 是现在常用的 YB4320 双踪示波器的面板示意图。

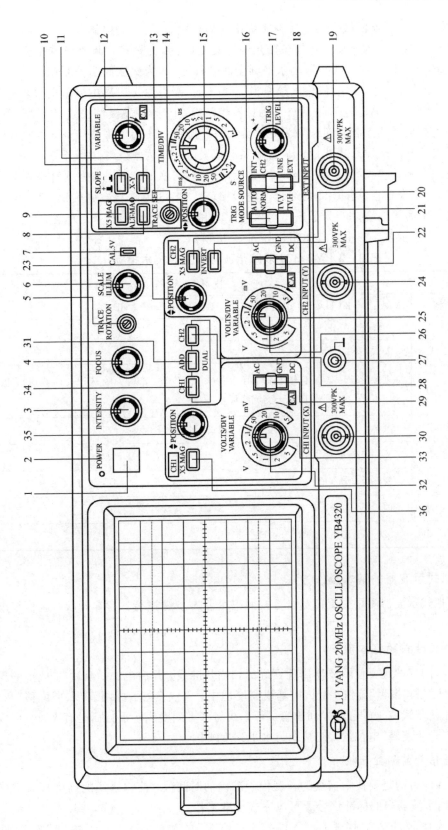

图3-7 YB-4320双踪示波器的面板示意图

YB4320 双踪示波器面板上的主要控制旋钮及其作用如下：1 为电源开关，控制电源的通断；2 为电源指示；3 为辉度，调节扫描光迹的亮暗度；4 为聚焦，调节扫描光迹的清晰度；5 为光迹旋转，调节扫描线与屏幕水平刻度的平行度；6 为刻度照明控制钮，用于调节屏幕亮度；7 为校准信号，该端口输出频率为 1000 Hz、幅值为 0.5 V 的方波信号，用于校准示波器的读数；8 为 ALT 扩展按钮；9 为扩展控制键；10 为触发极性按钮；11 为"X－Y"控制键；12 为扫描微调控制旋钮；13 为光迹分离控制旋钮；14 为水平位移；15 为扫描时间因数选择开关；16 为触发方式选择；17 为触发电平旋钮；18 为触发源选择开关；19 为外触发输入插座；20 和 36 为垂直扩展按键；21 为 CH2 极性开关；22 和 29 为垂直输入耦合选择开关；23 和 35 为垂直位移；24 为通道 2 输入端；25 和 33 为垂直微调旋钮；26 和 32 为衰减器开关；27 为接地端；30 为通道 1 输入端；28 和 34 为双踪选择。31 为叠加。

YB4320 双踪示波器的主要技术指标如表 3－2 所示。

表 3－2　YB4320 双踪示波器的主要技术指标

项　目	技　术　指　标
频率响应	DC：0～20 Hz（－3 dB）　　AC：20 Hz～20 MHz（－3 dB）
输入阻抗	1 MΩ/30 pF±5%
输入耦合方式	AC、GND、DC
可输入最高电压	直接：250 V（直流＋交流峰值），探头×1 位置：250 V（直流＋交流峰值），探头×10 位置：400 V（直流＋交流峰值）
校正方波信号	频率：1 kHz±2%　　幅度：0.5 V±2%
Y 轴输入方式	Y1、Y2、交替、断续、相加
触发方式	常态、自动、峰值
触发源选择	内、外、电源、极性
电源电压	220 V±10%　　频率：50 Hz±5%

3. 模拟式示波器的基本操作方法

使用模拟式示波器测量交流信号，可按照三个基本步骤进行：基本调节、显示校准和信号测量。

1）测量信号前的基本调节

这个步骤的目的是要使示波器出现良好的扫描基准线。开启电源，经过约 15 s 的预热后，调节"辉度"和"聚焦"旋钮，使扫描基线亮度适中，聚焦良好。再调节"水平位移"和"垂直位移"旋钮使基线位于屏幕的中间位置。若基线与水平刻度线不平行而是有夹角，可以用螺丝刀调节"光迹旋转"电位器，使基线与水平刻度线重合。

2）测量信号前的显示校准

这个步骤的目的是要使扫描线的长度代表准确的时间值，使扫描线的高度代表准确的电压值。利用示波器内的标准信号源可以完成校准工作。

将欲输入信号的通道探头（如 Y1）接到"校准"的输出端，"电压幅度"旋钮调至

"0.5 V/格","扫描时间"旋钮调至"0.5 ms/格",幅度"微调"至"校准"位置,时间"微调"至"校准"位置,屏幕上应出现高 1 格、水平为两格(此时周期为 1 ms)的方波信号。若方波所占的格数不符,就应调节垂直和水平增益旋钮,完成校准工作。

3)信号的测量

仪器上附带的探头上有衰减开关。将信号以 1:1(×1)或 10:1(×10)进行衰减,以便于对不同信号进行测量。

将衰减开关置于"×10"位置适合测量来自高输出阻抗源和较高频的信号,由于"×10"位置将信号衰减到 1/10,因此读出的电压值再乘以 10 才是被测量的实际电压值。将衰减开关置于"×1"位置适合测量低输出阻抗源的低频信号。

4)常用测量的操作

(1)直流电压的测量。

在被测信号中有直流电压时,可用仪器的地电位作为基准电位进行测量,步骤如下:

置"扫描方式"开关于"自动"挡位,选择"扫描时间"旋钮位置使扫描线不发生闪烁为好;

置"DC/⊥/AC"开关于"⊥"挡位,调节"垂直位移"旋钮使扫描基线准确落在某水平刻度线上,作为 0 V 基准线。

再置"DC/⊥/AC"开关于"DC"挡位,并将被测信号电压加至输入端,扫描线所示波形的中线与 0 V 基准线的垂直位移即为信号的直流电压幅度。如果扫描线上移,则被测直流电压为正;如果扫描线下移,则被测直流电压为负。用"电压幅度"旋钮位置的电压值乘以垂直位移的格数,即可得到直流电压的数值。

(2)交流电压的测量。

用示波器测量交流电压得到的是交流电压的峰峰值或峰值,要得到其有效值需经过换算。例如,要求正弦波信号的有效值,则用下面的公式:

$$有效值电压 = \frac{峰峰值电压}{2\sqrt{2}} \tag{1.1}$$

操作步骤如下:置"DC/⊥/AC"开关于"AC"挡位,调"垂直位移"旋钮使扫描基线准确地落在屏幕中间的水平刻度线上,作为基准线。调节"电压幅度"旋钮使交流电压波形在垂直方向上占 4~5 个格数为好;再调节"扫描时间"旋钮,使信号波形稳定。以"电压幅度"旋钮位置的标称值乘以信号波形波峰与波谷间垂直方向的格数,即可得到交流电压的峰峰值。

需要注意的是,当探头上的衰减开关置于"×10"挡位时,要将得到的数值乘以 10 才是真正的电压值。若仪器"电压幅度"旋钮为"0.1 V/div",且探头衰减开关置于"×10"挡位,交流电压波形峰峰值占了 3.6 个格,则被测量信号的电压峰峰值为

$$U_{PP} = 0.1 \text{ V/div} \times 3.6 \text{ div} \times 10 = 3.6 \text{ V}$$

(3)时间的测量。

对仪器"扫描时间"进行校准后,可对被测信号波形上任意两点的时间参数进行测量。选择合适的"扫描时间"开关位置,使波形在 X 轴上出现一个完整的波形为好。根据屏幕坐标的刻度,读出被测量信号两个特定点 P 与 Q 之间的格数,乘以"扫描时间"旋钮所在位置的标称值,即得到这两点间波形的时间。若这两个特定点正好是一个信号的完整波形,则

所得时间就是信号的周期，其倒数即为该信号的频率。

需要注意的是，当使用"扩展×10"开关时，要将所得时间除以 10。

利用双踪示波器的"交替"显示方式，可以测量出两个信号的时间差。测量时，将两个信号分别输入 Y1 和 Y2 通道，从屏幕上读出两个信号相同部位的水平距离（格数），再乘以"扫描时间"旋钮位置的标称值，即可算出两个信号的时间差。

（4）相位的测量。

利用双踪示波器可以很方便地测量两个信号的相位差。将双踪示波器置于"交替"显示方式，将两个信号分别输入 Y1 和 Y2 通道。从屏幕上读出第一个信号的一个完整波形所占的格数，用 360°除以这个格数，得到每格对应的相位角；然后读出两信号相同部位的水平距离（格数），乘以每格相位角，即可算出两信号的相位差。若读出第一个信号的一个完整波形占了 8 格，两个信号相同部位的水平距离为 1.6 格，则这两个信号的相位差为

$$\Delta\varphi=\frac{360}{8}\times1.6=72$$

3.2.2 信号发生器

信号发生器的种类很多，按频率和波段可分为低频信号发生器、高频信号发生器和脉冲信号发生器。

1. FJ‐XD22PS 低频信号发生器

低频信号发生器的输出频率范围通常为 20 Hz～20 kHz，所以又称为音频信号发生器。现代生产的低频信号发生器的输出频率范围已延伸到 1 Hz～1 MHz 频段，且可以产生正弦波、方波及其他波形的信号。

低频信号发生器广泛用于测试低频电路、音频传输网络、广播和音响等电声设备，还可为高频信号发生器提供外部调制信号。

FJ‐XD22PS 低频信号发生器是一种多用途的仪器，它能够输出正弦波、矩形波尖脉冲、尖脉冲、TTL 电平和单次脉冲五种信号，还可以作为频率计使用，测量外来输入信号的频率。FJ‐XD22PS 低频信号发生器的面板如图 3‐8 所示。

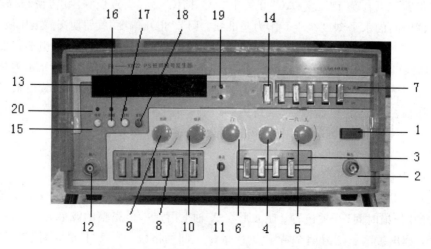

图 3‐8　FJ‐XD22PS 低频信号发生器的面板

FJ－XD22PS 低频信号发生器面板上各旋钮开关的作用如下：1 为电源开关；2 为信号输出端子；3 为输出信号波形选择键；4 为正弦波幅度调节旋钮；5 为矩形波、尖脉冲波幅度调节旋钮；6 为矩形脉冲宽度调节旋钮；7 为输出信号衰减选择键；8 为输出信号频段选择键；9 为输出信号频率粗调旋钮；10 为输出信号频率细调旋钮；11 为单次脉冲按钮；12 为信号输入端子；13 为六位数码显示窗口；14 为频率计内测、外测功能选择键（按下：外测，弹起：内测）；15 为测量频率按钮；16 为测量周期按钮；17 为计数按钮；18 为复位按钮；19 为频率或周期指示发光二极管；20 为测量功能指示发光二极管。

2. FJ－XD22PS 低频信号发生器的主要技术指标

FJ－XD22PS 低频信号发生器的主要技术指标如下：

1）信号源部分

频率范围：1 Hz～1 MHz，由频段选择和频率粗调细调配合可分六挡连续调节。

频率漂移：1 挡≤0.4%；2、3、4、5 挡≤0.1%；6 挡≤0.2%。

正弦波：频率特性≤1 dB（第 6 挡≤1.5 dB），输出幅度≥5 V；波形的非线性失真：20 Hz～20 kHz≤0.1%。

正、负矩形脉冲波：占空比调节范围 30%～70%，脉冲前、后沿≤40 ns；波形失真：在额定输出幅度时，前、后过冲及顶部倾斜均小于 5%。

输出幅度：高阻输出 ≥10V_{PP}，50 Ω 输出 ≥5V_{PP}。

正、负尖脉冲：脉冲宽度 0.1 μs，输出幅度≥5V_{PP}。

2）频率计部分（内测和外测）

功能：频率、周期、计数六位数码管（八段红色）显示。

输入波形种类：正弦波、对称脉冲波、正脉冲。

输入幅度：1 V≤脉冲正峰值≤5 V，1.2 V≤正弦波≤5 V。

输入阻抗：≥1 MΩ。

测量范围：1 Hz～20 MHz（精度：5×10^{-4}±1 个字）。

计数速率：波形周期≥1 μs，计数范围：1～983 040。

3. FJ－XD22PS 低频信号发生器的操作方法

（1）将电源插头插入 220 V/50 Hz 交流电源上。应注意三芯电源插座的地线脚应与大地妥善接好，避免仪器受到干扰。

（2）开机前应把面板上的各个输出旋扭旋至最小。

（3）为了得到足够的频率稳定度，需预热 5 分钟。

（4）频率调节：面板上的频率波段按键作频段选择用，按下相应的按键，然后再调节粗调和细调旋至所需的频率上。此时"内外测"键置内测位，输出信号的频率由六位数码管显示。

（5）波形转换：根据需要波形种类，按下相应的波形键位。波形选择键从左至右依次是：正弦波、矩形波、尖脉冲、TTL 电平。

（6）输出衰减有 0 dB、20 dB、40 dB、60 dB、80 dB 五挡，根据需要选择，在不需要衰减的情况下须按下"0 dB"键，否则没有输出。

（7）幅度调节：正弦波与脉冲波幅度分别由正弦波幅度旋钮和脉冲波幅度旋钮调节。

本机充分考虑到输出的不慎短路，加了一定的安全措施，但是不要作人为的频繁短路实验。

（8）矩形波脉宽调节：通过矩形脉冲宽度调节旋钮调节。

（9）"单次"触发：需要使用单次脉冲时，先将六段频率键全部抬起，脉宽电位器顺时针旋到底，轻按一下"单次"输出一个正脉冲；脉宽电位器逆时针旋到底，轻按一下"单次"输出一个负脉冲，单次脉冲宽度等于按钮按下的时间。

（10）频率计的使用：频率计可以进行内测和外测，"内外测"功能键按下时为外测，弹起时为内测。频率计可以实现频率、周期、计数测量。轻按相应按钮开关后即可实现功能切换，请同时注意面板上相应的发光二极管的功能指示。当测量频率时"Hz 或 MHz"发光二极管亮，测量周期时"ms 或 s"发光二极管亮。为保证测量精度，频率较低时选用周期测量，频率较高时选用频率测量。如发现溢出显示"————"时请按复位键复位，如发现三个功能指示同时亮时可关机后重新开机。

3.2.3 电子毫伏表

电子毫伏表是一种专门用于测量正弦波交流电压有效值的电子仪器。它具有很高的输入阻抗，频率范围很宽，灵敏度也比较高。它的最大优点在于能测量从 20 Hz 到 500 MHz 的交流信号，而一般的万用表只对 50 Hz 的交流信号能准确的显示出其有效值。

1. 智能数字化电子毫伏表

电子技术的进步使得电子毫伏表已经进入数字化时代，采用液晶或者数码管进行显示，其技术指标大大提高。

WY1971D 是一款智能数字化毫伏表，能测量频率从 5 Hz～2 MHz 的正弦波电压有效值和相应电平值，电压测量范围从 30 μV～1000 V，分辨率为 0.1 μV，是目前国内生产此类产品的最高水平。WY1971D 配有 LCD 显示屏，菜单式显示多参数和变化动态指针，可实现量程自动调整。WY1971D 是一款智能数字化毫伏表，其外形如图 3－9 所示。

图 3－9 WY1971D 智能数字化毫伏表的外形

WY1971D 智能数字化毫伏表的特点有：

◎ 12000 五位 LCD 数显电压，最高 0.1 μV 分辨率。

◎ LCD 四位数显 dB 值，分辨率 0.01 dB。

◎ 测量范围宽：30 μV～1000 V。

◎ 频率响应宽：5 Hz～2 MHz。

◎ 输入高阻抗：≥10 MΩ/30 pF。

◎ 测量高精度：0.5%±5 个字。

◎ 自动/手动量程控制。

2. 模拟式电子毫伏表

DA - 16 型毫伏表仍然是目前应用比较广泛的测量低频交流电压的毫伏表，适用于测量频率为 20 Hz～1 MHz 正弦波信号电压的测量。

1）DA - 16 型晶体管毫伏表的主要技术指标

测量信号的频率范围：20 Hz～1 MHz。

测量信号的电压范围：100 μV～300 V，分 11 挡，即 1/3/10/30/100/300 mV；1/3/10/30/300 V。

测量误差范围：20 Hz～100 kHz 时，±3%；100 Hz～1 MHz 时，±5%。

输入阻抗：输入电阻，在 1 kHz 时，约 1.5 MΩ。

输入电容，从 1 mV 到 0.3 V 挡，约 70 pF；

从 1 V 到 300 V 挡，约 50 pF。

2）DA - 16 型晶体管毫伏表的操作步骤

（1）机械调零：通电前，先对电表指针进行机械零点校正。

（2）电位调零：在仪器通电 2～3 分钟后，将"测量范围"旋转开关转至被测量信号所需的挡位上，然后把两输入端短接，调节"调零"电位器，使电表的指针指零。

（3）测量读数：按指定量程和对应刻度值读取数值，该值为被测量信号电压的有效值。

（4）测量完毕后，需将"测量范围"开关置于最大量程挡，然后再关掉电源。

实训任务 7　单相正弦交流电的测量

任务实施

一、看一看

仔细观察教室墙上的交流电源插座，如图 3 - 10 所示。认识五孔单相交流电源插座，知道各个孔内所接电源线的名称（注意纠正有的学生将其叫作两相插座或三相插座）。

图 3 - 10　五孔单相交流电源插座

二、测一测

（1）用示波器测量信号放大器输出的 10 V/50 Hz 单相正弦波交流电信号的波形，如图 3-11 所示。

（2）用示波器测量低频信号发生器输出的 5 V/50 Hz 的正弦信号波形。

（3）用示波器测量低频信号发生器输出的 5 V/100 Hz 的正弦信号波形。

（4）用双踪示波器同时测量 5 V/50 Hz 和 3 V/100 Hz 的正弦信号波形，比较两者的不同。

（5）用双踪示波器同时观察 5 V/100 Hz 和 3 V/1000 Hz 的正弦信号波形，比较两者的不同。

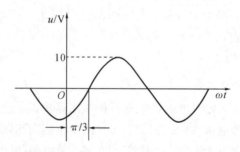

图 3-11　正弦波交流电的波形

三、各种交流测量仪器的综合运用

1. 实训器材

低频信号发生器 1 台；毫伏表 1 台；双踪示波器 1 台；万用表 1 个。

2. 操作步骤

（1）用毫伏表和万用表分别测量低频信号发生器在不同输出挡的输出电压，将测量值记入表 3-3 中。

表 3-3　用毫伏表和万用表测量低频信号发生器的输出电压

信号频率/Hz	20	50	100	1000	5000	10 000	20 000
毫伏表测量值							
万用表测量值							

（2）用示波器分别观察低频信号发生器输出为 5 V、100 Hz，3 V、1000 Hz 时的正弦信号电压波形，分析正弦交流信号电压的特点。

3.3　电路基本元器件在交流电路中的特性

电阻是组成交流电路的基本元件之一，无论是在直流电路中还是在交流电路中，它都是一种消耗电场能量的元件。电阻的电路符号如图 3-12 所示。

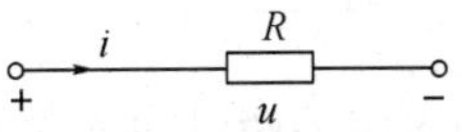

3.3.1　电阻元件在交流电路中的特性

图 3-12　电阻的电路符号

1. 电阻元件上电压与电流的关系

在正弦交流电路中，线性电阻元件两端的电压和流过电阻的电流关系仍然遵循欧姆定律，即 $u=iR$。

如图 3-12 所示，u 和 i 为关联参考方向，设电流：

$$i=I_{\mathrm{m}}\sin(\omega t+\varphi_i)$$

由欧姆定律得

$$u=RI_{\mathrm{m}}\sin(\omega t+\varphi_i)=U_{\mathrm{m}}\sin(\omega t+\varphi_u)$$

可以看出：在交流电路中，电阻元件两端的电压和流过电阻的电流是同频率的正弦量，最大值和有效值的关系为

$$U_{\mathrm{m}}=I_{\mathrm{m}}R$$

$$U=IR$$

均遵循欧姆定律，并且电流和电压同相位。

电阻元件的相量模型、电压与电流的波形图和相量图分别如图 3-13(a)、图 3-13(b)、图 3-13(c)所示。

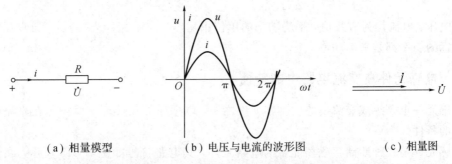

(a) 相量模型　　　　　(b) 电压与电流的波形图　　　　　(c) 相量图

图 3-13　电阻元件的相量模型、电流与电压的波形图和相量图

例 3-3　已知通过电阻 $R=100\ \Omega$ 的电流 $i=2.2\sqrt{2}\sin(314t+30°)$ A，试写出该电阻两端的电压瞬时值表达式。

解　电阻两端电压的有效值为

$$U=IR=2.2\times100=220\ \mathrm{V}$$

由于在纯电阻电路中，电流和电压同相位，故电路中电压的瞬时表达式为

$$u=220\sqrt{2}\sin(314t+30°)\ \mathrm{V}$$

2. 电阻元件的功率

当电阻元件上的电压与电流为关联参考方向时，电压瞬时值与电流瞬时值的乘积称为瞬时功率，用小写字母 p 表示。

设通过电阻的电流：

$$i=I_{\mathrm{m}}\sin\omega t$$

则电阻两端的电压：

$$u = U_m \sin \omega t$$

则电阻的瞬时功率为

$$p = ui = U_m \sin \omega t \, I_m \sin \omega t = 2UI \sin^2 \omega t = UI(1 - \cos 2\omega t)$$

由这个结果可以看出，电阻元件上的瞬时功率由两部分组成，第一部分是常数 UI，第二部分是随时间变化的，其频率为 2ω。

由瞬时功率的曲线图 3 - 14 可以看出 $p \geqslant 0$。这说明电阻元件在任一瞬间（零时刻除外）均从电源吸收能量，将电能转换为热能，所以电阻元件是个耗能元件。

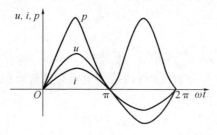

图 3 - 14　电阻元件电压、电流和功率波形

瞬时功率在一个周期内的平均值，称为平均功率。平均功率反映了一个电路实际消耗的功率，所以又叫有功功率，用大写字母 P 表示，其计算式为

$$P = \frac{1}{T} \int_0^T p \, dt = \frac{1}{T} \int_0^T UI(1 - \cos 2\omega t) \, dt = UI = I^2 R = \frac{U^2}{R}$$

这里的电压、电流均为有效值，平均功率的单位用瓦（W）或千瓦（kW）表示。通常在电气设备上所标的功率都是平均功率。

3.3.2　电感元件在交流电路中的特性

电感元件也是组成交流电路的基本元件之一，电感元件在交流电路中与在直流电路中有不同的特性。

电感元件是一种能储存磁场能量的电路元件，其电路符号如图 3 - 15 所示。在工程技术中使用的电感元件一般是由铜导线绕制而成的线圈，如图 3 - 16 所示，当线圈中通过电流时，线圈内产生磁通 $\boldsymbol{\Phi}$，若匝数为 N，则线圈的磁链为 $\boldsymbol{\Psi} = N\boldsymbol{\Phi}$，线性电感 $\boldsymbol{\Psi}$ 与 i 的比值是一常数，用 L 表示，即

$$L = \frac{\boldsymbol{\Psi}}{i}$$

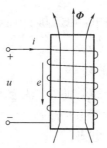

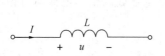

图 3 - 15　电感的电路符号　　　　图 3 - 16　电感线圈及其磁通

L 称为线圈的自感，或称电感。在国际单位制中，L 的单位为亨利（H），常用的单位有毫亨（mH）、微亨（μH）。线圈的电感值与电流的大小无关，只与线圈的形状、匝数及几何尺寸有关。

1. 电感元件上电压与电流的关系

根据电磁感应定律：

$$e=-\frac{\mathrm{d}\boldsymbol{\Psi}}{\mathrm{d}t}$$

可导出电感元件的伏安特性：

$$u=-e=\frac{\mathrm{d}\boldsymbol{\Psi}}{\mathrm{d}t}=L\frac{\mathrm{d}i}{\mathrm{d}t}$$

当 u、i 与参考方向一致时，设通过电感线圈的电流为

$$i=I_{\mathrm{m}}\sin(\omega t+\varphi_i)$$

则

$$u=L\frac{\mathrm{d}i}{\mathrm{d}t}=L\frac{\mathrm{d}I_{\mathrm{m}}\sin(\omega t+\varphi_i)}{\mathrm{d}t}=\omega L I_{\mathrm{m}}\cos(\omega t+\varphi_i)$$
$$=\omega L I_{\mathrm{m}}\sin(\omega t+\varphi_i+90°)=U_{\mathrm{m}}\sin(\omega t+\varphi_u)$$

可以看出：

① 电感元件的电压与电流是同频率的正弦量，其幅值可表示为 $U_{\mathrm{m}}=\omega L I_{\mathrm{m}}$；其有效值可表示为 $U=\omega L I$。

如果令 $X_L=\omega L=2\pi f$，则有

$$U=X_L I \quad \text{或} \quad I=\frac{U}{X_L}$$

这就是电感元件的欧姆定律。此式表明：当电压一定时，X_L 越大，电路中的电流越小，所以 X_L 具有阻碍电流通过的性质，称之为电感的电抗，简称为感抗，其单位为欧姆（Ω）。

由 $X_L=\omega L$ 可知，感抗的大小与电流的频率成正比，电流频率越高，电感器的感抗越大。对于直流电流来说，由于它的频率 $f=0$，故此时 $X_L=0$，即电感对直流没有阻碍，纯电感元件在直流电路中可视为短路。

② 电感元件的电流与两端电压的相位关系如下：

在相位上：$\varphi_u=\varphi_i+90°$，即电感元件两端的电压相位要超前电流相位 $90°$。

电感元件的相量模型、电压与电流的波形图和相量图分别如图 3-17（a）、（b）、（c）所示。

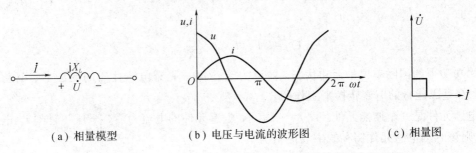

（a）相量模型　　　（b）电压与电流的波形图　　　（c）相量图

图 3-17　电感元件的相量模型、电压与电流的波形图和相量图

例 3 - 4 把 $L=0.25$ H 的电感线圈接到电压 $u=220\sqrt{2}\sin(314t+30°)$ V 的电源上，试求电流的瞬时值表达式。

解 线圈的感抗为

$$X_L=\omega L=314\times0.25=78.5\ \Omega$$

则流过线圈电流的有效值为

$$I=\frac{U}{X_L}=\frac{220}{78.5}=2.8\ \text{A}$$

纯电感电路中电压超前电流 90°，即

$$\varphi_i=\varphi_u-90°=30°-90°=-60°$$

则电流的瞬时值表达式为

$$i=2.8\sqrt{2}\sin(314t-60°)\ \text{A}$$

2. 电感元件的功率

设通过电感元件的电流为

$$i=I_m\sin\omega t$$

则电感元件的电压为

$$u=U_m\sin(\omega t+90°)$$

瞬时功率为

$$p=ui=U_mI_m\sin(\omega t+90°)\sin\omega t=U_mI_m\sin\omega t\cos\omega t=UI\sin2\omega t$$

可见，电感元件的瞬时功率是随时间变化的正弦量，幅值为 UI，角频率为 2ω，其波形曲线如图 3 - 18 所示。

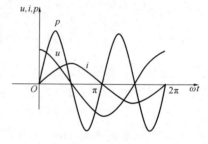

当电感元件的瞬时功率 p 为正值时，表明该电感元件正从电源吸收电能并转变为磁场能量储存起来；当电感元件的瞬时功率 p 为负值时，表明此时该电感元件正在向外释放能量，将磁场能量转变为电能。

图 3 - 18　电感元件电压、电流和功率的波形

电感元件的瞬时功率波形图说明电感元件与外电路不断地进行着能量交换。可以看出，在一个周期内，电感元件吸收的能量和放出的能量相等，所以一个纯电感元件是不消耗电能量的，其平均功率（有功功率）为零。虽然电感元件不消耗能量，但它与外电路的能量交换始终在进行。为了衡量电感进行能量交换的规模，可以把瞬时功率的最大值定义为无功功率，用符号 Q_L 表示，即

$$Q_L=UI=I^2X_L=\frac{U^2}{X_L}$$

无功功率的国际单位是无功伏安，简称为乏（var）。具有电感性质的变压器、电动机等设备，都是靠能量的电磁转换来工作的。

电感元件是一个储能元件。设 $t=0$ 瞬间，电感元件的电流为零，至任一时刻 t，电流增为 i，则该时刻电感元件储存的磁场能量为

$$W_L=\int_0^t p\mathrm{d}t=\int_0^t ui\,\mathrm{d}t=\int_0^t L\frac{\mathrm{d}i}{\mathrm{d}t}i\,\mathrm{d}t=\int_0^t Li\,\mathrm{d}i=\frac{1}{2}Li^2$$

结论：电感元件在某一时刻储存的磁场能量仅取决于此时刻的电流值，而与电压值无关。只要电感元件中有电流存在，电感元件就储存有磁场能量。

3.3.3　电容元件在交流电路中的特性

电容元件也是组成交流电路的基本元件之一，在交流电路中与在直流电路中有着不同的特性。电容元件是一种储存电场能量的电路元件，其电路符号如图 3-19 所示。

图 3-19　电容的电路符号

实际电容器的结构都是用绝缘介质隔开的一对平行极板。将电容元件接到电源上，电容的两个极板就分别聚集等量异号的电荷 q。

定义：电容器每个极板所带的电荷量 q 与极板间电压 u 的比值叫作电容器的电容量，简称电容，其公式为

$$C = \frac{q}{u}$$

电容在国际单位制中的单位为法拉（F），常用的单位有微法（μF）、皮法（pF），近年来又增加了毫法（mF）和纳法（nF）。对线性电容而言，q 和 u 的比值是一个常数，所以电容的容量 C 只与其本身的几何尺寸及内部介质有关，而与其端电压无关。

【新器件】　　　　　　　　　　　　超级电容

随着电动汽车的发展，超级电容正在不断刷新其容量记录。超级电容又名电化学电容，是通过极化电解质来储能的一种电化学元件。它不同于传统的化学电源，是一种介于传统电容器与电池之间、具有特殊性能的电源，在其储能的过程并不发生化学反应，而且这种储能过程是可逆的，所以超级电容器可以反复充放电数十万次，是现代汽车的主要辅能电源，有极广阔的应用前景。

超级电容器主要有三个参数，一个参数为容量，一个参数为耐压，还有一个参数是最大充放电电流。

超级电容器的电容量最大可达数千法拉，充放电电流可达几百安培。两款用于通信设备供电的超级电容器外形如图 3-20 所示。

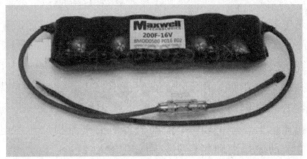

图 3-20　两款超级电容器的外形

一款用于汽车的超级电容外形如图 3-21 所示，其参数为 12 V/200 A。

图 3-21　一款用于汽车的超级电容外形

1. 电容上电压与电流的关系

当电容的端电压发生变化时，其极板上的电荷也相应发生变化，从而在与电容相连接的导线中就有电荷移动形成电流。根据电流的定义，有

$$i = \frac{\mathrm{d}q}{\mathrm{d}t} = C\frac{\mathrm{d}u}{\mathrm{d}t}$$

这就是电容元件上电压与电流的关系式，表明电容中电流的大小与电压的变化率成正比。当端电压增加时，电流为正，表示电容器被充电；当端电压减小时，电流为负，表示电容器在放电。

理论计算表明，在 u 和 i 参考方向相关联时，设电容两端的电压为正弦波，则电路中的电流也为正弦波，电容元件上的电压和电流是同频率的正弦量，电压和电流幅值之间的关系为

$$I_{\mathrm{m}} = \omega C U_{\mathrm{m}}$$

电压和电流有效值的关系为

$$I = \omega C U$$

若令：$X_C = \dfrac{1}{\omega C} = \dfrac{1}{2\pi f C}$，可得

$$I = \frac{U}{X_C}$$

或表示为

$$U = I X_C$$

这就是电容元件的欧姆定律。此式表明：当电压一定时，X_C 越大，电路中的电流越小，所以 X_C 具有阻碍电流通过的性质，称为电容的电抗，简称为容抗，其单位为欧姆(Ω)。

容抗反映了电容元件在正弦电路中阻碍电流的能力，但容抗与电流的频率成反比，这与电感的感抗性质是相反的。在直流电路中，$\omega = 0$，所以 $X_C \to \infty$，电容相当于开路，这就是电容的隔直作用。

在相位上，$\varphi_i = \varphi_u + 90°$，即电容中的电流相位超前电压 90°。电容元件的相量模型、电压与电流的波形图和相量图分别如图 3-22(a)、(b)、(c)所示。

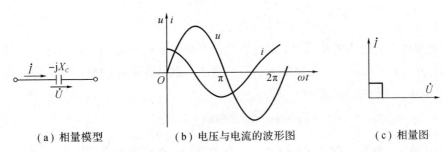

（a）相量模型　　　　　（b）电压与电流的波形图　　　　（c）相量图

图 3-22　电容元件的相量模型、电压与电流波形图和相量图

例 3-5　把一个电容器接到 $u=220\sqrt{2}\sin(314t+60°)$ V 的电源上，电容量 $C=40\ \mu$F。试求：电容中电流的瞬时值表达式。

解　电容的容抗为

$$X_C=\frac{1}{\omega C}=\frac{1}{314\times40\times10^{-6}}=80\ \Omega$$

则电流的有效值为

$$I=\frac{U}{X_C}=\frac{220}{80}=2.75\ \text{A}$$

在纯电容电路中，电流超前电压 90°，即

$$\varphi_i=\varphi_u+90°=60°+90°=150°$$

则电流瞬时值表达式为

$$i=2.75\sqrt{2}\sin(314t+150°)\ \text{A}$$

2. 电容元件的功率

设通过电容元件的电流为

$$i=I_{\text m}\sin\omega t$$

则电容元件两端的电压为

$$u=U_{\text m}\sin(\omega t-90°)$$

其瞬时功率为

$$p=ui=U_{\text m}I_{\text m}\sin(\omega t-90°)\sin\omega t=-U_{\text m}I_{\text m}\cos\omega t\sin\omega t=-UI\sin2\omega t$$

由此式可知，电容的瞬时功率 p 是一个随时间变化的正弦量，其幅值为 UI，角频率为 2ω。其波形曲线如图 3-23 所示。

当电容的瞬时功率 $p>0$ 时，表明此时电容器正在被充电，电容从电源吸取电能并把它转换成电场能量储存起来；当电容的瞬时功率 $p<0$ 时，表明此时电容器正在放电，此时电容器释放能量，将电场能量转变成电流。

可以看出在一个周期内，电容吸收的能量和放出的能量相等，所以理想的电容元件不消耗能量，其平均功率（有功功率）为零。即

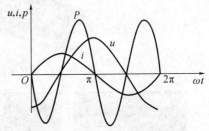

图 3-23　电容元件电压、电流和功率的波形

$$P = \frac{1}{T}\int_0^T p\,\mathrm{d}t = \frac{1}{T}\int_0^T -UI\sin 2\omega t\,\mathrm{d}t = 0$$

尽管理想电容元件不消耗能量，但电容元件在电路中以电场能量的形式与外界进行能量的交换。为了表示电容与外电路能量转换的规模，把电容瞬时功率的最大值称为无功功率，用 Q_C 表示，单位也是乏（var），即

$$Q_C = -UI = -I^2 X_C = -\frac{U^2}{X_C}$$

设 $t=0$ 瞬间，电容元件上的电压为零，经过时间 t 电压增为 u，则在任一时刻 t，电容元件上储存的电场能量为

$$W_C = \int_0^T p\,\mathrm{d}t = \int_0^T ui\,\mathrm{d}t = \int_0^T C\frac{\mathrm{d}u}{\mathrm{d}t}u\,\mathrm{d}t = \int_0^T Cu\,\mathrm{d}u = \frac{1}{2}Cu^2$$

结论：电容元件在某一时刻储存的电场能量仅决定于此时刻的电压值，而与电流值无关。只要电容元件上有电压存在，电容元件中就储存有电场能量。

实训任务 8　在正弦交流电路中电阻、电感、电容元件特性的测量

🏃 任务实施

一、看一看

（1）对照图 3-24，认识各种常用电阻器。

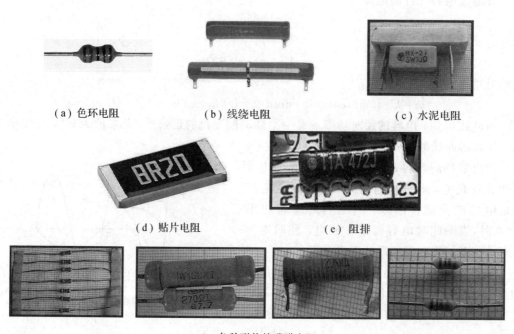

（a）色环电阻　　　　（b）线绕电阻　　　　　（c）水泥电阻

（d）贴片电阻　　　　（e）阻排

（f）各种形状的碳膜电阻

图 3-24　各种电阻器的实物照片

（2）对照图 3-25，认识各种常用电位器。

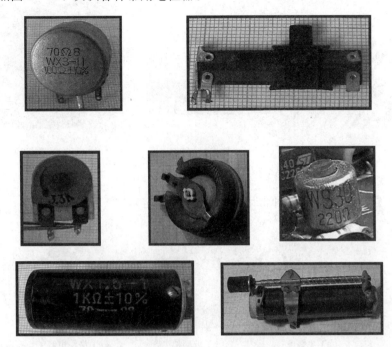

图 3-25　各种电位器的实物照片

（3）对照图 3-26，认识各种常用的特殊电阻。观察图中各种特殊电阻的外形照片，查找相关资料，进一步认识特殊电阻。

（a）压敏电阻　　　　　　（b）光敏电阻　　　　　　（c）热敏电阻

图 3-26　压敏电阻、光敏电阻和热敏电阻的实物照片图

（4）对照图 3-27，认识各种常用电感器（电感量固定）。

（a）各种带磁芯的电感

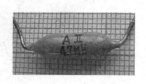

（b）色环电感　　　　　（c）陶瓷封装电感　　　　　（d）电视机中的偏转线圈

图 3-27　各种电感器的实物照片

（5）对照图 3-28，认识各种常用电容器（容量固定）。

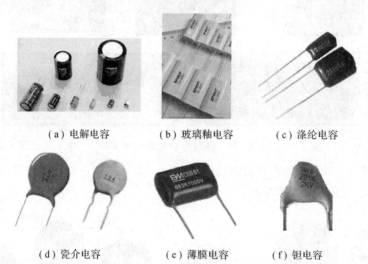

（a）电解电容　　　　　（b）玻璃釉电容　　　　　（c）涤纶电容

（d）瓷介电容　　　　　（e）薄膜电容　　　　　（f）钽电容

图 3-28　各种电容器的实物照片

（6）对照图 3-29，认识四种可变容量的电容器。

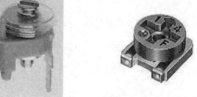
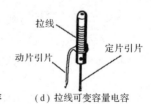

（a）塑料介质双联可变电容（b）薄膜介质微调可变电容　　（c）陶瓷介质微调可变电容　　（d）拉线可变容量电容

图 3-29　四种可变容量的电容器

二、电感和电容元件频率特性的测量

1. 实训器材

低频信号发生器 1 台；毫伏表 1 台；电阻箱 1 台；电感箱（10 mH）1 台；电容箱（0.1 μF）1 台；万用表 1 台。

2. 操作步骤

（1）按图 3-30(a)接线。将低频信号发生器、毫伏表接通电源后预热 3 分钟。

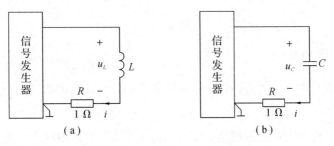

图 3-30　测量电感和电容元件频率特性的电路

（2）用万用表测量出电感线圈 L 的内阻。

（3）调节并保持信号发生器的输出电压为 2.0 V，按表 3-4 中所示数据改变信号发生器输出电压的频率，分别测量 U_L、I_L 的值并记入表 3-4 中。

表 3-4　电感特性的测量

电感线圈电阻 $r=$ _____

f/kHz	2	4	6	8	10	12	14	16	18
U_L									
I_L									
X_L									
L									

（4）按图 3-30(b)接线。

（5）调节并保持信号发生器输出电压为 2.0 V，按表 3-5 中所示数据改变信号发生器输出电压的频率，分别测量 U_C、I_C 的值并记入表 3-5 中。

表 3-5　电容特性的测量

f/kHz	2	4	6	8	10	12	14	16	18
U_C									
I_C									
X_C									
C									

3.4 单相交流电路的功率及功率因数

3.4.1 二端网络的功率

实际电路一般是由电阻、电感、电容元件和其他元器件组成的二端网络。

1. 瞬时功率

图 3-31 为一线性无源二端网络，现以电流为参考量，设端口电流为

$$i = I_m \sin\omega t$$

则端口电压为

$$u = U_m \sin(\omega t + \varphi) \quad (\varphi \text{ 为电压与电流的相位差})$$

当电压、电流参考方向相关联时，此二端网络的瞬时功率为

$$p = ui = U_m \sin(\omega t + \varphi) I_m \sin\omega t = 2UI \sin(\omega t + \varphi)\sin\omega t = UI\cos\varphi - UI\cos(2\omega t + \varphi)$$

可见，二端网络的瞬时功率由两项组成，一项为恒定分量：$UI\cos\varphi$，另一项为频率为 2ω 的余弦分量：$UI\cos(2\omega t + \varphi)$，其波形曲线如图 3-32 所示。

当 u 或 i 为零时，$p=0$；当 u 和 i 同方向时 $p>0$，网络吸收功率；当 u 和 i 反方向时 $p<0$，网络发出功率。从图上看，在一个周期内，二端网络吸收的功率和发出的功率不相等，这说明二端网络有能量的消耗。

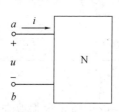

图 3-31 二端网络

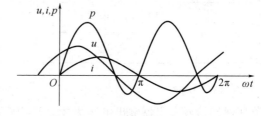

图 3-32 二端网络的电压、电流和功率波形

2. 有功功率(平均功率)

二端网络的有功功率为

$$P = \frac{1}{T}\int_0^T p\,\mathrm{d}t = \frac{1}{T}\int_0^T UI\cos\varphi - UI\cos(2\omega t + \varphi)\,\mathrm{d}t$$

式中，U、I 为端口电压和电流的有效值，φ 为端口电压和电流的相位差，$\cos\varphi$ 称为二端网络的功率因数。

有功功率就是电路中实际消耗的功率，由于电感元件和电容元件的有功功率为零，因而二端网络的有功功率等于各电阻元件消耗的功率之和，即

$$P = \sum U_R I_R$$

3. 无功功率

将二端网络的瞬时功率表达式展开后得到

$$P = UI\cos\varphi(1 - \cos 2\omega t) + UI\sin\varphi\sin 2\omega t$$

第一项是在一个周期内的瞬时功率平均值：$UI\cos\varphi$；第二项是瞬时功率的最大值，为 $UI\sin\varphi$、角频率为 2ω 的正弦量，在一周期内的平均值为零，它反映了二端网络与外界能量交换的情况。

定义：二端网络瞬时功率第二项的最大值为网络的无功功率，用字母 Q 表示，其公式为

$$Q = UI\sin\varphi$$

因为电阻元件的无功功率为零，所以二端网络的无功功率就等于电感元件与电容元件无功功率的代数和。即

$$Q = \sum Q_L + \sum Q_C = \sum U_L I_L + \sum -U_C I_C$$

4. 视在功率

在正弦交流电路中，将电压有效值和电流有效值的乘积称为网络的视在功率，用字母 S 表示，单位为伏·安（V·A）或千伏·安（kV·A），即

$$S = UI$$

因为

$$P = UI\cos\varphi = S\cos\varphi$$

$$Q = UI\sin\varphi = S\sin\varphi$$

所以

$$S = \sqrt{P^2 + Q^2}$$

$$\varphi = \arctan\frac{Q}{P}$$

可见，S、P、Q 三者也构成了直角三角形的关系，称为功率三角形。它与网络的阻抗三角形、电压三角形为相似三角形，如图 3-33 所示。

视在功率通常用来表示电气设备的容量。各种电气设备的额定电压与额定电流的乘积为额定视在功率，通常称为容量：$S_N = U_N I_N$。电气设备的容量表明了电源提供的最大有功功率，而并不等于电气设备实际输出的有功功率，设备的有功功率还与功率因数有关。

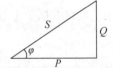

图 3-33　功率三角形

3.4.2　功率因数的提高

由 $P = UI\cos\varphi = S\cos\varphi$ 可知，电路的功率因数越高，电源发出的功率越接近于电气设备的容量，电源能量就能得到充分利用。当负载的功率和电压一定时，功率因数越高，线路中的电流就越小，在输电线上的能量损耗越小，其压降也越小，从而提高了输电系统的效率。提高电气设备或电气系统的功率因数具有重要的经济意义。

1. 提高功率因数的方法

实际电路中的负载多数为感性负载，如日光灯电路、各种使用电动机的电路。在感性负载两端并联适当容量的电容器，就可以对电路的功率因数进行补偿。

如图 3-34(a)所示，对一个内阻为 R 的感性负载而言，当未并联电容时，线路中的电

流等于 $\dot{I}_L$，电路的功率因数为 $\cos\varphi_1$；当并联上一个电容后，线路中的电流 $\dot{I}=\dot{I}_L+\dot{I}_C$，功率因数为 $\cos\varphi$，由图 3 - 34(b)可以看出：$\varphi<\varphi_1$，所以 $\cos\varphi>\cos\varphi_1$，即：并上电容以后，电路的功率因数提高了。

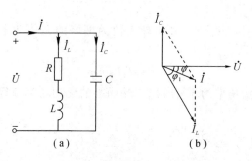

图 3 - 34　感性负载并联电容

要特别注意，所谓提高功率因数，就是感性负载并联电容后提高了整个电路的功率因数，使供电的总电流减小，从而获得了经济效益。但感性负载本身的功率因数并未改变，它本身的电压、电流和工作状态均未改变。

在电路未并联电容时，感性负载所需的无功功率全部由电源提供，而电路并联上电容后，感性负载所需无功功率的一部分由并联电容提供，从而进行了电路的功率因数补偿，减小了电源供给的无功功率，使电源的容量得到充分利用。

2. 并联电容的选取

电路中未并联电容时，电源提供的无功功率为

$$Q=UI_1\sin\varphi_1=UI_1\,\frac{\cos\varphi_1\sin\varphi_1}{\cos\varphi_1}=P\tan\varphi_1$$

电路并联上电容后，电源提供的无功功率为

$$Q'=UI\sin\varphi=UI\,\frac{\cos\varphi\sin\varphi}{\cos\varphi}=P\tan\varphi$$

因此电容补偿的无功功率为

$$Q_C=Q-Q'=P(\tan\varphi_1-\tan\varphi)$$

又因为

$$Q_C=\frac{U^2}{X_C}=\omega CU^2$$

所以

$$C=\frac{P}{\omega U^2}(\tan\varphi_1-\tan\varphi)=\frac{P}{2\pi fU^2}(\tan\varphi_1-\tan\varphi)$$

C 就是当电源提供有功功率为 P、供电电压为 U、电源频率为 f、将功率因数从 $\cos\varphi_1$ 提高到 $\cos\varphi$ 时，电路所需并联电容器的电容量。

例 3 - 6　将一台功率因数为 0.5、功率为 2 kW 的单相交流电动机接到 220 V 的工频电源上，求：

(1) 线路上的电流。

(2) 若将电路的功率因数提高到 0.9，需并联多大的电容？这时线路中的电流为多大？

解　(1) 根据 $P=UI\cos\varphi_1$ 可知线路上的电流为

$$I_1 = \frac{P}{U\cos\varphi_1} = \frac{2 \times 10^3}{220 \times 0.5} = 18.18 \text{ A}$$

（2）查三角函数表可知，当 $\cos\varphi_1 = 0.5$ 时，$\varphi_1 = 60°$；当 $\cos\varphi_1 = 0.9$ 时，$\varphi_1 = 25.84°$。按照公式，需并联的电容为

$$C = \frac{P}{\omega U^2}(\tan\varphi_1 - \tan\varphi) = \frac{2 \times 10^3}{314 \times 220^2}(\tan 60° - \tan 25.84°) = 164 \text{ }\mu\text{F}$$

此时线路中的电流为

$$I = \frac{P}{U\cos\varphi} = \frac{2 \times 10^3}{220 \times 0.9} = 10.1 \text{ A}$$

可见并联一个 $164 \text{ }\mu\text{F}$ 的电容后，电路的功率因数提高到 0.9，线路的供电电流为 10.1 A，比原来的供电电流减小了 8 A。

实训任务 9　日光灯电路的安装和功率因数的提高

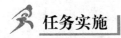 任务实施

一、看一看

（1）仔细观察荧光灯管、电感式镇流器和启辉器的外形和引脚。
（2）仔细观察电子式镇流器的外形和引脚。

二、测一测

（1）使用万用表的电阻挡对荧光灯管的灯丝进行测量，读出其阻值。
（2）使用万用表的电阻挡对电感式镇流器的线圈进行测量，读出其阻值。
（3）使用万用表的电阻挡对启辉器的两端进行测量，读出其阻值。

三、日光灯电路的安装与功率因数的提高

1. 实训器材

30 W 日光灯套件 1 套；单相自耦调压器 1 台；电容箱 1 个；交流电压表或万用表 1 个；交流电流表或万用表 1 个；电源插排 3 个；交流功率表 1 个。

2. 操作步骤

1）日光灯电路连接

按照图 3-35 连接电路。

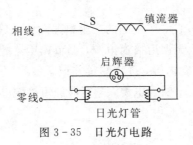

图 3-35　日光灯电路

2）日光灯电路原理分析

日光灯管是一根细长的玻璃管，管内充有少量的水银蒸气，管的内壁涂有一层荧光粉，管的两端各有一组灯丝，灯丝上涂有易使电子发射的金属氧化物。

镇流器是一个具有铁芯的电感线圈，其作用是产生很大的感应电动势，击穿灯管内的水银蒸汽，使灯管点燃。在灯管正常工作时，镇流器则起到限制电流的作用，这也是镇流器名称的由来。镇流器的规格应与灯管的额定功率配套使用。

启辉器在日光灯电路中起着自动开关的作用。启辉器的玻璃泡内充有氖气，并装有两个电极，其中一个由双金属片制成，双金属片在热胀冷缩时具有自动开关的作用，玻璃泡内温度高时两电极接通，玻璃泡内低温时两电极断开。

在接通电源开关时，启辉器两极间承受着电源电压（此时日光灯管尚未点亮，在电路中相当于开路），启辉器的两电极间产生辉光放电，使双金属片受热膨胀而与静触点接触，电源经镇流器、灯丝、启辉器构成电流通路使灯丝加热。

由于启辉的两个电极接触使辉光放电停止，双金属片冷却导致两个电极分离，使电路突然断开，瞬间在镇流器的两端会产生较高的自感电动势，这个自感电动势与电源电压共同加在已加热的灯管两端的灯丝间，击穿了管内的水银气体，使之电离从而形成导电通路。

已经电离的水银离子打到管内壁的荧光粉上，使荧光粉发出光亮。当灯管点亮正常工作以后，电路中的电压大约有一半加在镇流器两端，使灯管两端的电压降低，不会使启辉器再次动作。

点亮了的灯管近似为一个纯电阻，由于镇流器与日光灯管串联，日光灯电路可以用图 3 - 36 所示的等效电路来表示。镇流器具有较大的感抗，所以能限制电路中的电流，维持日光灯的正常工作。日光灯点亮以后，通过测量镇流器和灯管两端的电压，可以观察电路中电压的分配情况。

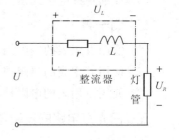

图 3 - 36　日光灯等效电路

3）提高日光灯电路的功率因数

因为镇流器的感抗较大，所以日光灯电路的功率因数是比较低的，通常在 0.5 左右。过低的功率因数对供电单位和用户来说都是不利的，一般都采用在电路中并联合适容量的电容器，来提高电路的功率因数。为了减少每个居民用户的麻烦和降低故障率，供电部门采取了集中功率补偿措施，在线路上安装一个比较大的电容器，这样每个家庭就不用对每个灯管进行功率补偿了。

（1）在所画实验电路中的相应位置上加画电容。

（2）分别计算出当功率因数分别为 $\cos\varphi=0.8$、$\cos\varphi=0.9$ 时应并联的电容值，并将计算结果填入表 3 - 6 中。

（3）将调压器手柄置于零位，按正确的实验电路图在相应位置接入电容。

（4）仔细检查电路，确认无误后接通电源，调节调压器的输出电压为 220 V，点亮日光灯。根据表 3 - 6 中要求的实验内容，逐项测量并记录各项数据。

（5）检查实验数据无误后，断开电源，电容器经短接放电后，拆除线路，测量并记下镇流器线圈的电阻值，填入表 3 - 6 中。

表 3-6 日光灯电路功率因数的提高测量数据

镇流器线圈电阻 $r=$ _____

项 目		测 量 数 值							计算值		
		U	U_L	U_R	I	I_L	I_C	I_{st}	P	P_R	P_L	C
并联电容前 $\cos\varphi=$												
并联电容后	当 $\cos\varphi=0.8$ 时											
	当 $\cos\varphi=0.9$ 时											

四、做一做——LED 灯的多开关控制线路

LED 是发光二极管的英文简称，是一种能够将电能转化为可见光的固态半导体器件，它可以直接把电转化为光。LED 是继爱迪生发明电灯泡以来最伟大的光革命，2014 年的诺贝尔物理学奖就颁发给发明蓝光 LED 的三位科学家。

LED 可以直接发出红、黄、蓝、绿、青、橙、紫、白色的光，效率很高，一个 10 W 的 LED 灯就可以代替 40 W 的普通日光灯或者节能灯。

这里介绍一个用多开关控制一盏 LED 灯的线路，其电路如图 3-37 所示。按使用的情况不同，可分为下列三种基本形式：

① 一个单联开关控制一盏灯，其线路如图 3-37(a)所示。接线时，开关应接在相线(火线)上，这样在开关切断后，灯头不会带电，从而保证了使用和维修的安全。

② 两个双联开关分别安装在两个地方控制同一盏灯，其线路如图 3-37(b)所示。这种形式通常用于楼梯或走廊上，在楼上楼下或走廊的两端均可控制线路的接通和断开。

③ 两个双联开关和一个三联开关分别安装在三个地方控制一盏灯，线路如图 3-37(c)所示。这种形式也常用于楼梯或走廊上。

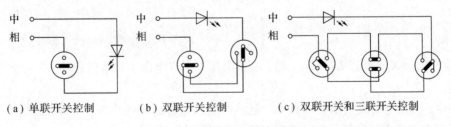

(a) 单联开关控制 　　(b) 双联开关控制 　　(c) 双联开关和三联开关控制

图 3-37 多开关控制电路

3.5 谐 振 电 路

当电路中含有电感和电容时，在正弦电源的作用下，电路的端口电压与端口电流一般是不同相的。如果调节电路的参数，使端口电压与端口电流同相，整个电路就呈现纯阻性，

电路的这种工作状态称为电路的谐振。

3.5.1 串联谐振

1. 串联谐振的条件与谐振频率

如图 3-38 所示，在 RLC 串联电路中，如果电压与电流同相，必须满足：

$$X_L = X_C$$

即

$$\omega L = \frac{1}{\omega C}$$

这就是电路发生串联谐振的条件。

可以求出：

谐振角频率：
$$\omega_0 = \frac{1}{\sqrt{LC}}$$

谐振频率：
$$f_0 = \frac{1}{2\pi\sqrt{LC}}$$

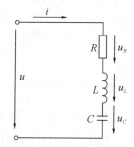

图 3-38 RLC 串联电路

2. 串联谐振的特点

1）串联谐振电路的阻抗和电流

实验和理论分析都指出：交流电路发生串联谐振时，电路的阻抗最小，其值：$|Z| = R$。在电压一定时，电路中的电流在谐振时达到最大值。其值为

$$I_0 = \frac{U}{|Z|} = \frac{U}{R}$$

2）串联谐振电路各元件上的电压

实验和理论分析都指出：交流电路发生串联谐振时，各元件上的电压有效值分别为

$$\left. \begin{array}{l} U_R = I_0 R = U \\ U_L = I_0 X_L \\ U_C = I_0 X_C \end{array} \right\}$$

由于 $X_L = X_C$，所以 $U_L = U_C$，即：电感电压与电容电压的有效值相等，但相位相反，互相抵消。

结论：交流电路发生串联谐振时，电感两端或电容两端的电压值比总电压大得多，所以串联谐振也称电压谐振，此时电阻上的电压等于电源电压。

在工程上，常把交流电路发生串联谐振时，电容或电感上的电压与总电压之比叫作电路的品质因数，用 Q 表示，即

$$Q = \frac{U_L}{U} = \frac{\omega_0 L}{R} = \frac{1}{\omega_0 CR}$$

所以谐振时：

$$U_C = U_L = QU$$

品质因数是一个无量纲的量，Q 一般可达几十到几百，其大小与元件的参数有关。

在无线电工程中，可利用电路的串联谐振，在电感或电容上获得高于信号电压许多倍

的输出信号，从而可以比较容易收到微弱的电信号。

但在电力工程中，由于电源电压值本身就很高，若电路再发生串联谐振，可能会击穿电容器和线圈的绝缘层，造成电路短路，因此在电力工程中，应避免发生串联谐振。

3. 串联谐振的特性曲线

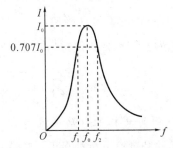

在电源电压和电路参数一定的情况下，电流的有效值是频率的函数。如图 3-39 所示，为电路参数固定时，电流随频率变化的曲线，称为 RLC 串联电路的频率响应曲线，或者称作电流谐振曲线。

从电流谐振曲线上可以看出，当信号频率偏离谐振频率时，电流将急剧下降。表明电路具有选择最接近于谐振频率附近的信号电流的性能，电路的这一特性称为选择性。

图 3-39　RLC 串联电路的电流谐振曲线

电流谐振曲线的形状与 Q 值有关，Q 值越大，曲线越尖锐，电路的选择性就越好。在电子技术中，为了获得较好的选择性，总要设法提高电路的 Q 值，但是品质因数也不是越大越好，就收音机而言，广播电台发射的无线电波是以某一高频为中心频率的一段频率范围，因此要收听电台的广播时，应该把电台发射的这段频带都接收下来。

工程上规定，当电路的电流为 $I = I_0/\sqrt{2} = 0.707 I_0$ 时，谐振曲线所对应的上、下限频率之间的频率范围称为电路的通频带。图 3-39，通频带 $f = f_2 - f_1$，它指出了谐振电路允许通过的信号频率范围。

例 3-7　如图 3-40 所示是一个收音机的信号接收电路，欲接收频率为 10 MHz、电压为 0.15 mV 的短波信号，线圈 $L = 5.1\ \mu\text{H}$，$R = 2.3\ \Omega$。求：电容 C，电路的品质因数 Q，电流 I_0，电容器上的电压 U_C。

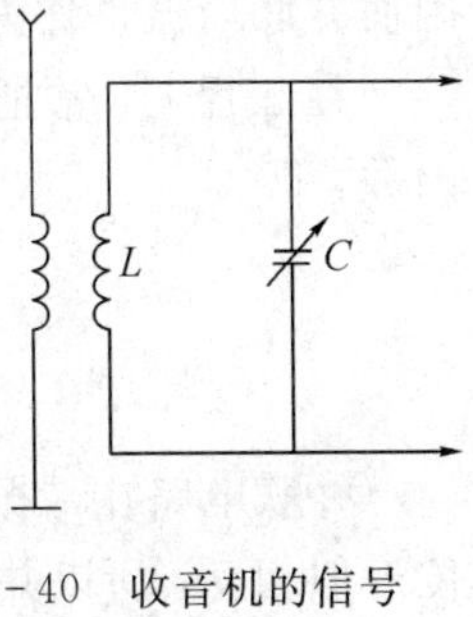

解　根据 $\omega_0 = \dfrac{1}{\sqrt{LC}}$ 得

$$C_0 = \frac{1}{\omega_0^2 L} = \frac{1}{(2\pi \times 10 \times 10^6)^2 \times 5.1 \times 10^{-6}} = 49.6\ \text{pF}$$

$$Q = \frac{\omega_0 L}{R} = \frac{2\pi \times 10 \times 10^6 \times 5.1 \times 10^{-6}}{2.3} = 139$$

图 3-40　收音机的信号
接收电路

电路中的电流：

$$I_0 = \frac{U}{R} = \frac{0.15}{2.3} = 0.0652\ \text{mA}$$

$$U_C = QU = 139 \times 0.15 = 20.85\ \text{mV}$$

3.5.2　并联谐振

1. 谐振频率

图 3-41 是一个线圈与电容并联的电路。其中 L 是线圈的电感，R 是线圈的内电阻。

当电路发生谐振时，电压与电流同相，电路为纯阻性。理论分析指出，并联谐振时的频率为

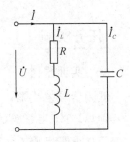

图 3-41　RLC 并联电路

$$f_0 \approx \frac{1}{2\pi\sqrt{LC}}$$

2. 并联谐振的特点

1）并联谐振的电路阻抗

实验和理论分析都指出，电路发生并联谐振时，电路的阻抗最大，其值为

$$|Z| = \frac{R^2+(\omega_0 L)^2}{R} = \frac{R^2+\left(\dfrac{1}{LC}-\dfrac{R^2}{L^2}\right)L^2}{R} = \frac{L}{RC}$$

2）并联谐振的电路电流

实验和理论分析都指出，电路发生并联谐振时，电路中的总电流达到最小值，其值为

$$I_0 = \frac{U}{|Z|} = \frac{U}{\dfrac{L}{RC}}$$

而此时各并联支路的电流分别为

$$I_L = \frac{U}{\sqrt{R^2+(\omega_0 L)^2}} \approx \frac{U}{\omega_0 L}$$

$$I_C = \frac{U}{\dfrac{1}{\omega_0 C}}$$

结论：交流电路发生并联谐振时，电感支路和电容支路的电流将远大于电路的总电流，因而并联谐振也称为电流谐振。

在工程上，常把交流电路发生并联谐振时，支路电流与总电流的比值称为电路的品质因数，即

$$Q = \frac{I_L}{I_0} = \frac{\omega_0 L}{R} = \frac{1}{\omega_0 CR}$$

$$I_L \approx I_C = QI_0$$

并联电路在谐振时，电感支路和电容支路的电流相等，但其大小是总电流的 Q 倍，相位近似相反，所以并联谐振又叫作电流谐振。

实训任务 10　谐振电路的测量

🏃 任务实施

一、实训器材

低频信号发生器 1 台；毫伏表 1 个；双踪示波器 1 台；电阻箱（500 Ω）1 个；电感箱（30 mH）1 个；电容箱（0.033 μF）1 个。

二、操作步骤

（1）测量谐振电路的频率数据。

按图 3-42 接线，R 取 200 Ω，L 取 30 mH，C 取 0.033 μF，低频信号发生器输出阻抗

置于 600 Ω。用毫伏表测量电阻上的电压 U_R，因为 $U_R = RL$，当 R 一定时，U_R 与 R 成正比，电路这时的电流 I 最大，电阻电压 U_R 也最大。

保持信号发生器的输出电压为 5 V，细心调节输出电压的频率，使 U_R 为最大，电路即达到谐振（调节时可参考预习中计算的谐振频率），测量电路中的电压 U_R、U_L、U_C，并读取谐振频率 f_0，记入表 3-7 中，同时记下元件参数 R、L、C 的实际数值。

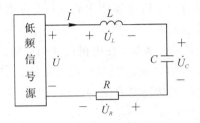

图 3-42　串联谐振线路

表 3-7　谐振电路的频率测量数据

$R($　$)$		$L($　$)$		$C($　$)$	
$U_R($　$)$		$U_L($　$)$		$U_C($　$)$	
$f_0($　$)$		$I_0 = U_R/R($　$)$		Q	

（2）用示波器观察测量 RLC 串联谐振电路中电流和电压的相位关系。

按图 3-43 接线，R 取 500 Ω，L 和 C 的值同图 3-42 中元件数值，电路中 A 点的电位送入双踪示波器的 Y1 通道，它显示出电路中总电压 U 的波形。将 B 点的电位送入 Y2 通道，它显示出电阻 R 上的电压波形，此波形与电路中电流 i 的波形相似，因此可以直接把它当作电流 i 的波形。

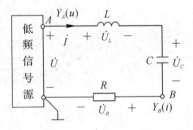

图 3-43　观察电流和电压相位的线路图

示波器和信号发生器的接地端必须连在一起，信号发生器的输出频率取谐振频率 f_0，输出电压 5 V，示波器的内触发旋钮必须拉出，调节示波器使时屏幕上获得 2~3 个波形，将电流 i 和电压 u 的波形描绘下来。再在 f_0 左右各取一个频率点，信号发生器输出电压仍保持 5 V，观察并描绘出 i 和 u 的波形，画在图 3-44 上。

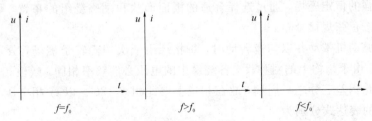

图 3-44　串联谐振电路中电流和电压的相位关系坐标图

（3）调节信号发生器的输出频率，在 f_0 左右缓慢变化，观察示波器屏幕上 i 和 u 波形的相位和幅度的变化，并分析其变化原因。

3.6 三相交流电路

目前,电力系统所采用的供电方式,绝大多数是三相制。工业生产中使用的交流电动机大都是三相交流电动机。照明和家用电器使用的单相交流电则是三相交流电中的一相。

三相交流电在国民经济中获得广泛应用,是因为三相交流电比单相交流电在电能的产生、输送和应用上具有显著的优点。例如,在电机尺寸相同的条件下,三相发电机的输出功率比单相发电机高 50% 左右;在电能输送距离和输送功率一定时,采用三相制比单相制要节省大量的有色金属。三相用电设备还具有结构简单、运行可靠、维护方便等特点。

3.6.1 三相交流电的产生

1. 三相交流发电机的结构

三相交流电一般是由三相交流发电机产生的,如图 3-45 所示。三相交流发电机的结构主要由电枢和磁极两部分组成。

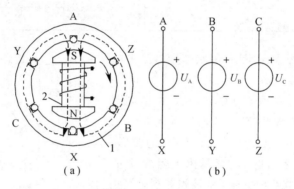

图 3-45 三相交流发电机的结构原理图

电枢是固定部分,亦称定子,由定子铁芯和三相电枢绕组组成。三相定子绕组的几何形状、尺寸和匝数都相同,分别为 AX、BY、CZ,其中 A、B、C 分别表示它们的首端,X、Y、Z 表示末端,每组线圈称为一相,要求各相的始端之间(或末端之间)都彼此间隔120°。

磁极是发电机中的转动部分,亦称转子,由转子铁芯和励磁绕组组成,用直流电励磁后产生一个很强的恒定磁场。通过选择合适的极面形状和励磁绕组的布置,可使空气隙中的磁感应强度按正弦规律分布。

当转子由原动机带动并以匀速转动时,每相绕组依次切割转子磁场,分别产生感应电压 u_A、u_B、u_C。由于结构上的对称性,各绕组中的电压必然频率相同,幅值相等。由于出现幅值的时间彼此相差三分之一周期,故在相位上彼此相差120°。以 A 相电压为参考,则可得出各相电压的表达式分别为

$$u_A = U_m \sin\omega t$$
$$u_B = U_m \sin(\omega t - 120°)$$
$$u_C = U_m \sin(\omega t + 120°)$$

三相对称电压源电压的波形图和相量图分别如图 3-46(a)与图 3-46(b)所示。

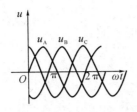 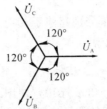

（a）对称三相电源波形图　　　　（b）对称三相电源相量图

图 3-46　三相对称电压源的波形图和相量图

2. 三相交流电的相序

三相交流电源电压到达同一数值（如正的幅值）的先后顺序称为相序。图 3-46 所示的三相电压源相序为：A—B—C，称其为正相序或顺序。若改变转子磁极的旋转方向或改变定子三相电枢绕组中任意两者的相对空间位置，则其相序将为 A—C—B，称其为负相序或逆序。

上面所述的幅值相等、频率相同，彼此间互差 120°的三相电压，称为三相对称电压。显然它们的瞬时值之和为零，即

$$u_A + u_B + u_C = 0$$

3. 三相电源的连接

三相发电机有三个独立的绕组，通常是将发电机的三相绕组接成星形（Y），有时也接成三角形（△）。

1）星形（Y）连接

把发电机三个对称绕组的末端接在一起组成一个公共点 N，为星形连接，如图 3-47（a）所示。

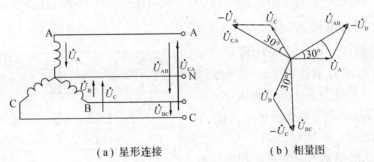

（a）星形连接　　　　　　　（b）相量图

图 3-47　电源的星形连接及电压相量图

星形连接时，公共点称为中性点，从中性点引出的导线称为中性线，俗称零线。当中性点接地时，中性线又名地线。从首端引出的三根导线称为相线或端线，俗称火线。相线与中性线之间的电压称为相电压，分别为 u_A、u_B、u_C，任意两相线之间的电压称为线电压，分别为 u_{AB}、u_{BC}、u_{CA}。各电压习惯上规定的参考方向如图 3-47（a）所示。

各电压若用相量表示，则如图 3-47（b）所示。由此可见，当相电压对称时，线电压也是对称的。

结论：在星形连接时，线电压的有效值 U_L 是相电压有效值 U_P的$\sqrt{3}$倍，即

$$U_L = \sqrt{3} U_P$$

并且这三个线电压相量分别超前于相应相电压相量30°。

2）三角形（△）连接

将发电机绕组的一相末端与另一相绕组的首端依次相连接，就成为三角形连接，如图3-48所示。在三角形连接中，电源的线电压就是相应的相电压。

在三相电源电压对称时，$u_A + u_B + u_C = 0$。这表明三角形回路中合成电压等于零，即这个闭合回路中没有电流。

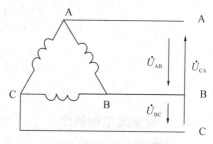

图3-48 电源的三角形连接

上述结论是在正确判断绕组首尾端的基础上得出的，否则，合成电压将不等于零，绕组接成三角形后会出现很大的环路电流。因此，在第一次实施三角形连接时，需正确判断各绕组的极性。

结论：在三角形连接时，线电压与相电压相等，即

$$U_L = U_P$$

在生产实践中，一般发电机的三相绕组都接成星形。

3.6.2 三相负载

交流用电设备分为单相负载和三相负载两大类。一些小功率的用电设备例如电灯、各种家用电器等，都使用单相电，称为单相负载。

工厂的大型用电设备，一般都使用三相电，如三相交流电动机等。三相用电设备的内部结构有三部分，根据需要可接成星形（Y）或三角形（△），称为三相负载。

三相负载接入电源时应遵守两个原则：一是加于负载的电压必须等于负载的额定电压，二是应尽可能使电源的各相负载均匀对称，从而使三相电源供电趋于平衡。

1. 负载的星形连接

把三个负载Z_A、Z_B、Z_C的一端联在一起，接到三相电源的中性线上，三个负载Z_A、Z_B、Z_C的另一端分别接到电源的A、B、C三相上，这种接法称为负载的星形连接（三相四线制），如图3-49所示。

当忽略导线的阻抗时，电源的相电压和线电压就分别是负载的相电压和线电压，并且负载的中点电位是电源的中点电位。

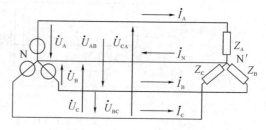

图3-49 三相四线制电路

负载的各相线之间的电流称为线电流，其参考方向是从电源到负载。各相负载上的电流称为相电流，其参考方向与各相电压关联。显然当负载是星形接线时，各相负载上的线电流I_L就是相电流I_P，即

$$I_L = I_P$$

在采用三根相线与一根中性线供电的三相四线制电路中，每相负载中电流的计算方法与单相交流电路时是一样的。

1）三相对称负载

在负载采用星形连接时，如果三相负载完全相等，那么这种三相负载就称为三相对称负载。此时三个相电流大小相等、三个相电流之间的相位互差120°。因此，三相电流也是对称的，其相量图图 3-50 所示。显然，此时中线中的电流 I_N 为零。既然中性线中没有电流，它就不起作用，因此可以把中性线去掉。如图 3-51 所示的三相三线制电路就是如此，典型应用就是三相交流电动机，只需要供给三根相线即可。

对于三相对称电路，只要分析计算出其中一相的电压和电流就行了，其他两相的电压和电流可以根据其对称性（三相对称量大小相等相位差120°）直接写出，不必重复计算。

星形负载对称时的线电压与相电压、线电流与相电流之间有下列关系式：

$$\left.\begin{array}{c} U_L = \sqrt{3}\,U_P \\ I_L = I_P \end{array}\right\}$$

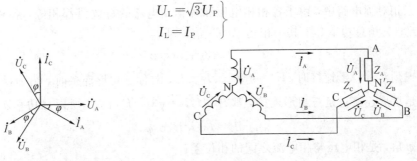

图 3-50 对称负载相量图　　　　　图 3-51 三相三线制电路

2）不对称三相负载电路

在实际的三相电路中，负载是不可能完全对称的。对于星形连接，只要有中性线，负载的相电压总是对称的。此时各相负载都能正常工作，只是这时的各相电流不再对称，中性线电流也不再为零。在负载不对称的三相三线制电路中，电源与负载的中点电位不再等，而且三相中有的相电压高，有的相电压低，这将影响负载的正常工作，甚至烧坏负载。因此，负载为星形连接的三相三线制电路，一般只适用于三相对称负载，如三相交流电动机。在三相四线制供电的不对称电路中，为了保证负载的相电压对称，中性线不允许接入开关和熔断器。以免中性线断开造成各个负载电压不对称。

2. 负载的三角形连接

将三相负载的两端依次相接，并从三个连接点分别引线接至电源的三根相线上，这样就构成了三角形连接的负载，如图 3-52 所示。此时负载的相电压就是线电压，且与相应的电源电压相等，即

$$U_L = U_P$$

通常电源的线电压总是对称的，所以在三角形连接时，不论负载对称与否，其电压总是对称的。

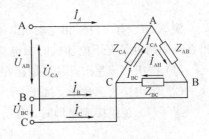

图 3-52 负载的三角形连接

当负载对称时，由于电源电压是对称的，所以相电压是对称的。此时的线电流也是对称的，且对称三角形负载的线电流落后于相应的相电流30°，而线电流的有效值 I_L 是相电流有效值 I_P 的 $\sqrt{3}$ 倍，即

$$I_L = \sqrt{3}\,I_P$$

当三角形负载不对称时,各相电流将不对称,而各线电流也将不对称,其各相电流与各线电流就不再是$\sqrt{3}$倍的关系,要分别计算。

实际上,负载如何连接,要根据电源电压和负载额定电压的情况而定,保证负载所加的电源电压等于它的额定电压。

3.6.3 三相电路的功率

1. 有功功率

三相负载的总有功功率 P,等于各相负载有功功率 P_A、P_B、P_C 之和,即

$$P = P_A + P_B + P_C$$

在三相对称电路中,由于各相相电压和各相相电流的有效值都相等,各相阻抗角也相等,因此,三相总功率等于其一相功率的三倍,即

$$P = 3U_P I_P \cos\varphi$$

考虑到对称星形连接时,$U_L = \sqrt{3}U_P$,$I_L = I_P$;对称三角形连接时,$U_L = U_P$,$I_L = \sqrt{3}I_P$。则不论是星形连接还是三角形连接,都有 $3U_P I_P = \sqrt{3}U_L I_L$ 成立,所以总功率还可以写为

$$P = \sqrt{3}U_L I_L \cos\varphi$$

式中的 φ 角,是相电压与相电流之间的相位差。

2. 无功功率

三相负载的无功功率 Q 也等于各相无功功率的代数和:

$$Q = Q_A + Q_B + Q_C$$

当负载是对称负载时,可得

$$Q = 3U_P I_P \sin\varphi = \sqrt{3}U_L I_L \sin\varphi$$

3. 视在功率

三相负载的视在功率为

$$S = \sqrt{P^2 + Q^2}$$

在对称情况下,有

$$S = 3U_P I_P = \sqrt{3}U_L I_L$$

例 3-8 有一台三相电动机,每相的等效电阻 $R = 29\ \Omega$,等效感抗 $X = 21.8\ \Omega$,试求出在下列两种情况下电动机的相电流、线电流以及从电源输入的功率,并比较所得结果。

(1) 绕组接成星形,并且是接在 $U_L = 380$ V 的三相电源上;

(2) 绕组接成三角形,接于 $U_L = 220$ V 的三相电源上。

解 (1) 绕组接成星形时,有

$$I_P = \frac{U_P}{|Z|} = \frac{220}{\sqrt{29^2 + 21.8^2}} = 6.1\ \text{A}$$

$$I_L = I_P = 6.1\ \text{A}$$

$$P = \sqrt{3}U_L I_L \cos\varphi = \sqrt{3} \times 380 \times 6.1 \times \frac{29}{\sqrt{29^2 + 21.8^2}} = 3.2\ \text{kW}$$

(2) 绕组接成三角形时,有

$$I_P = \frac{U_P}{|Z|} = \frac{220}{\sqrt{29^2 + 21.8^2}} = 6.1 \text{ A}$$

$$I_L = \sqrt{3} I_P = 6.1 \times \sqrt{3} = 10.5 \text{ A}$$

$$P = \sqrt{3} U_L I_L \cos\varphi = \sqrt{3} \times 220 \times 10.5 \times \frac{29}{\sqrt{29^2 + 21.8^2}} = 3.2 \text{ kW}$$

比较两种情况下的结果可知：

有的三相电动机有两种额定电压，譬如 220/380 V。这表示当电源电压（指线电压）为 220 V 时，电动机的绕组应连成三角形；当电源电压为 380 V 时，电动机应连成星形。在两种连接法中，电动机的相电压、相电流及功率都未改变，仅线电流在第二种情况下增大为在第一种情况下的 $\sqrt{3}$ 倍。

实训任务 11　三相正弦交流电的测量

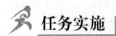 任务实施

一、【看一看】

（1）实地观察校外的高压输电线路，观看三相四线制输电线路。

（2）实地考察学校的变电所，听电工师傅介绍学校内的配电情况。

（3）实际观察从高压三相四线制的输入到低压单相电和三相电的输出线路。

二、【测一测】

（1）用万用表测量三相电源的线电压。

（2）用万用表测量三相电源的相电压。

三、三相电路的安装与测量

1. 实训器材

三相电路实训板（三相电路灯箱）1 个；交流电流表（0～2.5 A 量程）1 个；交流电压表（0～500 V 量程）1 个；电容箱 1 个；电源插排 3 套。

2. 操作步骤

（1）认识三相电路实训板（三相电路灯箱），如图 3-53 所示。

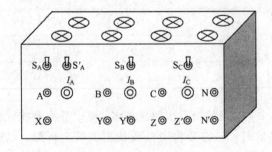

图 3-53　三相电路灯箱

八个相同的灯泡共分成四组，每组为两个灯泡串联。A 相负载为两组灯泡，分别由 S_A 和 S_A' 控制通断；B、C 相负载各一组灯泡，分别由 S_B 和 S_C 控制通断。A、B、C 为相首，X、Y、Z 为相尾，N 为电源中点，N′ 为负载中点。I_A、I_B、I_C 为线电流的电流插孔。

（2）将三相负载按照星形（Y）连接。

按图 3-54 接线，通电前，使用万用表检测各相的电阻，无误后，再合上电源开关。合上 S_A、S_B、S_C，分别测量对称负载、有中性线和无中性线时的线电压、线电流、相电压、相电流及两中性点间电压（无中性线时）、中性线电流（有中性线时）的值，记入表 3-8 中。

（3）合上 S_A'（此时 A 相多接了一组灯），测量不对称负载在有中性线和无中性线两种情况下的各电压及电流值，记入表 3-8 中。

（4）将 A 相负载全部断开（A 相开路），测量不对称负载在有中性线和无中性线两种情况下的各电压及电流值，记入表 3-8 中，并观察在有中性线和无中性线时对各灯泡亮度的影响。

（5）将三相负载按照三角形（△）连接。

按图 3-55 接线，仔细检查电路无误后接通电源。

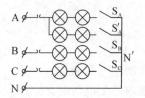
图 3-54　负载为星形接法的电路

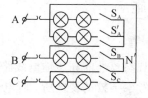
图 3-55　负载为三角形接法的电路

（6）分别测量负载对称和不对称两种情况下的线电压、线电流、相电流的值，记入表 3-8 中。

（7）将 A 相负载全部断开，重新测量各电压、电流的值，记入表 3-8 中。

表 3-8　在不同情况下的线电压、相电压、相电流的测量数据

测量项目		U_{AB}	U_{BC}	U_{CA}	U_A	U_B	U_C	I_A	I_B	I_C	$I_{NN'}$	I_N
	单位											
有中线	负载对称											
	负载不对称											
	A 相开路											
无中线	负载对称											
	负载不对称											
	A 相开路											

注意：在这个实验中，电路的换接次数比较多，要十分注意接线的正确性，特别是从星形接法换接成三角形接法时，一定要将中性线从实训板上拆除，以免发生电源短路现象。在换接电路连线时，应先断开电源。

练 习 题

3-1 正弦量的三要素是什么？有效值与最大值的区别是什么？相位与初相位有什么区别？

3-2 在某电路中 $u(t) = 141\cos(314t - 20°)$ V，

(1) 指出它的频率、周期、角频率、幅值、有效值及初相角各是多少？

(2) 画出波形图。

3-3 为什么把串联谐振叫电压谐振，把并联谐振叫电流谐振？

3-4 某一正弦电压的相位为 $\frac{\pi}{6}$ rad 时，其瞬时值是 5 V，问它的振幅值、有效值分别是多少？

3-5 某正弦电流的角频率 $\omega = 314$ rad/s，初相 $\varphi_i = -60°$。当 $t = 0.02$ s 时，其瞬时值为 0.5 A，写出该电流的瞬时表示式。

3-6 在图 3-56 所示电路中，电阻 $R = 1000$ Ω，u 为正弦电压，其最大值为 311 V，求图中电流表和电压表的读数。

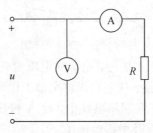

图 3-56 题 3-6 图

3-7 将一台功率因数为 0.6，功率为 2 kW 的单相交流电动机接到 220 V 的工频电源上，求线路上的电流及电动机的无功功率。

3-8 交流接触器线圈的电感 $L = 13.6$ H，电阻 $R = 440$ Ω，接在 $U = 220$ V、$f = 50$ Hz 的交流电源上，求流过线圈的电流 I。

如果误将此线圈接在 $U = 220$ V 的直流电源上，求此时流过线圈的直流电流 I。

3-9 在图 3-57 中，电流表 A_1 和 A_2 的读数标示在图中，求 A 表的读数。

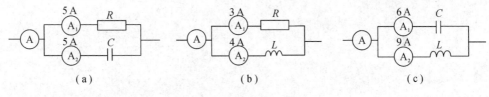

图 3-57 题 3-9 图

3-10 在图 3-58 所示电路中，已知 V 表读数为 5 V，V_1 表读数为 3 V，V_2 表读数为 8 V，V_3 表的读数为多少？

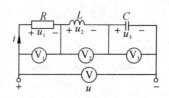

图 3-58 题 3-10 图

3-11 正弦电压施加于 10 Ω 电阻时，电阻消耗功率为 360 W，求电压与电流的有效值。

3-12 日光灯电路中启辉器的作用是什么？若实验时无启辉器，你能否点燃日光灯？如何操作？

3-13 一个三相四线制供电系统，电源频率 $f = 50$ Hz，相电压 $U_P = 220$ V，以 u_A 为参考正弦量，试写出线电压 u_{AB}、u_{BC}、u_{CA} 的三角函数表达式。

3-14 一个三相对称电源，其线电压 $U_L = 380$ V，负载是呈星形连接的三相对称电炉，设每相电阻为 $R = 220$ Ω，试求此电炉工作时的相电流 I_P，并计算此电炉的功率。

3-15 一个对称三相电源，线电压 $U_L = 380$ V，对称三相电阻炉作三角形连接，如图 3-59 所示。设已知电流表的读数为 33 A，试问此电炉每相的电阻 R 为多少？

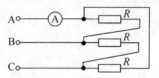

图 3-59 题 3-15 图

3-16 一个车间由三相四线制供电，电源线电压为 380 V，车间总共有 220 V、100 W 的白炽灯 132 个，试问该如何连接？这些白炽灯全部工作时，供电线路的线电流为多少？

3-17 在题 3-16 所述的车间照明电路中，设 A 相开灯 11 盏，B 相和 C 相各开灯 22 盏。试求各相的相电流 I_A、I_B、I_C 及中线电流 I_N。

3-18 一个对称三相电源，线电压 $U_L = 380$ V，对称三相感性负载为三角形连接，设测得线电流 $I_L = 17.3$ A，三相功率 $P = 9.12$ kW，试求出每相负载的电阻和感抗。

项目 4　电机的认识与控制

项目导言

凡是使用电能作为能源进行能量变换或者是能量传输的装置都可以称为电机。电机有运动式的电机，如电动机；也有静止式的电机，如变压器。

在发电机诞生以后，人们更关心的是如何把电能变成电力，让电力为人类服务，让电力代替人力，甚至让电力做人力做不了的事情。经过许多科学家的努力和研究，电动机终于应运而生。

为了解决电力传输的效率问题，人们发明了变压器，将交流电压先变成高压再进行传输，到达用电目的地之后，再使用变压器把高压交流电变成低压交流电供人们使用。

时至今日，电动机和变压器已经成为现代工业的主力设备。

知识目标

（1）了解单相异步电动机的工作原理。
（2）了解三相异步电动机的工作原理。
（3）掌握常用低压控制电器的名称、符号和用途。
（4）了解变压器的类型和结构。
（5）熟悉常用各种低压变压器的名称、符号和用途。

技能目标

（1）会连接单相异步电动机，实现启动与控制。
（2）会连接三相异步电动机，实现启动与控制。
（3）会使用低压控制电气连接电路，实现对电动机的控制。
（4）认识常用的各种低压变压器，能叫出各种低压变压器的名称和用途。
（5）掌握常用变压器的接线方法。

4.1　单相异步电动机

电动机的启动和控制至今仍然是电工技术的重要内容。电动机分为直流电动机和交流电动机两大类，交流电动机又分为单相电动机和三相电动机。此外，电动机还有许多分类方法，这些分类通常和电动机的内部构造与工作原理有关。

4.1.1 单相异步电动机的认识与启动

1. 单相异步电动机的特点与用途

采用单相交流电源的异步电动机称为单相异步电动机。单相异步电动机由于只需要单相交流电，故使用方便、应用广泛，并且有结构简单、成本低廉、噪声小、对无线电系统干扰小等优点，因而常用在功率不大的家用电器和小型动力机械中，如电风扇、洗衣机、电冰箱、空调、抽油烟机、电钻、医疗器械、小型风机及家用水泵等。

一款常见的单相交流异步电动机的外形照片如图 4-1 所示。

图 4-1　一款常见的单相交流异步电动机的外形照片

由于中国的单相交流电压是 220 V，而国外的单相交流电压如美国是 120 V、日本是 100 V、德国英国法国是 230 V，所以在使用国外的单相异步电动机时，需要特别注意电机铭牌上标定的额定电压与场地的电源电压是否相同。

单相电动机又可分为同步电动机与异步电动机两大类。异步电动机的结构简单，容易制造，运行可靠性高，重量轻，成本低，使用和维护都比较方便，但异步电动机的输出功率比较小（1 kW 以下），主要应用于各种家用电器、医疗器械、小型机床和电子仪表上。如家用电风扇、洗衣机、电冰箱、窗式及壁挂式空调器、单相手电钻、冲击电钻等都采用单相异步电动机。

2. 单相异步电动机的结构

电动机都是由定子和转子组成的，单相异步电动机的结构如图 4-2 所示。

异步电动机的定子由机座和装在机座内的圆筒形铁芯以及绕组所组成。机座是由铸铁或铸钢制成的，铁芯是由相互绝缘的硅钢片叠成的。在铁芯的内圆周表面上冲有许多槽，用以放置定子绕组，定子绕组是电动机的电路部分。

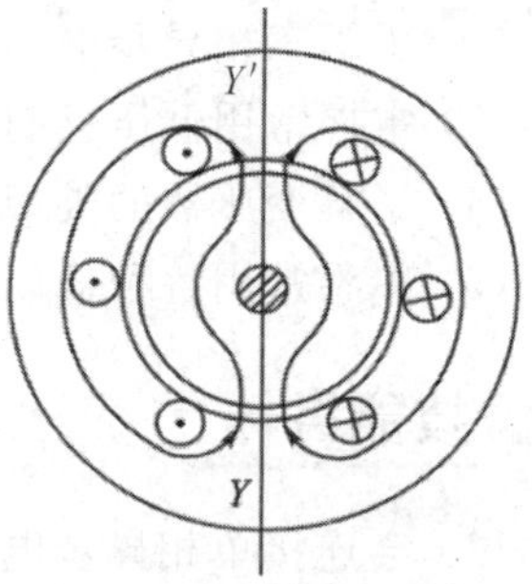

异步电动机的转子铁芯是圆柱状，用绝缘的硅钢片叠成。转子大多为鼠笼式的，转子的绕组是在转子导线槽内放置铜条或铸铝，两端用金属环焊接或铸铝一次成型。

当单相正弦电流通过定子绕组时，电动机内就产生一个交变磁通。但这个磁通的方向总是垂直向上或向下，其轴线始终在 YY' 位置上。所以这个磁场是一个位置固定、大小和方向随时间按正弦规律变化的脉动磁场，不能产生旋转磁场，所以单相电动机是不能自行启动的。

图 4-2　单相异步电动机的结构

3. 单相异步电动机的启动

1）采用电容分相使单相异步电动机启动

为了使单相异步电动机能按预定方向自动启动运转，必须采取一些措施使电动机在启动时产生启动转矩。图 4-3 所示是电容分相式异步电动机的原理图。在单相异步电动机里的定子有两个绕组：一个是工作绕组，也叫作主绕组；另一个是启动绕组，也叫作副绕组。两个绕组在空间互成 90°。

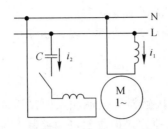

图 4-3　电容分相式异步电动机的原理图

启动绕组与一个电容 C 相串联，使启动绕组中的电流 i_2 和工作绕组中的电流 i_1 产生 $90°$ 的相位差，即

$$i_1 = \sqrt{2}\, I_1 \sin\omega t \tag{4-1}$$

$$i_2 = \sqrt{2}\, I_2 \sin(\omega t + 90°)$$

实验和理论分析都证明：启动绕组中的电流 i_2 和工作绕组中的电流 i_1 产生的合成磁场会随着时间的增加做顺时针方向旋转，这样一来，单相异步电动机就可以在该旋转磁场的作用下启动了。

需要注意的是：如果电容分相式异步电动机的启动绕组连续通电，则有可能因过热而烧毁启动绕组，所以在电动机启动完成后，必须把启动绕组和电容器从电源上脱开，只给工作绕组通电，此时电动机转子在惯性的作用下，也可以在脉动磁场的作用下继续运转。

若在电路上采取一定措施，使启动绕组也和工作绕组一样按照长时间运行方式设计，则成为电容运行式单相异步电动机。电容运行式电动机的运行性能、过载能力、功率因数等均比电容分相式电动机要好。

2）采用罩极法使单相异步电动机启动

罩极法是在单相异步电动机的定子磁极极面上约三分之一处套装一个铜环，又称短路环，套有短路环的磁极部分称为罩极。

当定子绕组通入电流产生脉动磁场后，有一部分磁通穿过铜环，使铜环内产生感应电动势和感应电流。根据楞次定律，铜环中感应电流所产生的磁场阻止铜环部分磁通的变化，使得没套铜环部分磁极中的磁通与套有铜环部分磁极中的磁通产生相位差，罩极外的磁通超前罩极内的磁通一个相位角。

随着定子绕组中电流变化率的改变，单相异步电动机定子磁场的方向也不断发生变化，相当于在电动机内形成了一个旋转磁场。在这个旋转磁场的作用下，电动机的转子就能够启动了。罩极式单相异步电动机磁场的旋转方向是由铜环在罩极上的位置决定的。该品种电动机出厂后，其转动方向是固定的，不能随意改变。

罩极式电动机结构简单、制造容易、价格便宜，其主要缺点是启动转矩较小，且铜环在电动机工作时不断开，因而产生能量损耗，工作效率较低。罩极式电动机应用范围较少，主要应用于小台扇、电吹风、录音机、仪表风扇等小功率负载的场合。

4. 单相异步电动机的控制

各种生产机械的运动部件大多是由电动机驱动的，因此对生产机械运动的控制，就是通过对电动机的控制来实现的。通过对电动机的启动、正转、反转、制动和调速进行控制，以及控制多台电动机的顺序运转等，可以实现各种复杂的运动控制，从而满足生产过程和加工工艺的预定要求，自动完成各种加工过程。

对电动机除了需要进行控制外，还必须对电动机采取一些保护措施。常用的保护措施有短路保护、过载保护和欠压保护等。

1）继电接触器控制

通过开关、按钮、继电器、接触器等电器触点的接通或断开，实现对电动机的各种控制，称为继电接触器控制，由这种方式构成的自动控制系统称为继电接触器控制系统。典型的控制环节有点动控制、单向自锁运行控制、正反转控制、行程控制、时间控制等。

2）PLC 控制

PLC 是可编程逻辑控制器的英文简称。PLC 控制系统是专为工业生产设计的一种数字运算操作的电子装置，它采用编程执行逻辑运算，实现控制各种类型的机械运动或生产过程，是现代工业控制的核心部分。

自 20 世纪 60 年代美国推出可编程逻辑控制器取代传统的继电器控制装置以来，PLC 得到了快速发展，在世界各地得到了广泛应用。同时，PLC 的功能也不断完善。随着计算机技术、信号处理技术、网络技术的不断发展，PLC 在开关量处理的基础上增加了模拟量处理和运动控制等功能。

【电学史话】   谁发明了电动机？

自从 1831 年英国科学家法拉第设计制作了发电机样机以来，德国的雅可比最先制成了电动机，但这是一台直流电动机，需要使用 320 个丹尼尔电池供电。1838 年，安装了这种直流电动机的小艇在易北河上首次航行，时速只有 2.2 千米。1866 年，德国的西门子制造出更好的发电机，并着手研究由电动机驱动的车辆。1879 年，在柏林工业展览会上，西门子公司生产的不冒烟的电动机车赢得观众的一片喝彩。后来美国发明大王爱迪生制作的电动机车功率可达 15 马力（1 马力≈735 瓦）。但当时的电动机全都是直流电动机，只限于驱动电车。

1888 年，南斯拉夫出生的美国发明家特斯拉发明了三相交流电动机和单相交流电动机。这种电动机结构简单，使用交流电驱动，无需进行整流，没有火花产生，因此被广泛应用于工业生产和家用电器中。

4.1.2　常用低压控制电器

对电动机实现控制和保护的设备叫作控制电器。控制电器的种类很多，按其动作方式可分为手动电器和自动电器两类。手动电器的动作是由工作人员手动操纵的，如刀开关、组合开关、按钮等。自动电器的动作是根据指令、信号或某个物理量的变化自动进行的，如中间继电器、交流接触器等。

1. 刀开关

开关是控制电路中最常用的控制电器，用于接通或断开电路。开关电器包括刀开关、组合开关及自动开关等。

刀开关是一种简单而使用广泛的手动电器，又称为闸刀开关，一般在不频繁操作的低压电路中，用作接通和切断电源，有时也用来控制小容量电动机（10 kW 以下）的直接启动与停机。

刀开关由闸刀(动触点)、静插座(静触点)、手柄和绝缘底板等组成。刀开关的种类很多。按极数(刀片数)分为单极、双极和三极;按结构分为平板式和条架式;按操作方式分为直接手柄操作式、杠杆操作机构式和电动操作机构式;按转换方向分为单投和双投等。图4-4所示为三极和双极刀开关的实物照片和电路符号。

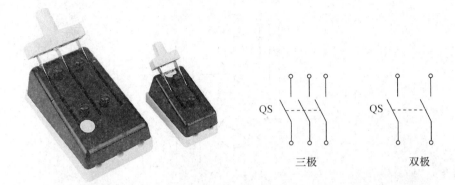

三极　　　　　　双极

图 4-4　三极和双极刀开关的实物照片和电路符号

刀开关一般与熔断器串联使用,在电路发生短路或过载时,熔断器就熔断而自动切断电路。刀开关的额定电压通常为 250 V 和 500 V,额定电流在 1500 A 以下。

安装刀开关时,电源线应接在静触点上,负荷线接在与闸刀相连的端子上。对于有熔断丝的刀开关,负荷线应接在闸刀下侧熔断丝的另一端,以确保刀开关切断电源后闸刀和熔断丝不带电。刀开关垂直安装时,手柄向上合,为接通电源,手柄向下拉,为断开电源,不能反装,否则可能因闸刀松动自然落下而误将电源接通。

刀开关的选用主要考虑回路额定电压、长期工作电流以及短路电流所产生的动热稳定性等因素。刀开关的额定电流应大于其所控制的最大负载电流。用于直接控制 4 kW 及以下的三相异步电动机时,刀开关的额定电流必须大于电动机额定电流的 3 倍。

2. 组合开关

组合开关又叫转换开关,是一种转动式的闸刀开关,主要用于接通或切断电路、换接电源、控制小型电动机的启动、停止、正反转和照明电路。

组合开关的结构如图 4-5 所示,它有若干个动触片和静触片,分别装于数层绝缘件内,静触片固定在绝缘垫板上,动触片装在转轴上,随转轴旋转而变更通、断位置。

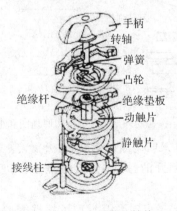

手柄
转轴
弹簧
凸轮
绝缘杆
绝缘垫板
动触片
静触片
接线柱

图 4-5　组合开关的结构

图 4-6 是组合开关控制电动机启动和停止的接线图。组合开关按通、断的类型可分为同时通断和交替通断两种；按转换的位数分为二位转换、三位转换、四位转换 3 种；其额定电流有 10 A、25 A、60 A 和 100 A 等多种。

与刀开关相比，组合开关具有体积小、使用方便、通断电路能力强等优点。

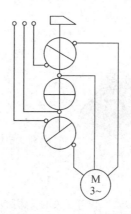

图 4-6　组合开关控制电动机启动和停止的接线图

3. 按钮

按钮是一种发出指令的电器，主要用于远距离操作，从而控制电动机或其他电气设备的运行。

按钮由按钮帽、复位弹簧、接触部件等组成，其外形、内部结构原理图和电路符号如图 4-7 所示。

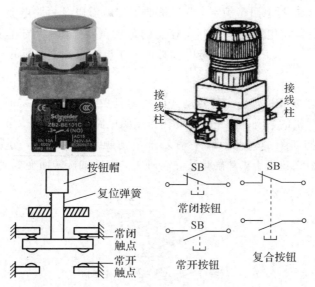

图 4-7　按钮的外形、内部结构原理图和电路符号

按钮的触点分为常闭触点（又叫动断触点）和常开触点（又叫动合触点）两种。常闭触点是按钮未按下时闭合、按下后断开的触点。常开触点是按钮未按下时断开、按下后闭合的触点。

按钮的种类很多。按钮内的触点对数及类型可根据需要组合，最少具有一对常闭触点或常开触点。由常闭触点和常开触点通过机械机构联动的按钮称为复合按钮或复式按钮。复式按钮按下时，常闭触点先断开，然后常开触点闭合；松开后，依靠复位弹簧使触点恢复到原来的位置，其动作顺序是常开触点先断开，然后常闭触点闭合。

4. 行程开关

行程开关也称位置开关，主要用于将机械位移变为电信号，以实现对机械运动的电气控制。行程开关的结构及工作原理与按钮相似，图 4-8 即为直动式行程开关的实物照片和工作原理示意图。当机械运动部件撞击触杆时，触杆下移使常闭触点断开，常开触点闭合；当运动部件离开后，在复位弹簧的作用下，触杆回复到初始位置，各触点恢复常态。

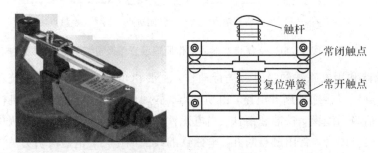

图 4-8　直动式行程开关的实物照片和工作原理示意图

图 4-9 所示为行程开关的电路图形符号。

图 4-9　行程开关的电路图形符号

5. 交流接触器

图 4-10 所示为交流接触器的实物照片和内部结构。

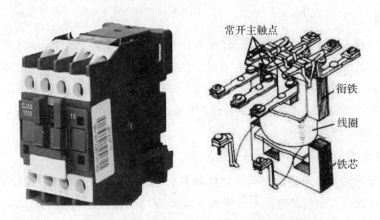

图 4-10　交流接触器的实物照片和内部结构

图 4-11 所示为交流接触器的工作原理示意图及电路符号。

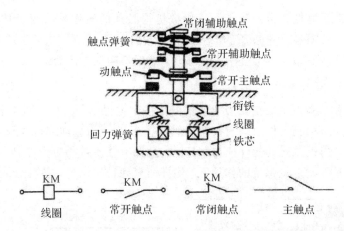

图 4-11 交流接触器的工作原理示意图及电路符号

　　交流接触器利用电磁铁的吸引力进行动作，主要由电磁机构、触点系统和灭弧装置 3 部分组成。触点用以接通或断开电路，由动触点、静触点和弹簧组成。电磁机构实际上是一个电磁铁，包括吸引线圈、铁芯和衔铁。当电磁铁的线圈通电时，产生电磁吸引力，将衔铁吸下，使常开触点闭合，常闭触点断开。电磁铁的线圈断电后，电磁吸引力消失，依靠弹簧使触点恢复到初始状态。

　　交流接触器的触点分主触点和辅助触点两种。主触点一般比较大，接触电阻较小，用于接通或分断较大为电流，常接在主电路中。辅助触点一般比较小，接触电阻较大，用于接通或分断较小电流，常接在控制电路（或称辅助电路）中。有时为了接通或分断较大的电流，主触点上装有灭弧装置，以熄灭由于主触点断开而产生的电弧，防止烧坏触点。

　　接触器是电动机最主要的控制电器之一。设计它的触点时，已考虑到接通负载时启动电流的问题，因此，选用接触器时，主要应根据负载的额定电流来确定。如一台 Y112M-4 型三相异步电动机，额定功率为 4 kW，额定电流为 8.8 A，选用主触点额定电流为 10 A 的交流接触器即可。除电流之外，还应满足接触器的额定电压不小于主电路额定电压的条件。

6. 继电器

　　继电器是一种根据电量（电压、电流）或非电量（转速、时间、温度等）的变化来接通或断开控制电路，实现自动控制或保护电力拖动装置的电器。继电器按输入信号的性质，可分为电压继电器、电流继电器、速度继电器、时间继电器、压力继电器等；按工作原理可分为电磁式继电器、感应式继电器、热继电器、电动式继电器、电子式继电器等；按用途可分为控制继电器、保护继电器等。

　　1）中间继电器

　　中间继电器通常用来传递信号和同时控制多个电路，也可用来直接控制小容量电动机或其他电气执行元件。中间继电器的结构和工作原理与交流接触器基本相同，与交流接触器的主要区别是触点数目较多，且触点容量小，只允许通过小电流。在选用中间继电器时，主要是考虑电压等级和触点数目。

　　图 4-12 所示为 JZ7 型电磁式中间继电器的外形照片图。

　　图 4-13 所示为中间继电器的电路图形符号。

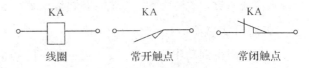

图 4-12   电磁式中间继电器的外形照片　　　　　　图 4-13   中间继电器的电路图形符号

2）热继电器

热继电器是利用电流的热效应原理工作的保护电器，在电路中用作三相异步电动机的过载保护。图 4-14 所示为热继电器的外形结构、工作原理图及电路符号。

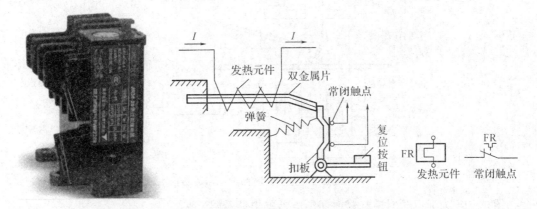

图 4-14   热继电器的外形结构、工作原理图及电路符号

电动机在实际运行中经常会遇到过载情况，只要过载不太严重，时间较短，绕组不超过允许温升，这种过载是允许的。若电动机长期超载运行，其绕组温升会超过允许值，其后果是加速绝缘材料的老化，缩短电动机的使用寿命，严重时会使电动机损坏。过载电流越大，达到允许温升的时间越短。因此，长期运行的电动机都应设置过载保护。

热继电器触点的动作不是由电磁力产生的，而是利用感温元件受热产生的机械变形推动机构动作来开闭触点。热继电器中的发热元件是一段阻值不大的电阻丝，接在电动机的主电路中。感温元件是双金属片，由热膨胀系数不同的两种金属辗压而成。如图 4.13（b）中，下层金属膨胀系数大，上层金属膨胀系数小。当主电路中电流超过允许值而使双金属片受热时，双金属片的自由端将向上弯曲超出扣板，扣板在弹簧拉力的作用下将常闭触点断开。触点是接在电动机的控制电路中的，控制电路断开将使接触器的线圈断电，从而断开电动机的主电路。

需要注意的是，由于热惯性，热继电器不能用作短路保护。因为发生短路事故时，要求电路能够立即断开，而热继电器是不能立即动作的。但这个热惯性也是符合人们的要求的，在电动机启动或短时过载时，热继电器不会动作（也不应该动作），这可避免电动机不必要的停车。热继电器动作后如果要复位,按下复位按钮即可。

热继电器中有 2~3 个发热元件,使用时应将各发热元件分别串接在两根或三根电源线中,可直接反映三相电流的大小。

常用热继电器有 JR0 和 JR10 系列,其主要技术数据是整定电流。所谓整定电流,就是通过发热元件的电流为此值的 120%时,热继电器应在 20 min 内动作。整定电流与电动机的额定电流一致,应根据整定电流选择热继电器。

3) 时间继电器

吸引线圈得到动作信号后,要延迟一段时间触头才动作的继电器称为时间继电器。时间继电器的种类很多,有空气式、电磁式、电子式等。图 4-15 为通电延时空气式时间继电器的结构原理图。

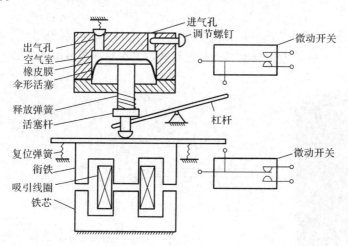

图 4-15 通电延时空气式时间继电器的结构原理图

图 4-16 为通电延时空气式时间继电器的电路符号。

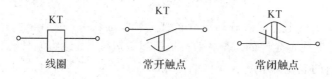

图 4-16 通电延时空气式时间继电器的电路符号

通电延时空气式时间继电器利用空气的阻尼作用达到动作延时的目的,主要由电磁系统、触点、空气室和传动机构等组成。吸引线圈通电后将衔铁吸下,使衔铁与活塞杆之间产生一段距离,在释放弹簧的作用下,活塞杆向下移动。

伞形活塞的表面固定有一层橡皮膜,当活塞向下移动时,膜上将会出现空气稀薄的空间,活塞受到下面空气的压力,不能迅速下移,当空气由进气孔进入时,活塞才逐渐下移。移动到最后位置时,杠杆使微动开关动作。延时时间即为从电磁铁吸引线圈通电时刻起到微动开关动作时为止的这段时间。通过调节螺钉改变进气孔的大小可以调节延时时间。

吸引线圈断电后,依靠复位弹簧的作用而复原,空气经出气孔被迅速排出,如图 4-15所示的时间继电器有两个延时触点:一个是延时断开的常闭触点,另一个是延时闭合的常开触点,此外还有两个瞬动触点。

7. 熔断器

熔断器是一种简单有效且价格低廉的保护电器，主要用作短路保护，串联在被保护的线路中。线路正常工作时，熔断器如同一根导线，起通路作用；当负载短路或严重过载时，电流大大超过额定值，熔断器中的熔体迅速熔断，从而起到保护线路上其他电器设备的作用。

1）熔断器的结构和电路图形符号

熔断器一般由夹座、外壳和熔体组成。熔体有片状和丝状两种，用电阻率较高的易熔合金或截面积很小的良导体制成。图 4-17 所示为熔断器的电路图形符号。

熔断器的外形和结构多种多样，常见的三种结构如图 4-18 所示。

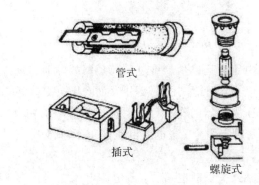

管式

插式

螺旋式

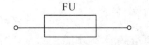

FU

图 4-17 熔断器的电路图形符号　　　　　图 4-18 熔断器常见的三种结构

2）选择熔断器的原则

选择熔断器，主要是选择熔体的额定电流。选择熔体额定电流的方法如下：

若熔断器是在电灯支线中的熔体，则熔体的额定电流≥支线上所有电灯的工作电流之和。

若熔断器是一台电动机电路中的熔体，则熔体的额定电流≥（电动机的启动电流/2.5）。如果电动机启动频繁，则熔体额定电流≥[电动机的启动电流/（1.6～2）]。

若熔断器是几台电动机电路中合用的总熔体，则熔体的额定电流＝（1.5～2.5）×容量最大的电动机的额定电流＋其余电动机的额定电流之和。

3）防爆熔断器的选用

为了有效地熄灭电路切断时产生的电弧，通常将熔体装在壳体内，并采取适当措施，使其快速导热而将电弧熄灭，这种熔断器叫作防爆熔断器。安装时，应将防爆熔断器安装在开关的负载一侧，这样便可在不带电的情况下将开关断开更换防爆熔断器。

8. 断路器

断路器又叫自动开关、自动空气开关或自动空气断路器，技术人员也常常称其为"空开"。断路器的主要特点是具有自动保护功能，当电路发生短路、过载、欠电压等故障时，它能自动切断电路，起到保护作用。

图 4-19 所示为断路器的实物照片和电路图形符号。断路器主要由触点系统、操作机构和保护元件三部分组成。图 4-20 所示为断路器的工作原理示意图。

主触点依靠手动操作机构闭合。开关的脱扣机构是一套连杆装置，有过流脱扣器和欠压脱扣器，它们实际上都是电磁铁。主触点一旦闭合后就被锁钩锁住，在正常情况下，过流脱扣器的衔铁是释放的。

图 4-19　断路器的实物照片和电路图形符号　　图 4-20　断路器的工作原理示意图

当电路一旦发生严重过载或短路故障时，过流脱扣器的线圈因流过大电流而产生较大的电磁吸力，把衔铁往下吸引从而顶开锁钩，使主触点断开，起到了电路过流保护作用。

欠压脱扣器的作用与过流脱扣器的作用相反，在正常情况下，欠压脱扣器的线圈吸住衔铁，主触点闭合。当电路电压严重下降或断电时，欠压脱扣器的线圈因吸力不足从而释放衔铁，主触点断开，实现了电路欠压保护。

自动开关切断电路后，若电源电压恢复正常，需要手动重新合闸才能工作。

实训任务 12　单相异步电动机的启动与控制

任务实施

一、看一看

（1）仔细观察单相异步电动机的外形和接线盒内的三个接线头。

（2）仔细阅读单相异步电动机的铭牌参数。

（3）仔细阅读单相异步电动机的正转和反转接线图，按照图 4-21 进行接线时，观察电动机的正转和反转情况。

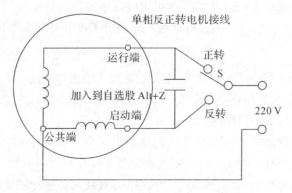

图 4-21　单相异步电动机的正转和反转接线图

二、测一测

（1）单相异步电动机有三个线头，首先用万用表的电阻挡分别测量三个线头之间的电阻值，将电阻最大的两个线头之间做好标记，将另外一个线头标记为公共端。

（2）如图4-21所示，在电阻最大的两个线头之间并联电容，将公共端接单相交流电源的一端。

（3）用万用表的电阻挡测量公共端与接电容两端线头之间的电阻，将阻值稍大的一端接单相交流电源的另一端。

（4）电动机通电后即可实现电动机的正转。若要想改变方向，将接电容一端的电源线改接为电容的另一端即可实现电动机的反转。

三、单相电容式电动机的启动运行

（1）仔细观察单相异步电动机、电抗器、开关的结构，检查各转动部分是否灵活，触点接触是否良好。

（2）记录单相异步电动机、电容器的铭牌参数，并填入表4-1中。

表 4-1　单相电容式电动机铭牌数据及电容器有关数据

额定功率/W	额定电压/V	额定电流/A	额定转速 r/min	电容器容量/μF	电容器额定电压/V

（3）确定单相异步电动机的主、副绕组。

用万用表的电阻挡测量电动机的绕组电阻，即可确定单相异步电动机的主、副绕组。单相电容异步电动机两套绕组的电阻不同，电阻值大的为副绕组，电阻值小的为主绕组。分别测量出电动机主、副绕组的阻值，填入表4-2中。

表 4-2　单相电容式电动机绕组的直流电阻测量数据

	主　绕　组	副　绕　组	备　　注
第一次测量电阻值/Ω			
第二次测量电阻值/Ω			

（4）按图4-22连接电路，检查无误后再接电源。

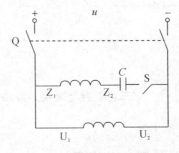

图 4-22　单相电容式异步电动机电路接线图

四、单相异步电动机采用串联电抗器调速运行

单相异步电动机的调速方法有许多种，采用串联电抗器是一种常见的方法。电抗器主要是由铁芯和线圈两大部分组成,电抗器的线圈上有多个抽头。调节电抗器的抽头位置,即改变了串在定子绕组中的电感量的大小,就可以改变电动机定子绕组所获得的电压,从而实现电动机转速的调节。

(1) 如图 4-23 所示,采用串联电抗器进行调速。

(2) 先接通开关 S,将启动电容接入电动机的副绕组,然后再合上电源开关 Q,观察单相电容电动机的启动。仔细观察电动机的转动方向及转速,将观察结果填入表 4-3 中。

(3) 当电动机进入稳定运行后,切断开关 S,将电容器和副绕组从电路中切除,仔细观察电动机的转速及转动方向,将观察结果填入表 4-3 中。

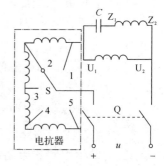

图 4-23 采用串联电抗器
调速接线图

(4) 关闭电源开关 Q 和开关 S,将电动机主绕组 $U_1 U_2$ 与电源的接线位置对调(或将副绕组 $Z_1 Z_2$ 的接线位置对调),先合上开关 S,然后合上电源开关 Q,仔细观察电动机的转动方向及转速。将观察结果填入表 4-3 中。

(5) 切断电源开关 Q,按图 4-23 接入电抗器,经检查无误后再合上电源开关 Q,调节电抗器的接点位置,仔细观察电动机的转速及转动方向。将观察结果填入表 4-3 中。

表 4-3 电动机的启动、转速及转动方向数据记录

	电动机启动情况	电动机转向(顺时针还是逆时针,从电动机轴伸出端侧观察)	电动机转速
步骤 5			
步骤 6			
步骤 7			
步骤 8(调速开关接电抗器抽头 1)			
步骤 8(调速开关接电抗器抽头 2)			
步骤 8(调速开关接电抗器抽头 3)			
步骤 8(调速开关接电抗器抽头 4)			
步骤 8(调速开关接电抗器抽头 5)			

4.2 三相异步电动机

4.2.1 三相异步电动机的结构及转动原理

1. 三相异步电动机的结构

三相异步电动机也是由定子和转子两部分构成。

1）定子

三相异步电动机的定子由机座、装在机座内的圆筒形铁芯以及嵌在铁芯内的三相定子绕组组成。机座是电动机的外壳，起支撑作用，用铸铁或铸钢制成。铁芯是由 0.5 mm 厚的硅钢片叠成，片间互相绝缘。铁芯的内圆周上冲有线槽，用以放置定子对称三相绕组 A_x、B_y、C_z。有些电动机的定子三相绕组连接成星形，有些电动机的定子三相绕组连接成三角形。一般 4 kW 及其以上的电动机定子三相绕组连接成三角形，4 kW 以下的电动机定子三相绕组连接成星形。

为了便于接线，常将三相绕组的 6 个出线头引至接线盒中，三相绕组的始端分别标为 U_1、V_1、W_1，末端分别标为 U_2、V_2、W_2。6 个出线头在接线盒中的位置排列及星形和三角形两种接线方式如图 4-24 所示。

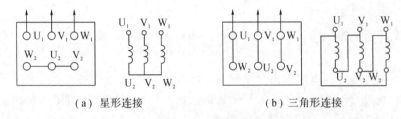

（a）星形连接　　　　　　　　（b）三角形连接

图 4-24　三相异步电动机定子绕组的接线方式

2）转子

三相异步电动机的转子按照构造上的不同，分为鼠笼式和绕线式两种。两种转子的铁芯都是圆柱状，也是用硅钢片叠成的，表面上冲有管槽。铁芯装在转轴上，轴上加机械负载。

鼠笼式转子绕组的特点是在转子铁芯的槽中放置铜条，两端用端环连接，如图 4-25 所示，因其形状极似鼠笼而得名。

在实际制造中，对于中小型电动机，为了节省铜材，常采用在转子槽管内浇铸铝液的方式来制造鼠笼式转子。现在 100 kW 以下的三相异步电动机转子槽内的导体、两个端环以及风扇叶都是用铝铸成的，其形状如图 4-26 所示。

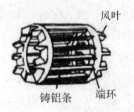

风叶

铸铝条　　端环

图 4-25　鼠笼式转子的形状　　　　图 4-26　转子槽内的导体、两个端环以及风扇叶

绕线式转子绕组的构造如图 4-27 所示，其结构与定子绕组的结构基本相同：3 个绕组的末端连接在一起构成星形连接，而 3 个始端则连接在 3 个铜集电环上。环和环之间以及环和轴之间都彼此互相绝缘。启动变阻器和调速变阻器通过电刷与集电环和转子绕组相连接。

虽然鼠笼式异步电动机和绕线式异步电动机在转子结构上有所不同，但工作原理是一样的。由于鼠笼式电动机

图 4-27　绕线式转子绕组的构造

构造简单、价格便宜、工作可靠、使用方便，因此在工业生产和家用电器上得到广泛应用。

2. 三相异步电动机的转动原理

1）旋转磁场的产生

当把三相异步电动机的三相定子绕组接到对称三相电源上时，定子绕组中便有对称的三相电流流过，设电流的参考方向为由各个绕组的首端流向末端，则流过三相绕组的电流分别为

$$\dot{I}_A = I_m \sin\omega t$$

$$\dot{I}_B = I_m \sin(\omega t - 120°)$$

$$\dot{I}_C = I_m \sin(\omega t + 120°)$$

实验和理论分析都证明：

（1）在空间对称排列的三相绕组，通入三相对称电流后，能够产生一个在空间旋转的合成磁场。

（2）旋转磁场的旋转方向是由三个绕组中三相电流的相序决定的，即只要改变流入三相绕组中的电流相序，就可以改变旋转磁场的转向。具体方法就是将定子绕组接到三相电源上的三根导线中的任意两根对调一下即可。

（3）旋转磁场的转速称为同步转速，用 n_0 表示，对于两极（一对磁极）磁场而言，电流变化一周，合成磁场旋转一周。

若三相交流电的频率为 $f_1 = 50$ Hz，则合成磁场的同步转速为

$$n_0 = 50 \text{ r/s}$$

工程上，转速习惯采用转/分（r/min）作为单位，这时的同步转速为

$$n_0 = 60 f_1 = 3000 \text{ (r/min)}$$

由此可见，同步转速的大小与电流频率有关，改变电流的频率，就可以改变合成磁场的转速，这就是现代电子技术中得到广泛应用的变频调速的工作原理。

同步转速 n_0 的大小还与旋转磁场的磁极对数有关。上面讨论的旋转磁场只有两个磁极，即只有一对 N、S 极，称为一对磁极，用 $p = 1$ 表示。如果电动机的旋转磁场不只一对磁极，则为多极旋转磁场。

四极旋转磁场有两对 N、S 极，称为两对磁极，用 $p = 2$ 表示。六极旋转磁场有三对 N、S 极，称为三对磁极，用 $p = 3$ 表示。旋转磁场磁极的对数增加时，同步转速将按比例减小。可以证明，同步转速 n_0 与旋转磁场磁极对数 p 的关系为

$$n_0 = \frac{60 f_1}{p} \text{ r/min}$$

式中，f_1 为三相电源的频率，我国电网的频率 $f_1 = 50$ Hz。对于成品电动机，磁极对数 p 已定，所以决定同步转速的唯一因素就是频率。同步转速 n_0 与旋转磁场磁极对数 p 的对应关系如表 4-4 所示。

表 4-4 同步转速 n_0 与旋转磁场磁极对数 p 的对应关系

磁极对数 p	1	2	3	4	5	6
同步转速 n_0/(r/min)	3000	1500	1000	750	600	500

三相异步电动机的磁极对数越多，电动机的旋转磁场转速越慢。电动机磁极对数的增加，需要采用更多的定子线圈，加大电动机的铁芯，这将使电动机的成本提高，重量增大。因此，电动机的磁极对数 p 有一定的限制，常用电动机的磁极对数多为 $1\sim4$。

2）三相异步电动机的转动原理

由以上分析可知，三相异步电动机的定子绕组通入三相电流后，即在定子铁芯、转子铁芯及其之间的气隙中产生一个同步转速为 n_0 的旋转磁场。在旋转磁场的作用下，转子导体将切割磁力线而产生感应电动势。

在图 4-28 中，旋转磁场在空间按顺时针方向旋转，因此转子导体相对于磁场按逆时针方向旋转而切割磁力线。

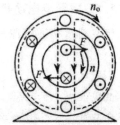

图 4-28　三相异步电动机的合成旋转磁场

根据右手定则可确定感应电动势的方向。转子上半部分导体中产生的感应电动势方向是从里向外，转子下半部分导体中产生的感应电动势方向是从外向里。因为鼠笼式转子绕组是短路的，所以在感应电动势的作用下，转子导体中产生出感应电流，即转子电流。正因为异步电动机的转子电流是由电磁感应产生的，所以异步电动机又称为感应电动机。

通有电流的转子处在旋转磁场中，将受到电磁力 F 的作用。电磁力 F 的方向可用左手定则判定。在图 4-28 中，转子上半部分导体受力的方向向右，转子下半部分导体受力的方向向左。这一对电磁力对于转轴形成转动力矩，称为电磁转矩，电磁转矩方向为顺时针方向，在该方向的电磁转矩作用下，转子便以顺时针方向以转速 f_2 旋转起来。

由此可见，三相异步电动机电磁转矩的方向与旋转磁场的方向一致。如果旋转磁场的方向改变，则电磁转矩的方向就改变，电动机转子的转动方向也随之改变。因此，可以通过改变三相绕组中的电流相序来改变电动机转子的转动方向。

显然，电动机转子的转速 n 必须小于旋转磁场的同步转速 n_0，即 $n<n_0$。如果 $n=n_0$，转子导体与旋转磁场之间就没有相对运动，转子导体不切割磁力线，就不会产生感应电流，电磁转矩为零，转子因失去动力而减速。待到 $n<n_0$ 时，转子导体与旋转磁场之间又有了相对运动，产生电磁转矩。因此，电动机在正常运转时，其转速 n 总是稍低于同步转速 n_0，因而称为异步电动机。

异步电动机同步转速和转子转速的差值与同步转速之比称为转差率，用 S 表示，即

$$S=\frac{n_0-n}{n_0}\times100\%$$

转差率表示了转子转速 n 与旋转磁场同步转速 n_0 之间相差的程度，是分析异步电动机的一个重要参数。转子转速 n 越接近同步转速 n_0，转差率 S 越小。

当 $n=0$（启动初始瞬间）时，转差率 $S=1$；当理想空载时，即转子转速与旋转磁场转速相等（$n=n_0$）时，转差率 $S=0$。所以，转差率 S 的值在 $0\sim1$ 范围内，即 $0\leqslant S\leqslant1$。

由于三相异步电动机的额定转速与同步转速十分接近，所以转差率很小。通常异步电动机在额定负载下运行时的转差率约为 $1\%\sim9\%$。

例 4-1　有一台三相异步电动机，额定转速 $n_N=1440$ r/min，电源频率 $f_1=50$ Hz，试求这台电动机的磁极对数及额定负载时的转差率。

解　由于三相异步电动机的额定转速略小于同步转速，而同步转速对应于不同磁极对

数有一系列固定的数值，如表 4-4 所示。显然，与 1440 r/min 最接近的同步转速为 $n_0 =$ 1500 r/min。与此相应的磁极对数为 $p=2$。

因此，额定负载时的转差率为

$$S_N = \frac{n_0 - n_N}{n_0} \times 100\% = \frac{1500 - 1440}{1500} \times 100\% = 4\%$$

4.2.2 三相异步电动机的启动

1. 三相异步电动机的启动过程

电动机从接通电源开始转动到转速逐渐升高，最后达到稳定转速，这个过程叫作启动过程。

当电动机启动时，由于旋转磁场对静止的转子相对运动速度很大，转子导体切割磁力线的速度也很快，转子绕组中产生的感应电动势和感应电流都很大，定子电流必须相应增大。一般中小型鼠笼式三相异步电动机的定子启动电流(指线电流)约为额定电流的 5~7 倍。

若电动机启动不频繁，则短时间的启动过程对电动机本身的影响不大，但对电网有一定的影响。当电网的容量较小时，电动机的启动电流会使电网电压显著降低，从而影响电网上其他设备的正常工作。另外，在启动瞬间，由于转差率 $S=1$，所以转子电路的功率因数较低，以至启动转矩较小，电动机可能会因启动转矩太小而需要较长的启动时间，甚至不能带动负载启动，故应设法提高启动转矩。

但在某些情况下，如在机械系统中，启动转矩过大又会使传动机构(如齿轮)受到冲击而损坏，所以还必须设法减小启动转矩。

由上述可知，三相异步电动机启动时的主要缺点是启动电流较大，为了减小启动电流，有时也为了提高或减小启动转矩，必须根据具体情况选择不同的启动方法。

2. 鼠笼式三相异步电动机的启动方法

鼠笼式三相异步电动机的启动有直接启动和降压启动两种。

1) 直接启动

直接启动是利用闸刀开关或接触器将电动机直接接到额定电压上的启动方式，又叫全压启动，如图 4-29 所示。这种启动方法简单，但启动电流较大，将使线路电压下降，影响负载正常工作。一般电动机容量在 10 kW 以下，并且小于供电变压器容量的 20% 时，可采用这种启动方式。

2) 降压启动

如果电动机直接启动时电流太大，必须采用降压启动。由于降压启动同时也减小了电动机的启动转矩，所以这种方法只适用于对启动转矩要求不高的生产机械。鼠笼式电动机常用的降压启动方式有星形-三角形(Y-△)换接启动和自耦降压启动。

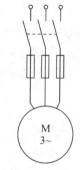

图 4-29 直接启动

Y-△换接启动是在启动时将定子绕组连接成星形，通电后电动机运转，当转速升高到接近额定转速时，由双投开关换接成三角形，如图 4-30 所示。

Y-△换接启动只适用于电动机正常运行时定子绕组是三角形连接，且每相绕组都有两个端子的电动机。用 Y-△换接启动可以使电动机的启动电流降低到全压启动时的三分之一。

但要注意的是，由于电动机的启动转矩与电压的平方成正比，所以用 Y-△换接启动时，电动机的启动转矩也是直接启动时的三分之一。这种启动方法使启动转矩减小很多，故只适用于空载或轻载启动。

Y-△换接启动可采用 Y-△启动器来实现换接。为了使鼠笼式电动机在启动时具有较高的启动转矩，应该考虑采用高启动转矩的电动机，这种电动机的启动转矩值约为其额定转矩的 $1.6 \sim 1.8$ 倍。

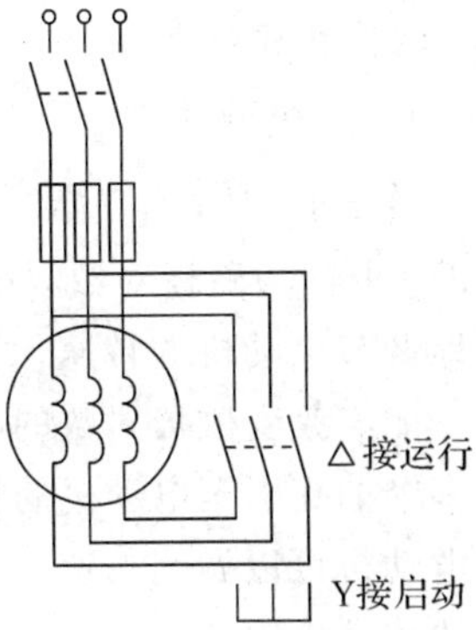

自耦降压启动是利用三相自耦变压器将电动机在启动过程中的端电压降低，以达到减小启动电流的目的，如图 4-31 所示。对于某些三相异步电动机，正常运转时要求其转子绕组必须接成星形，这样一来就不能采用 Y-△换接启动方式，而只能采用自耦降压启动方式。

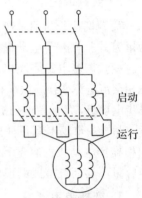

图 4-30　Y-△换接启动

自耦变压器备有 40％、60％、80％ 等多种抽头，使用时要根据电动机启动转矩的具体要求进行选择。

可以证明，若自耦变压器原、副绕组的匝数比为 k，则采用自耦降压启动时电动机的启动电流为直接启动时的 $1/k^2$。由于电动机的启动转矩与电压的平方成正比，所以采用自耦降压启动时电动机的启动转矩也是直接启动时的 $1/k^2$。

图 4-31　自耦降压启动

对于既要限制启动电流、又要有较高启动转矩的生产场合，可采用绕线式异步电动机拖动。在绕线式异步电动机的转子绕组串入适当的附加电阻后，既可以降低启动电流，又可以增大启动转矩，接线图如图 4-32 所示。绕线式电动机多用于启动较频繁而且要求有较高启动转矩的机械设备上，如卷扬机、起重机、锻压机等。

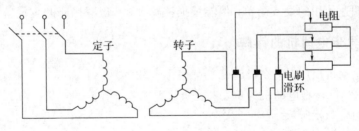

图 4-32　绕线式异步电动机转子绕组电阻启动

4.2.3　三相异步电动机的调速

电动机的调速是在保持电动机电磁转矩（即负载转矩）一定的前提下，改变电动机的转动速度，以满足生产过程的需要。

从转差率公式可得三相异步电动机的转速为

$$n = (1-S)n_0 = (1-S)\frac{60f_1}{p}$$

所以，三相异步电动机的调速可以从三个方面进行：改变磁极对数 p、改变电源频率

f_1、改变转差率 S。

1. 变极调速

若电源频率 f_1 一定，改变电动机的定子绕组所形成的磁极对数 p，就可以达到调速的目的。但因为磁极对数只能按 1、2、3、⋯ 的规律变化，所以用这种方法调速，不能连续、平滑地调节电动机的转速。

能够改变磁极对数的电动机称为多速电动机。这种电动机的定子有多套绕组或绕组上有多个抽头引至电动机的接线盒，可以在外部改变绕组接线来改变电动机的磁极对数。多速电动机可以做到二速、三速、四速等，它普遍应用在机床上。采用多速电动机可以简化机床的传动机构。

2. 变频调速

变频调速是目前生产过程中使用最广泛的一种调速方式。图 4-33 为鼠笼式三相异步电动机变频调速的原理图。

变频调速主要是通过由电子器件组成的变频器，把频率为 50 Hz 的三相交流电源变换成频率和电压均可调节的三相交流电源，再供给三相异步电动机，从而使电动机的速度得到调节。变频调速属于无级调速。

目前，市场上有各种型号的变频器产品，在选择使用时应注意按三相异步电动机的容量和磁极对数 p 来选择变频器，以免出现因变频器容量不够而被烧毁的现象。

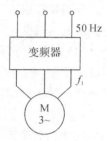

图 4-33　变频调速

3. 变转差率调速

变转差率调速只适用于绕线式异步电动机，通过改变转子绕组中串接调速电阻的大小来调整转差率，从而实现平滑调速，又称为交阻调速。当在转子绕组中串入附加电阻后，改变转子电阻的阻值大小，电动机的转速就随之发生变化，从而达到调速的目的。调速电阻的接法与启动电阻相同。

变转差率调速使用的设备简单，但能量损耗较大，一般只用于起重设备上。

4.2.4　三相异步电动机的铭牌

每台异步电动机出厂时，在机座壳上都钉上一块铭牌，上面标有此电动机的各种技术参数。今以 Y132M-4 型电动机为例，来说明铭牌上各个数据的意义。Y132M-4 型电动机的铭牌数据如图 4-34 所示。

三相异步电动机					
型号	Y132M-4	功率	7.5 kW	频率	50 Hz
电压	380 V	电流	14.4 A	接法	△
转速	1440 r/min	效率	87%	功率因数	0.85
绝缘等级	B	工作方式	连续	重量	kg
年　　月		编号		**电机厂	

图 4-34　Y132M-4 型电动机的铭牌数据

1. 电动机铭牌上各项技术参数的意义

（1）型号用来表示电机的产品代号、规格代号和特殊环境代号。例如，Y132M-4 的含义如图 4-35 所示。

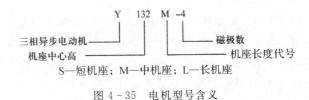

图 4-35　电机型号含义

（2）额定电压 U_N 指额定运行状态下加在定子绕组上的线电压，单位为 V。

（3）额定电流 I_N 指电动机在额定运行时定子绕组的线电流，单位为 A。

（4）额定功率 P_N 和额定效率 η_N，铭牌上的功率值指电动机在额定运行时轴上输出的机械功率值，输出功率与输入功率不同，以 Y132M-4 型电动机为例。

输入功率：$P_1 = \sqrt{3} U_1 I_1 \cos\varphi = 3 \times 380 \times 15.4 \times 0.85 = 8.6 \text{ kW}$

输出功率：$P_N = 7.5 \text{ kW}$

效率：$\eta_N = \dfrac{P_N}{P_1} \times 100\% = 7.5/8.6 \times 100\% \approx 87\%$

（5）额定转速 n_N 指电动机加额定频率的额定电压，在轴上输出额定功率时电动机的转速，单位为 r/min。

（6）额定频率 f_N 指电动机额定运行时，定子绕组所加交流电源的频率，单位为 Hz。

（7）接法是指定子三相绕组的接法，若铭牌上电压写 380 V，接法写△形，这就表明定子每相绕组的额定电压为 380 V，当电源线电压为 380 V 时，定子绕组应接成三角形；若铭牌上的电压写 380/220 V，接法写 Y/△，就表明电动机每相定子绕组的额定电压是 220 V。所以，当电源线电压为 380 V 时，定子绕组应接成星形；当电源线电压为 220 V 时，定子绕组应接成三角形。

（8）工作方式是指电动机的运行状态，主要有连续、短时和断续三种。

电动机型号中汉语拼音字母的意义如表 4-5 所示。

表 4-5　电动机型号中汉语拼音字母意义

代号	代号含义	代号	代号含义
Y	异步电动机	W	户外
T	同步电动机	F	化学防腐
Z	直流电动机	H	船、海洋
B	防爆	G	高原

2. 电动机的安装原则和接地装置

1）电动机的安装原则

若安装电动机的场所选择得不好，不但会使电动机的寿命大大缩短，还会引起故障，损坏周围的设备，甚至危及操作人员的生命安全，因此，必须慎重考虑安装场所。

安装电动机应遵循如下原则：

（1）有大量尘埃、爆炸性或腐蚀性气体、环境温度 40℃ 以上以及水中做业等场所，应该选择具有适当防护型式的电动机。

（2）一般场所安装电动机，要注意防止潮气。必要情况下要抬高基础，安装换气扇排潮。

（3）通风条件良好。环境温度过高会降低电动机的效率，甚至使电动机过热烧毁。

（4）灰尘少。灰尘会附着在电动机的线圈上，使电动机绝缘电阻降低、冷却效果恶化。

（5）安装地点要便于对电动机的维护、检查等操作。

2）电动机的接地装置

电动机的绝缘如果损坏，运行中机壳就会带电。一旦机壳带电而电动机又没有良好的接地装置，当操作人员接触机壳时，就会发生触电事故。因此，电动机的安装、使用一定要有接地保护。电源中点直接接地的系统，采用保护接零；电源中点不接地的系统，应采用保护接地，电动机密集地区应将中线重复接地。

接地装置包括接地极和接地线两部分。接地极通常用钢管或角钢制成。钢管直径多为 $\phi50$ mm，角钢采用 45 mm×45 mm，长度为 2.5 m。接地极应垂直埋入地下，每隔 5 m 打一根，上端离地面的深度不应小于 0.5～0.8 m，接地极之间用 5 mm×50 mm 的扁钢焊接。接地线最好用裸铜线，截面积不小于 16 mm²，一端固定在机壳上，另一端和接地极焊牢。容量 100 kW 以下的电动机保护接地，其电阻不应大于 10 Ω。

下列情况可以省略接地：

（1）设备的电压在 150 V 以下；

（2）设备置于干燥的木板地上或绝缘性能较好的物体上；

（3）金属体和大地之间的电阻在 100 Ω 以下。

4.2.5 三相异步电动机的控制线路

在三相异步电动机的控制电路中，使用接触器和按钮控制电动机的启动与停止，使用熔断器和热继电器对电动机进行短路保护和过载保护。

电动机的控制电路，主要有点动控制、单向自锁运行控制、正反转控制、多地控制、行程控制、时间控制等。

1. 电动机单向运转点动控制

点动控制常用于各种机械的调整和调试。图 4-36 是用按钮和接触器实现三相异步电动机点动控制的控制线路图，图中 SB 为启动按钮，KM 为接触器。闭合开关 QS，三相电源被引入控制电路，但电动机还不能启动。按下按钮 SB，接触器 KM 的线圈通电，衔铁吸合，常开主触点接通，电动机定子接入三相电源启动运转。松开按钮 SB，接触器 KM 的线圈断电，衔铁松开，常开主触点断开，电动机因断电而停转，即松开手后电动机不能继续转动。

在图 4-36 中，各用电器是按照实际位置画出的，属于同一电器的各个部件集中画在一起，这样的图称为控制线路的接线图。接线图比较直观，容易接受，但当线路比较复杂、所用控制电器较多时，线路就不容易看清楚，因为同一电器的各部件在机械上虽然连在一起，但在电路上并不一定互相关联。因此，为了分析和设计电路方便，控制电路通常用规定的符号画成原理图。

图 4-37 所示为电动机点动控制的电气接线图。

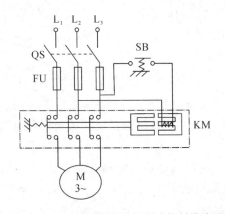

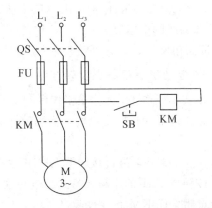

图 4-36　三相异步电动机点动控制线路图　　　图 4-37　电动机点动控制的电气接线图

2. 电动机直接启动连续长时间运转控制

如要求电动机连续长时间运转，则可按照图 4-38 所示电路进行接线。

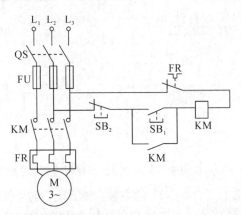

图 4-38　电动机直接启动连续长时间运转控制的电气接线图

其工作过程如下：

（1）启动过程：按下启动按钮 SB_1，接触器 KM 的线圈通电，与 SB_1 并联的 KM 辅助常开触点闭合，以保证松开按钮 SB_1 后 KM 的线圈持续通电，串联在电动机回路中的 KM 主触点持续闭合，从而实现电动机连续运转控制。与 SB_1 并联的 KM 辅助常开触点的这种作用称为自锁。

（2）停止过程：按下停止按钮 SB_2，接触器 KM 的线圈即断电，与 SB_1 并联的 KM 辅助常开触点复位断开，以保证松开按钮 SB_2 后 KM 的线圈持续失电，串联在电动机回路中的 KM 主触点持续断开，电动机停转。

起短路保护作用的是串接在主电路中的熔断器 FU，电路发生短路故障，熔体立即熔断，电机立即停转。

起过载保护作用的是热继电器 FR。过载时，热继电器的发热元件发热，将其常闭触点断开，使接触器 KM 的线圈断电，串联在电动机回路中的 KM 主触点断开，电动机停转。

同时 KM 辅助触点也断开，解除自锁。故障排除后若要重新启动，需按下 FR 的复位按钮，使 FR 的常闭触点复位(闭合)即可。

起零压(或欠压)保护作用的是接触器 KM。当电源暂时断电或电压严重下降时，接触器 KM 的线圈电磁吸力不足，衔铁自行释放，使主、辅触点自行复位，切断电源，电动机停转，同时解除自锁，电动机等待重新启动。

3. 电动机运行的正反转控制

在实际生产中，无论是工作台的上升、下降，还是立柱的夹紧、放松，或是进刀、退刀，大都是通过电动机的正反转来实现的。图 4-39 是电动机主电路和正反转控制回路电气接线图。

在主电路中，通过接触器 KM₁ 的主触点将三相电源顺序接入电动机的定子三相绕组，通过接触器 KM₂ 的土触点将三相电源逆序接入电动机的定于三相绕组。当接触器 KM₁ 的主触点闭合而 KM₂ 的主触点断开时，电动机正向运转。

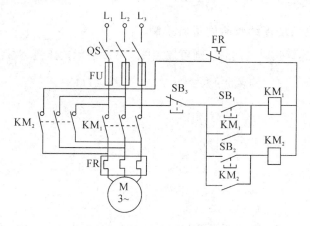

图 4-39　电动机主电路和正反转控制回路电气接线图

当接触器 KM₂ 的主触点闭合而 KM₁ 的主触点断开时，电动机反向运转。为了实现主电路的要求，在控制电路中使用了三个按钮 SB₁、SB₂ 和 SB₃，用于发出控制指令。SB₁ 为正向启动控制按钮，SB₂ 为反向启动控制按钮，SB₃ 为停机按钮。通过接触器 KM₁、KM₂ 实现电动机的正反转控制。动作过程如下：

(1) 正向启动过程：按下启动按钮 SB₁，接触器 KM₁ 的线圈通电，与 SB₁ 并联的 KM₁ 辅助常开触点闭合，以保证 KM₁ 的线圈持续通电，串联在电动机回路中的 KM₁ 主触点持续闭合，电动机连续正向运转。

(2) 停止过程：按下停止按钮 SB₃，接触器 KM₁ 的线圈断电，与 SB₁ 并联的 KM₁ 辅助触点断开，以保证 KM₁ 的线圈持续失电，串联在电动机回路中的 KM₁ 主触点持续断开，切断电动机定子电源，电动机停转。

(3) 反向启动过程：按下启动按钮 SB₂，接触器 KM₂ 的线圈通电，与 SB₂ 并联的 KM₂ 辅助常开触点闭合，以保证 KM₂ 的线圈持续通电，串联在电动机回路中的 KM₂ 主触点持续闭合，电动机连续反向运转。

图 4-39 所示的控制电路在使用时，应该特别注意 KM₁ 和 KM₂ 的线圈不能同时通电，因此不能同时按下 SB₁ 和 SB₂，也不能在电动机正转时按下反转启动按钮，不能在电动机反

转时按下正转启动按钮,接触器 KM_1 和 KM_2 的主触点不能同时闭合。

如果 KM_1 和 KM_2 的线圈同时通电,将引起主回路电源短路,给操作带来危险,这种情况是绝对不能发生的,所以要在控制回路中引入联锁(互锁)环节,解决这个潜在危险。

4. 电动机的正反转运行联锁控制

图 4-40 是带有接触器联锁的电动机正反转控制回路电气接线图。这个图是在图 4-39 的控制电路基础上,将接触器 KM_1 的辅助常闭触点串入 KM_2 的线圈回路中,从而保证在 KM_1 的线圈通电时, KM_2 的线圈回路总是断开的;将接触器 KM_2 的辅助常闭触点串入 KM_1 的线圈回路中,从而保证在 KM_2 的线圈通电时 KM_1 的线圈回路总是断开的。

在图 4-40 中,接触器的辅助常闭触点 KM_1 和 KM_2 保证了两个接触器的线圈不能同时通电,这种控制方式称为联锁或互锁,两个辅助常闭触点称为电气联锁触点或电气互锁触点。

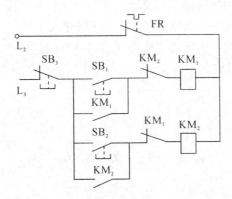

图 4-40　带有接触器联锁的电动机正反转控制回路电气接线图

在具体操作时,若电动机处于正转状态,若要反转必须先按停止按钮 SB_3 ,联锁触点 KM_1 闭合后按下反转启动按钮 SB_2 ,才能使电动机反转;若电动机处于反转状态,若要正转也必须先按停止按钮 SB_3 ,使联锁触点 KM_2 闭合后按下正转启动按钮 SB_1 ,才能使电动机正转。

在图 4-40 中采用了复式按钮,将 SB_1 按钮的常闭触点串接在 KM_2 的线圈电路中;将 SB_2 的常闭触点串接在 KM_1 的线圈电路中;这样,无论何时,只要按下反转启动按钮, KM_2 的线圈通电之前就首先使 KM_1 的线圈断电,从而保证 KM_1 和 KM_2 不同时通电。

从反转到正转的情况也是一样。这种由机械按钮实现的联锁称为机械联锁或按钮联锁。相应地将上述由接触器触点实现的联锁称为电气联锁。

实训任务 13　三相异步电动机的启动与控制

🏃 任务实施

一、【看一看】

(1) 仔细查看图 4-41 所示三相异步电动机的外形和铭牌上的内容。

(2) 仔细观看图 4-41 所示三相异步电动机接线盒内的接线情况。

（3）仔细观看三相异步电动机的运转情况。

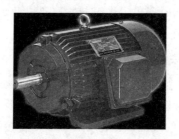

图 4-41　三相异步电动机的外形和铭牌示意

二、三相异步电动机的正向运转与反向运转

（1）改变三相异步电动机所接三相交流电中任意两相的相序。

（2）通电运行，仔细观察三相异步电动机的运转情况。

（3）再换接三相异步电动机所接三相交流电另外两相的相序。

（4）通电运行，仔细观察三相异步电动机的运转是否与原来的运转方向相反。

4.3　直　流　电　动　机

4.3.1　直流电动机的结构及分类

1. 直流电动机的结构

直流电动机也是由定子和转子两部分组成，直流电动机的剖面图如图 4-42 所示。

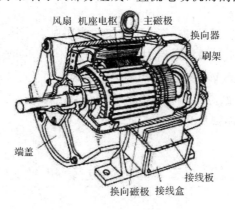

图 4-42　直流电动机的剖面图

定子的主要作用是产生磁场。定子包括主磁极、换向磁极、机座和电刷等。主磁极由铁芯和励磁线圈组成，用于产生一个恒定的主磁场，改变外接直流励磁电源的正负极性，就能够改变主磁场的方向。换向磁极也由铁芯和绕在上面的线圈组成，安装在两个相邻的主磁极之间，用来减小电枢绕组换向时产生的火花。

电刷装置的作用是通过与换向器之间的滑动接触，把直流电压、直流电流引入或引出电枢绕组。

转子又称电枢，其主要作用是产生电磁转矩。

转子由电枢铁芯、电枢绕组和换向器等组成。电枢铁芯上冲有槽孔，槽内放电枢绕组，电枢铁芯也是直流电动机磁路的组成部分。电枢绕组的一端装有换向器。换向器是由许多铜质换向片组成的一个圆柱体，换向片之间用云母绝缘。换向器是直流电动机的重要构造特征。换向器通过与电刷的摩擦接触，将两个电刷之间固定极性的直流电流变换成为绕组内部的交流电流，以便形成固定方向的电磁转矩。

2. 直流电动机的分类

直流电动机按励磁方式的不同分为他励式电动机和自励式电动机。不同励磁方式的直流电动机有不同的特点，使用时应予以注意。

1）他励式电动机

他励式电动机的特点是电动机的励磁绕组和电枢绕组分别由不同的直流电源供电，如图4-43(a)所示，这种电动机构造比较复杂，一般用于对调速范围要求很宽的重型机床等设备中。

他励式电动机在使用中有以下几点值得注意：

（1）他励式电动机启动时，电枢电流比额定电枢电流大10多倍，故应该在电枢电路中串接启动限流电阻。

（2）由于他励式电动机的励磁绕组电源与电枢绕组电源不是同一个电源，使用中必须先给励磁绕组加上电压，再给电枢绕组加电压，否则将损坏电枢绕组。

（3）启动时不允许把电动机的额定电压直接加到电枢上，应逐渐升高电枢电压，避免因启动电流过大致使电枢绕组、控制电器和控制线路过热而烧毁。

2）自励式电动机

自励式电动机根据励磁绕组与电枢绕组连接方式的不同分为并励式电动机、串励式电动机和复励式电动机3种，如图4-43所示。它们的共同特点是励磁电流和电枢电流由同一个直流电源提供。

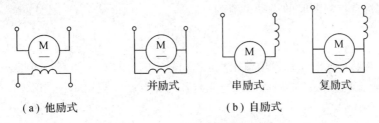

（a）他励式　　　　（b）自励式

并励式　　串励式　　复励式

图 4-43　直流电动机的种类

4.3.2　直流电动机的转动原理

图4-44(a)是直流电动机的简化原理图。图中的 N 和 S 代表定子绕组产生的一对固定磁极，线圈 a、b 代表电枢绕组导线的两端，A、B 为一对换向片，U 是电枢绕组的外加直流电源电压。

当接通直流电压 U 时，直流电流从 a 边流入，b 边流出，由于电枢的 a 边处于 N 极之下，b 边处于 S 极之上，线圈两边将受到电磁力的作用，从而形成一个逆时针方向的电磁转矩 F，这个电磁转矩将使电枢绕组绕轴线方向逆时针转动，如图 4-44(b)所示。

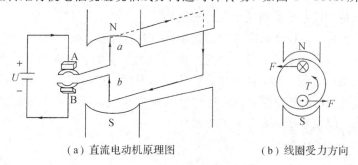

（a）直流电动机原理图　　　　（b）线圈受力方向

图 4-44　直流电动机转动原理图

当电枢转动半周后，电枢的 a 边正好处于 S 极之上，b 边正好处于 N 极之下。由于采用了电刷和换向器装置，当电枢处于上述位置时，电刷 A、B 所接触的换向片恰好对调，因此电枢中的直流电流方向也得到了改变，即电流从 b 边流入，a 边流出。这样一来，电枢仍然受到一个逆时针方向的电磁转矩 F 的作用，所以，电枢继续绕轴线方向逆时针转动。这就是直流电动机的转动原理。

直流电动机中采用换向器结构是将外部直流电源转换成电枢内部的交流电流的关键，它保证了每个磁极之下的线圈边电流始终有一个固定不变的方向，从而保证电枢导体所受到的电磁力对转子产生确定方向的电磁转矩，这就是换向器的作用。

从上述分析还可以知道，改变定子绕组中励磁电流的方向或改变电枢绕组中直流电流的方向都可以使直流电动机反转。

4.3.3　直流电动机的运行与控制

直流电动机的基本运行与控制过程包括启动、正反转、调速和制动等。要正确使用直流电动机，必须掌握好这些运行与控制过程。

1. 直流电动机的启动

直流电动机直接启动时的启动电流为

$$I_{st} = \frac{U}{R_a}$$

通常电枢电阻 R_a 很小，启动电流很大，达到额定电流的 10～20 倍，因此必须限制启动电流。限制启动电流的方法就是启动时在电枢电路中串接启动电阻 R_{st}，如图 4-45 所示。

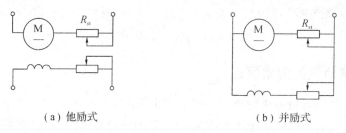

（a）他励式　　　　　　　　　（b）并励式

图 4-45　直流电动机串接启动电阻的接线图

在电枢电路中串接启动电阻 R_{st} 后，电枢中的启动电流为

$$I_{st}=\frac{U}{R_a+R_{st}}$$

由此可确定启动电阻的值为：

$$R_{st}=\frac{U}{I_{st}}-R_a$$

一般规定启动电流不应超过额定电流的 1.5～2.5 倍。启动时将启动电阻调至最大，待启动后，随着电动机转速的上升将启动电阻逐渐减小。

例 4-2　一直流电动机额定电压 $U=110$ V，电枢电流 $I_a=10$ A，电枢电阻 $R_a=0.5$ Ω。

(1) 求直接启动时的启动电流及正常运转时的反电动势。

(2) 若要将启动电流减小到 20 A，则应在电枢绕组中串联一个多大的启动电阻？

解　(1) 直接启动时的启动电流：

$$I_{st}=\frac{U}{R_a}=\frac{110}{0.5}=220 \text{ A}$$

正常运转时的反电动势：

$$E=U-I_aR_a=110-10\times0.5=105 \text{ V}$$

(2) 若要将启动电流减小到 20 A，则应在电枢绕组中串联的启动电阻 R_{st} 为

$$R_{st}=\frac{U}{I'_{st}}-R_a=\frac{110}{20}-0.5=5 \text{ Ω}$$

2. 直流电动机的调速

根据直流电动机的转速公式可知，直流电动机的调速方法有 3 种：改变磁通、改变电枢电压 U、改变电枢串联电阻。

(1) 改变磁通调速的优点是调速平滑，可做到无级调速；调速经济，控制方便；稳定性较好。但由于电动机在额定状态运行时磁路已接近饱和，所以通常只是减小磁通将转速往上调，调速范围较小。

(2) 改变电枢电压调速的优点是稳定性好；控制灵活、方便，可实现无级调速；调速范围较宽。但电枢绕组需要一个单独的可调直流电源，设备较复杂。

(3) 改变电枢串联电阻调速简单、方便，但调速范围有限，且电动机的损耗增大太多，因此只适用于调速范围要求不大的中、小容量直流电动机的调速。

例 4-3　有一台并励直流电动机，额定功率 $P_N=10$ kW，额定电压 $U_N=220$ V，额定电流 $I_N=50$ A，额定转速 $n_N=1500$ r/min，电枢电阻 $R_a=0.3$ Ω。在额定转矩下，若电枢电路中串联调速电阻 $R_{st}=0.7$ Ω，求此时的转速 n。

解　因为在调速前后负载转矩和磁通都不变，所以调速前后稳定运行情况下的电枢电流也将保持不变。

由调速前的电枢反电动势：$E=U-I_aR_a=C_e\Phi n_N$

以及调速后稳定运行的电枢反电动势：$E'=U-I_a(R_a+R_{st})=C_e\Phi n$

可求得调速后的电动机转速为

$$n=\frac{U-I_a(R_a+R_{st})}{U-I_aR_a}n_N=\frac{220-50\times(0.3+0.7)}{220-50\times0.3}\times1500=1244 \text{ r/min}$$

3. 直流电动机的制动

直流电动机的制动有能耗制动、反接制动和发电反馈制动三种。

（1）能耗制动是在停机时将电枢绕组接线端从电源上断开后立即与一个制动电阻短接，由于惯性，短接后电动机仍保持原方向旋转，电枢绕组中的感应电动势仍存在，并保持原方向，但因为没有外加电压，电枢绕组中的电流和电磁转矩的方向改变了，即电磁转矩的方向与转子的旋转方向相反，起到了制动作用。

（2）反接制动是在停机时将电枢绕组接线端从电源上断开后立即与一个相反极性的电源相接，电动机的电磁转矩立即变为制动转矩，使电动机迅速减速至停转。

（3）发电反馈制动是在电动机转速超过理想空载转速时，电枢绕组内的感应电动势将高于外加电压，使电机变为发电状态运行，电枢电流改变方向，电磁转矩成为制动转矩，限制电机转速过分升高。

实训任务 14 直流电动机的运转控制

 任务实施

一、看一看

（1）仔细观看直流电动机的外形和铭牌。

（2）仔细观看直流电动机的接线盒。

二、直流电动机的运转控制

（1）给直流电动机接好直流电（不用区分电源正负）。

（2）通电后，仔细观看直流电动机通电后的运转情况。

（3）停电后，将直流电源的两根电源线对调后接线。

（4）通电后，仔细观看直流电动机通电后的运转情况，看是否和原来的运转方向相反。

4.4 微型特种电动机

4.4.1 伺服电动机

伺服电动机又称为执行电动机，是应用较广的一种控制电动机。

1. 伺服电动机的特点

伺服电动机有四个特点：

（1）灵敏度高，即对控制信号反应灵敏，且有快速启动的性能；

（2）无"自转"现象，即当控制电压为零时能迅速停转；

（3）运行稳定，即在控制电压改变时，电动机能在较宽的范围内稳定运行；

（4）具有线性的机械特性和调节特性。

2. 伺服电动机的结构

伺服电动机分为直流伺服电动机和交流伺服电动机两种。直流伺服电动机的结构和工作原理与普通直流电动机相同，实际上是一种体积和容量很小的直流电动机。直流伺服电动机在结构上具有气隙小，磁路不饱和，励磁电压和励磁电流成正比，电枢绕组阻值较大，电枢细长，转动惯性小的特点。

　　交流伺服电动机的结构可分为定子部分和转子部分，其结构示意图如图 4-46 所示。定子上有空间差为 90°电角度的励磁绕组和控制绕组。转子细而长，具有快速反应性能，有鼠笼式转子和非磁性杯形转子两种。交流伺服电动的工作原理与电容式单相异步电动机工作原理基本相同。

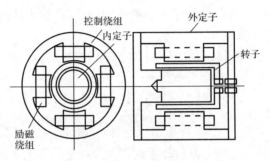

图 4-46　交流伺服电动机结构示意图

4.4.2　步进电动机

　　步进电动机又称为脉冲电动机，是一种用电脉冲信号进行控制，并将电脉冲信号转换成相应的角位移或线位移的电动机。它是由专用电源供给电脉冲，每输入一个脉冲，步进电动机就移进一步，是步进式运动的，所以称步进电动机。

1. 步进电动机的种类

　　步进电动机种类很多，根据运动的方式有旋转运动、直线运动和平面运动三种；从结构可分为反应式和励磁式；励磁式又可分为供电励磁和永磁两种；按定子数目可分为单定子式与多定子式两种；按相数可分为单相、两相、三相及多相等。

2. 步进电动机的结构

　　图 4-47 是反应式步进电动机的结构图，这是一台四相的步进电动机。定子铁芯由硅钢片叠成，有八个磁极，每个磁极上有许多小齿，四套定子控制绕组分别固定在磁极上，磁

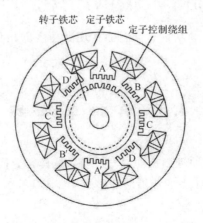

图 4-47　反应式步进电动机的结构

极上装有绕组,相对的两个磁极上组成一相。反应式步进电动机是利用凸极转子交轴磁阻与直轴磁阻之差所引起的反应转矩而转动的。

如图 4-48 所示,当 A 相控制绕组通电,而 B、C 两相不通电,由于磁通具有磁阻最小路径的特点,所以转子齿 1、3 的轴线与定子 A 极轴线对齐。同理,当断开 A 相,接通 B 相时,转子便逆时针转动 30°,使转子齿 2、4 轴线与定子 B 极轴线对齐。同理断开 B 接通 C 时,转子又会逆时针转动 30°,使相应轴线对齐。

如果按 A—B—C—A…顺序不断接通和断开控制绕组,轴子就会一步一步地按逆时针方向转动,其转速取决于各控制绕组通电和断电的频率(即输入的脉冲频率),旋转方向取决于控制绕组通电的先后顺序。

根据定子的磁极对数和同时通电控制绕组个数的供电方式,步进电动机有各种不同的运行方式。图 4-48 所示为三相单三拍控制。

(a)   (b)   (c)

图 4-48 反应式步进电动机三相单三拍控制示意图

步距角表示每输入一个脉冲电信号转子转过的空间角度,从上面分析可得

$$\theta = \frac{360°}{Z_r N} \ \text{r/min}$$

式中,Z_r 为转子齿数;N 为运行拍数。

当输入电源的脉冲频率为 f(即每秒输入的脉冲数),那么转子的转速为

$$\theta = \frac{60f}{Z_r N} \ \text{r/min}$$

可见,步进电动机的转速取决于脉冲频率、转子齿数和拍数,而与电压、负载、温度等因素无关。

因为步进电动机具有自锁功能,且能够实现高精度的角位移,广泛应用于数控机床、自动记录仪表等。

4.5 单相变压器

变压器是根据电磁感应原理制成的电气设备,是具有变换电压、变换电流和变换阻抗功能的一种静止电机。两种小型变压器的外形照片如图 4-49 所示。

图 4-49　两种小型变压器的外形照片

两种大型电力变压器的外形照片如图 4-50 所示。

图 4-50　两种大型电力变压器的外形照片

4.5.1　单相变压器的结构

变压器主要由铁芯和绕组两部分构成。铁芯是变压器的主磁路，又是它的机械骨架。铁芯由铁芯柱和铁轭两部分组成，铁芯柱上套装绕组，铁轭的作用则是使整个磁路闭合。

为了提高磁路的导磁性能和减少铁芯中的磁滞和涡流损耗，铁芯一般用 0.22 mm、0.27 mm 或 0.30 mm 厚度，表面涂有绝缘漆的硅钢片叠成。叠片式铁芯按其结构形式可分为芯式和壳式两种，如图 4-51 所示。

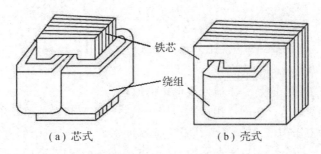

（a）芯式　　　　　　　　（b）壳式

图 4-51　单相变压器的铁芯

绕组是变压器的电路部分，它一般用绝缘铜线或铝线绕制而成。

除铁芯、绕组等主要部件外，因变压器工作时绕组和铁芯中分别要产生铜损和铁损，使它们发热。为了防止变压器因过热损坏绝缘，变压器必须采用一定的冷却方式和散热装置。大型电力变压器的外壳上有许多金属管子，就是为了散热用的。

4.5.2　单相变压器的工作原理

图4-52为单相变压器的工作原理图，接入电源的绕组为一次绕组（又叫作原绕组），与负载相连的绕组为二次绕组（又叫作副绕组）。

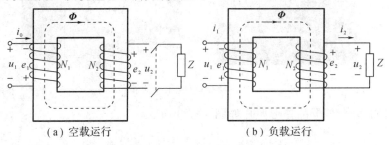

（a）空载运行　　　　　　　（b）负载运行

图4-52　单相变压器的工作原理

当变压器空载运行时，变压器的原绕组加上交流电压 u_1，在原绕组中就产生交流电流，由于此时副绕组上没有接负载，变压器处于开路状态，二次电流 $i_2=0$，所以此时的电流称为空载电流，用 i_0 表示。在原绕组中，交流空载电流 i_0 将产生交变的磁通，此交变的磁通通过铁芯形成闭合回路，与原、副绕组相交连，就会在原、副绕组中产生交变的感应电动势 E_1 和 E_2，根据有关公式可以推导出其大小分别为

$$E_1 = 4.44fN_1\Phi_m$$

$$E_2 = 4.44fN_2\Phi_m$$

式中，E_1、E_2 为原、副绕组中感应电动势的有效值（V）；f 为电源电压频率（Hz）；N_1、N_2 为原、副绕组中的线圈匝数；Φ_m 为铁芯中主磁通的最大值（Wb）。

由理论分析可得

$$\frac{E_1}{E_2} = \frac{N_1}{N_2}$$

由于空载电流 i_0 一般很小，所以在数值上 $E_1 = U_1 + i_0 r \approx U_1$。因二次电流 $i_2 = 0$，E_2 在数值上等于副绕组的空载电压 U_2，即 $E_2 = U_2$，所以

$$\frac{U_1}{U_2} = \frac{E_1}{E_2} = \frac{N_1}{N_2} = K$$

上式表明：原、副绕组的电压之比，等于绕组匝数之比。K 称为原、副绕组匝数比，也称为变压器的额定电压比，俗称变比。当 $K>1$ 时，该变压器是降压变压器；当 $K<1$ 时，该变压器是升压变压器。这是变压器变换电压的原理。

当副绕组接上负载后，在副绕组中有电流 i_2 流过，并产生磁通 Φ_2，因而使原来铁芯中的磁通 Φ 发生了变化。为了"阻碍"Φ_2 对原磁通 Φ 的影响，原绕组中的电流从空载电流 i_0 增大到 i_1。因此，当二次电流增大或减小时，一次电流也会随之增大或减小。

变压器工作时本身会有一定的损耗（铜损和铁损），但这些损耗与变压器的传输功率相比是很小的，可近似地认为变压器原绕组的输入功率 U_1I_1 等于副绕组的输出功率 U_2I_2，即

$$U_1I_1 = U_2I_2$$

则可得

$$\frac{I_1}{I_2}=\frac{U_2}{U_1}=\frac{N_2}{N_1}=\frac{1}{K}$$

以上分析表明：原、副绕组内的电流之比，近似等于绕组匝数之比的倒数。这就是变压器变换电流的功能。

变压器还有变换阻抗的功能。

当负载阻抗为 Z_L，输入阻抗为 Z'_L 时 ，则有

$$\frac{U_1}{I_1}=\frac{\left(\frac{N_1}{N_2}\right)U_2}{\left(\frac{N_2}{N_1}\right)I_2}=\left(\frac{N_1}{N_2}\right)^2\cdot\frac{U_2}{I_2}=K^2|Z_L|$$

而

$$\frac{U_1}{I_1}=|Z'_L|$$

则有

$$|Z'_L|=K^2|Z_L|$$

上式表明了变压器输出端负载阻抗 Z_L 对输入端的影响，可以用一个接在输入端的等效阻抗 Z'_L 代替，如图 4-53 所示，代替后输入变压器的电压、电流和功率不变。

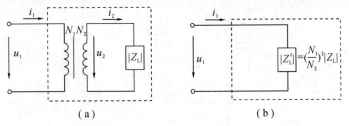

（a）　　　　　　　　　　　　（b）

图 4-53　变压器的阻抗变换

$|Z'_L|$ 称为负载阻抗 $|Z_L|$ 折算到输入端的等效阻抗，它等于 $|Z_L|$ 的 K^2 倍。在电子线路中，常用阻抗变换来达到阻抗匹配的目的。

例 4-4　在图 4-54 中，交流信号源的电压 $E=120$ V，内阻 $R_0=800$ Ω，负载 $R_L=8$ Ω。

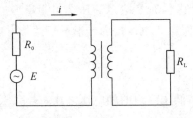

图 4-54　题例 4-4 图

（1）要求 R_L 折算到原绕组的等效电阻 $R'_L=R_0$，求变压器的变比和信号源的输出功率。

（2）当负载直接与信号源连接时，信号源输出功率是多少？

解　（1）变压器的变比为

$$K=\frac{N_1}{N_2}=\sqrt{\frac{R'_L}{R_L}}=\sqrt{\frac{800}{8}}=10$$

信号源的输出功率为

$$P = I^2 R'_L = \left(\frac{120}{800+800}\right)^2 \times 800 = 4.5 \text{ W}$$

（2）当负载直接接在信号源上时，信号源的输出功率为

$$P = \left(\frac{120}{800+8}\right)^2 \times 8 = 0.176 \text{ W}$$

4.6 其他常用变压器

4.6.1 三相变压器

三相变压器是现代电力系统中使用最多的一种变压器。

1. 三相芯式变压器的结构

图 4-55 为三相芯式变压器的结构图，该结构有三个铁芯柱，每一相的原、副绕组同时套装在一个铁芯柱上构成一相，三相绕组的结构是相同的，即对称的。

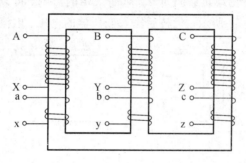

图 4-55 三相芯式变压器的结构图

2. 三相变压器的五种标准连接方式

三相变压器的原、副绕组各有三个绕组，它们可以接成星形连接，也可以接成三角形连接。在我国国家标准中，对三相变压器规定了五种标准连接方式：Y，y_{n0}；YN，y_0；Y，y_0；Y，d_{11}；YN，d_{11}。其中大写字母 Y 表示高压绕组为星形连接方式，后面加 N 表示带有中线；小写字母 y 或 d，表示低压绕组连接为星形或三角形，星形有中线引出时，下标加字母 n。

3. 三相变压器的电压比

三相变压器的电压比是高低压绕组的相电压之比，若高压侧用下标"1"表示，低压侧用下标"2"表示，则电压比为

$$K = \frac{U_{P1}}{U_{P2}} = \frac{N_1}{N_2}$$

但高、低压绕组的线电压之比还和绕组的接法有关。

例如，采用 Y，y_0 接法时，有

$$\frac{U_{11}}{U_{22}} = \frac{N_1}{N_2} = K$$

采用 Y, d_{11}; YN, d_{11} 接法时,有

$$\frac{U_{11}}{U_{22}}=\sqrt{3}\,k$$

可见线电压之比并不一定就是变压器的电压比。

4.6.2　自耦变压器

自耦变压器是将双绕组变压器的一、二次绕组串联起来作为新的一次侧,而二次绕组仍作为二次侧与负载相连接。

1. 单相自耦变压器的结构

图 4-56 是单相自耦变压器的原理图和简化电路图。

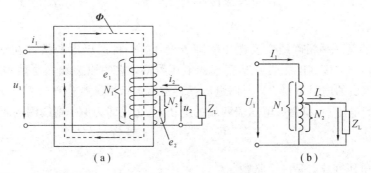

(a)　　　　　　　　　　(b)

图 4-56　单相自耦变压器的原理图和简化电路图

2. 自耦变压器的电压变换和电流变换关系

自耦变压器的工作原理与普通变压器相同,其电压变换和电流变换关系式仍为

$$\frac{U_1}{U_2}=\frac{E_1}{E_2}=\frac{N_1}{N_2}=K \quad 和 \quad \frac{I_1}{I_2}=\frac{N_2}{N_1}=\frac{1}{K}$$

式中,K 为自耦变压器的变比。

3. 自耦变压器的特点

与普通双绕组变压器相比,自耦变压器的优点是制作耗材少,尺寸小,重量轻,而且效率比普通变压器的效率高;缺点是自耦变压器短路阻抗小,短路电流大,由于一、二次绕组间有电的直接联系,高压侧容易产生过电压。另外,自耦变压器的中性点必须可靠接地。

4.6.3　仪用互感器

仪用互感器是一种特殊用途的变压器,在电路中供测量、控制及保护电路用的。仪用互感器的工作原理与普通变压器的工作原理相同。

仪用互感器按用途的不同,可分为电流互感器和电压互感器。

1. 电流互感器

图 4-57 为电流互感器的原理图。它的原绕组一般只有一匝或少数几匝,且导线较粗。使用时,其原绕组被串联到需要测量电流的电路中。副绕组的匝数较多,与电流表或功率

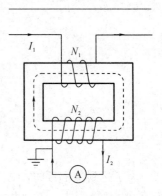

图 4-57　电流互感器原理图

表的电流线圈相连。因此，原绕组电流 I_1 和通过电流表的电流 I_2 有下列关系：

$$I_1 = \frac{I_2}{K}$$

设 $K_i = \frac{1}{K}$，称为电流变比，是一个常数。将副绕组测得电流 I_2 值乘以电流变比 K_i，便是原绕组被测主线路的电流 I_1 值。通常将电流互感器副绕组的电流值设计成标准值 5 A，其原边线圈的额定值应与主线路的最大工作电流相适应。

使用电流互感器时，应注意以下两点：

（1）二次侧绝对不允许开路；

（2）为了使用安全，电流互感器的二次绕组必须可靠接地，以防止绝缘击穿后，电力系统的高压危及二次侧回路中的设备及操作人员的安全。

2. 电压互感器

电压互感器是一种精确地变换电压的降压变压器。将高压电源接入互感器的高压侧，低压侧即输出电压，接到电压表及功率表的电压线圈，它的原边线圈匝数多，副边线圈匝数少。由于电压表的内阻抗很大，所以电压互感器的运行情况类似普通变压器的空载运行。因此，原边被测电压 U_1 和副边电压表两端的电压 U_2 之比即为原、副线圈的匝数比，即

$$\frac{U_1}{U_2} = \frac{N_1}{N_2} = K_u$$

式中，K_u 称为电压变比，是一个常数。

将副边测得电压 U_2 值乘以电压变比 K_u，便是原边高压侧电压值 U_1。通常将电压互感器副边电压的额定值设计成标准值 100 V，而其原边线圈的额定值应选得与被测线路的电压等级相一致。

为了安全地使用电压互感器，应做到以下三点：

（1）使用时二次侧不宜接入过多的仪表，以免影响电压互感器的测量精度；

（2）副绕组一端，铁芯及外壳必须可靠接地；

（3）电压互感器的二次侧不允许短路。

4.6.4　电焊变压器

电焊变压器必须有足够大的空载电压作为电弧点火电压（约 $60 \sim 75$ V），在点火后须有电压下降的外特性，如图 4-58 所示。

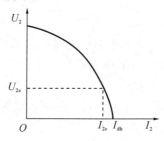

图 4-58　电焊变压器的外特性

为了达到这个目的，电焊变压器需要较大的漏磁通或另外串一个电抗器。如图 4-59所示，电焊变压器 a 通过电抗器 b 来供给焊接处 c 所需的电流。可借电抗器磁路中空气隙

的改变来调节(旋动螺杆)焊接电流的大小。实际上,当改变电抗器磁路中的空气隙时,其电抗也随之改变,因此可调节焊接电流的大小。

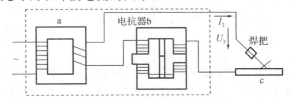

图 4-59　电焊变压器的工作原理

特殊变压器的种类很多,形式多种多样,但它们的基本原理是相同的,只是因它们所要完成的任务及工作场合不同而各有特点。

实训任务 15　常用变压器的认识

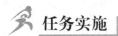 **任务实施**

一、看一看

(1) 仔细观看实验室所用各种单相变压器的外形、接头和标志。

(2) 仔细观看实验室所用三相变压器的外形、接头和标志。

(3) 仔细观看实训室内的自耦变压器、电流互感器、电压互感器和电焊变压器的外形,听教师介绍各种变压器的用途。

(4) 参观学校变电站内的三相变压器,听电工师傅介绍学校变电站内三相变压器的运行情况。

二、记录变压器的铭牌参数

(1) 观察实验室内单相变压器的结构,记录该变压器的铭牌参数,填在表 4-6 中。

(2) 观察实验室内三相变压器的结构,记录该变压器的铭牌参数,填在表 4-6 中。

(3) 观察实验室内自耦变压器的结构,记录该自耦变压器的铭牌参数,填在表 4-6 中。

(4) 观察实验室内电流互感器的结构,记录该电流互感器的铭牌参数,填在表 4-6 中。

(5) 观察实验室内电压互感器的结构,记录该电压互感器的铭牌参数,填在表 4-6 中。

(6) 观察实验室内电焊变压器的结构,记录该电焊变压器的铭牌参数,填在表 4-6 中。

表 4-6　变压器的铭牌参数有关数据

	额定输入电压/V	额定输出电压/V	额定功率	其他参数	其他参数
单相变压器					
三相变压器					
自耦变压器					
电流互感器					
电压互感器					
电焊变压器					

练 习 题

4-1 罩极式单相异步电动机能否改变旋转方向？

4-2 三相电源的相序对三相异步电动机旋转磁场的产生有何影响？

4-3 三相异步电动机转子的转速能否等于或大于旋转磁场的转速？为什么？

4-4 一台三相异步电动机，电源频率 $f_1 = 50$ Hz，同步转速 $n_0 = 1500$ r/min，求这台电动机的磁极对数及转速分别为 2 和 1440 r/min 时的转差率。

4-5 一台三相异步电动机，电源频率 $f_1 = 50$ Hz，额定转速 $n_N = 960$ r/min，则该电动机的磁极对数是多少？

4-6 一台 4 极的三相异步电动机，电源频率 $f_1 = 50$ Hz，额定转速 $n_N = 1440$ r/min。计算这台电动机在额定转速下的转差率 S_n 和转子电流的频率 f_2。

4-7 三相异步电动机有哪几种调速方式？各有何特点？

4-8 三相异步电动机有哪几种制动方式？各有何特点？

4-9 有一台电压为 220/110 V 的变压器，$N_1 = 2000$ 匝，$N_2 = 1000$ 匝。有人想节省铜线，将匝数减为 20 匝和 10 匝，是否可以？

4-10 变压器具有哪些功能，能否变换直流电压，为什么？

4-11 为什么电压互感器副绕组严禁短路？

4-12 为什么电流互感器副绕组严禁开路？

项目 5 半导体电子元件的认识与应用

 项目导言

20 世纪初，人们只对导电性能好和绝缘性能好的材料感兴趣。导电性能好的材料如铜、铝等被广泛地用来制作导线，绝缘性能好的材料如橡胶、陶瓷等材料被电力系统用来制作绝缘产品。

20 世纪 40 年代，科学家对过去看起来没有用处的半导体材料如硅、锗等进行深入研究，发现这些材料有一些奇特的性能，用来制作二极管和三极管后，使得电子技术发生了天翻地覆的变化。尤其是用半导体材料制作的集成电路，更是把电子技术推向新的高峰，改变了整个世界的面貌。现在用半导体材料制作的二极管、三极管和集成电路，仍然在计算机、手机中充当主角，是电子产品离不开的硬件。

2014 年的诺贝尔物理学奖颁给了发明蓝光二极管的三位科学家，而白光二极管的制造，实现了固态照明发光。一款新型白光二极管如图 5-1 所示。

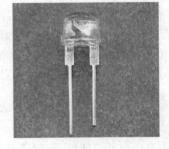

图 5-1 一款新型白光二极管

 知识目标

(1) 了解二极管、三极管、场效应管的工作原理。
(2) 了解二极管、三极管、场效应管的主要参数。
(3) 了解集成电路的种类与标识方法。

技能目标

(1) 能用目视法识别常见二极管、三极管、场效应管和集成电路，能正确认识各种器件。
(2) 会用万用表对各种二极管、三极管、场效应管进行正确测量，并对其质量做出评价。
(3) 会根据需要选择合适的集成电路。

5.1 半导体与 PN 结

自然界中的物质，按其导电能力可分为导体、半导体和绝缘体。金、银、铜、铝等金属材料是良导体，塑料、陶瓷、橡胶等材料是绝缘体，这些材料在电力系统中得到了广泛的应用。还有一些物质如硅、锗等，它们的导电能力介于导体和绝缘体之间，被称为半导体。20

世纪 40 年代，科学家在实验中发现半导体材料具有一些特殊的性能，并制造出性能优良的半导体器件，从而引发了电子技术的飞跃。

5.1.1 本征半导体

纯净的半导体被称为本征半导体。本征半导体需要用复杂的工艺和技术才能制造出来，半导体器件的制造首先要有本征半导体，这也是半导体材料没有导体和绝缘体材料应用早的原因。目前用于制造半导体器件的材料主要有硅（Si）、锗（Ge）、砷化镓（GaAs）、碳化硅（SiC）和磷化铟（InP）等，其中以硅和锗最为常用。硅和锗都是四价元素。

1. 本征半导体中的两种载流子——电子和空穴

在室温下，本征半导体中的少数价电子因受热而获得能量，摆脱原子核的束缚，从共价键中挣脱出来，成为自由电子。与此同时，失去价电子的硅或锗原子在该共价键上留下了一个空位，这个空位称为空穴。电子与空穴是成对出现的，所以称为电子-空穴对。

在室温下，本征半导体内产生的电子-空穴对数目很少。当本征半导体处在外界电场中时，其内部自由电子逆外电场方向作定向运动，形成漂移电子流；空穴顺外电场方向作定向运动，形成漂移空穴流。自由电子带负电荷，空穴带正电荷，它们都对形成电流做出贡献，因此称自由电子为电子载流子，称空穴为空穴载流子。本征半导体在外电场的作用下，其电流为电子流与空穴流之和。

2. 本征半导体的热敏特性和光敏特性

实验发现，本征半导体受热或光照后其导电能力大大增强。

当温度升高或光照增强时，本征半导体内的原子运动加剧，有较多的电子获得能量成为自由电子，即电子-空穴对增多，所以本征半导体中电子-空穴对的数目与温度或光照有密切关系。温度越高或光照越强，本征半导体内的载流子数目越多，导电性能越强，这就是本征半导体的热敏特性和光敏特性。利用这种特性就可以做成各种热敏元件和光敏元件，在自动控制系统中有广泛的应用。

3. 本征半导体的掺杂特性

实验发现，在本征半导体中掺入微量的其他元素，会使其导电能力大大加强。例如，在硅本征半导体中掺入百万分之一的其他元素，它的导电能力就会增加一百万倍。这就是半导体的掺杂特性。掺入的微量元素称为杂质，掺入杂质后的本征半导体称为杂质半导体。杂质半导体有 P 型半导体和 N 型半导体两大类。

1）P 型半导体

如果在本征半导体中掺入三价元素，如硼（B）、铟（In）等，在半导体内会产生大量空穴，这种半导体叫作 P 型半导体。

在 P 型半导体中，空穴是多数载流子，简称"多子"，电子是少数载流子，简称"少子"，但整个 P 型半导体是呈现电中性的。P 型半导体在外界电场作用下，空穴电流远大于少子电流。P 型半导体是以空穴导电为主的半导体，所以它又称为空穴型半导体。

2）N 型半导体

如果在本征半导体中掺入微量五价元素，如磷（P）、砷（As）等，在半导体内会产生许多自由电子,这种半导体叫作 N 型半导体。

在 N 型半导体中,电子数远大于空穴数,所以电子是 N 型半导体中的多子,空穴是 N 型半导体中的少子,但整个 N 型半导体是呈现电中性的。N 型半导体在外界电场作用下,电子电流远大于空穴电流。N 型半导体是以电子导电为主的半导体,所以它又称为电子型半导体。半导体中多子的浓度取决于掺入杂质的多少,少子的浓度与温度有密切的关系。

5.1.2　PN 结

单独的一块 P 型半导体或 N 型半导体,只能作为一个电阻元件来使用。但是如果把 P 型半导体和 N 型半导体通过一定的制作工艺结合起来就形成了 PN 结。PN 结是构成半导体二极管、半导体三极管、晶闸管、集成电路等众多半导体器件的基础。

1. PN 结的形成

在一块完整的本征硅(或锗)片上,用不同的掺杂工艺使其一边形成 N 型半导体,另一边形成 P 型半导体,在这两种杂质半导体的交界面附近就会形成一个具有特殊性质的薄层,这个特殊的薄层就是 PN 结,如图 5-2 所示。

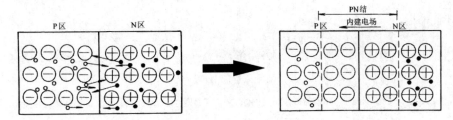

图 5-2　PN 结的形成

2. PN 结的单向导电特性

图 5-3 为 PN 结单向导电特性的实验电路图。

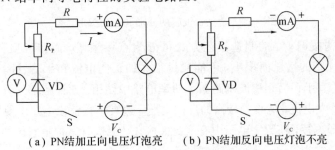

（a）PN结加正向电压灯泡亮　　（b）PN结加反向电压灯泡不亮

图 5-3　PN 结单向导电特性的实验电路图

1) 在 PN 结上加正向偏置

在 PN 结两端加上电压,称为给 PN 结偏置。如果将 P 区接电源的正极,N 区接电源的负极,称为加正向偏置,简称正偏,如图 5-3(a)所示。实验表明:此时在电路中形成较大的电流,电流由 P 区流向 N 区,PN 结呈现导通状态,电灯泡发出亮光,这种现象称为 PN 结的正向导通。

2) PN 结加反向偏置

如果将 P 区接电源的负极,N 区接电源的正极,则称为加反向偏置,简称反偏,如图

5-3(b)所示。实验表明：此时在电路中只有非常小的电流，PN结呈现截止状态，电灯泡不发出亮光，这种现象称为PN结的反偏截止。

结论：PN结加正向电压时导通，PN结加反向电压时截止，所以PN结具有单向导电性。

5.2 二极管及其应用

在PN结的两端引出金属电极，外加玻璃、金属或用塑料封装，就做成了半导体二极管。

5.2.1 二极管的结构和符号

1. 二极管的结构和图形符号

由于使用的用途不同，二极管的外形各异，几种常见二极管的外形和通用图形符号如图5-4所示。

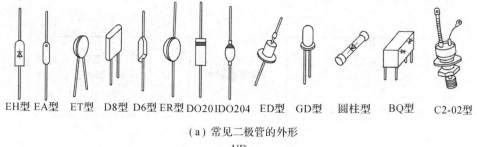

EH型 EA型　ET型　D8型 D6型 ER型 DO201 DO204　ED型　GD型　　圆柱型　　BQ型　　C2-02型

（a）常见二极管的外形

VD
正极 ◇———▷|———◇ 负极

（b）二极管的通用符号

图5-4　常见二极管的外形和通用图形符号

二极管的结构按PN结的制造工艺方式可分为点接触型、面接触型和平面型几种。点接触型二极管PN结的接触面积小，不能通过很大的正向电流和承受较高的反向电压，但它的高频性能好，适宜于在高频检波电路和小功率电路中使用。面接触型二极管PN结的接触面积大，可以通过较大电流，能承受较高的反向电压，适宜于在整流电路中使用。平面型二极管适宜用作大功率开关管，在数字电路中有广泛的应用。二极管结构示意图如图5-5所示。

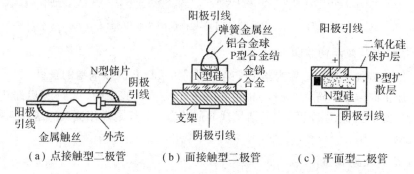

（a）点接触型二极管　　　（b）面接触型二极管　　　（c）平面型二极管

图5-5　二极管结构示意图

2. 二极管的电极和文字符号

二极管有两个电极，由 P 区引出的电极是正极，由 N 区引出的电极是负极。在二极管符号中三角箭头的方向表示二极管中正向电流的方向，正向电流只能从二极管的正极流入，从负极流出。二极管的文字符号在国际标准中用 VD 表示。

5.2.2　二极管的伏安特性

二极管的主要特点是单向导电性，可以通过实验来认识二极管两端的电压和流过二极管电流的关系。由实验所得到的一组数据如表 5-1 所示。

表 5-1　1N4007 型二极管的实验数据

加正向电压	电压/mV	0	100	500	550	600	650	700	750	800
	电流/mA	0	0	0	10	60	85	100	180	300
加反向电压	电压/V	0	−1	−2	−6	−9	−12	−12.5	−12.8	−13.0
	电流/μA	0	10.0	10.0	10.0	10.0	25.0	40.0	150	300

将实验数据在坐标纸上标出，并连成线，就得到了 1N4007 型二极管的伏安特性曲线。伏安特性是表示二极管两端的电压和流过二极管电流之间的关系。图 5-6 为标准硅二极管和锗二极管的伏安特性曲线。

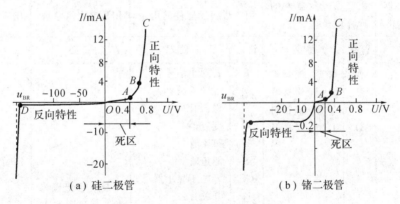

（a）硅二极管　　　　　　　　　（b）锗二极管

图 5-6　二极管的伏安特性曲线

1. 正向特性（二极管加正向电压时的电流-电压关系）

OA 段：当外加正向电压较小时，正向电流非常小，近似为零。在这个区域内二极管实际上还没有导通，二极管呈现的电阻很大，该区域常称为"死区"。硅二极管的死区电压约为 0.5 V，锗二极管的死区电压约为 0.1 V。

过 A 点后：当外加正向电压超过死区电压后，正向电流开始增加，但电流与电压不成比例。当正向电压大于 0.6 V 以后（对锗二极管，此值约为 0.2 V），正向电流随正向电压增加而急速增大，基本上是线性关系。这时二极管呈现的电阻很小，可以认为二极管是处于充分导通状态。在该区域内，硅二极管的导通压降约为 0.7 V，锗二极管的导通压降约为 0.3 V。但是流过二极管的正向电流需要加以限制，不能超过规定值，否则会使 PN 结过热而烧坏二极管。

2. 反向特性(二极管加反向电压时的电流-电压关系)

OD 段：在所加反向电压下，反向电流的值很小，且几乎不随电压的增加而增大，此电流值被称为反向饱和电流。此时二极管呈现很高的电阻，近似处于截止状态。硅二极管的反向电流比锗二极管的反向电流小，约在 $1\ \mu A$ 以下，锗二极管的反向电流达几十微安甚至几毫安以上。这也是现在硅二极管应用比较多的原因之一。

过 *D* 点以后：反向电压稍有增大，反向电流就急剧增大，这种现象称为反向击穿。二极管发生反向击穿时所加的电压叫作反向击穿电压。一般的二极管是不允许工作在反向击穿区的，因为这将导致 PN 结的反向导通而失去单向导电的特性。

重要结论：二极管的伏安特性是非线性的，二极管是一种非线性元件。在外加电压取不同值时，就可以使二极管工作在不同的区域。

二极管的伏安特性对温度很敏感。实验发现，随着温度升高，二极管的正向压降将减小，即二极管正向压降有负的温度系数，负温度系数约为 $-2\ mV/℃$；二极管的反向饱和电流随温度的升高而增加，温度每升高 $10\ ℃$，二极管的反向电流约增加一倍。实验还发现，二极管的反向击穿电压随着温度的升高而降低。

中国半导体二极管的型号组成部分的符号及其意义如表 5-2 所示。

表 5-2 中国半导体二极管器件型号命名法

第一部分		第二部分		第三部分		第四部分	第五部分
用数字表示器件的电极数目		用字母表示器件的材料和类型		用字母表示器件的用途		用数字表示序号	用字母表示规格
符号	意义	符号	意义	符号	意义	意义	意义
2	二极管	A B C D	N 型，锗材料 P 型，锗材料 N 型，硅材料 P 型，硅材料	P V W C Z S GS K T Y B J CS BT PIN GJ	普通小信号管 混频检波器 稳压管 变容器 整流管 隧道管 光电子显示器 开关管 半导体闸流管 体效应器件 雪崩管 阶跃恢复管 场效应器件 半导体特殊器件 PIN 管 激光管	反映了极限参数、直流参数和交流参数的差别	反映承受反向击穿电压的程度。例如，规格号为 A、B、C、D…其中，A 承受的反向击穿电压最低，B 次之……

5.2.3 二极管的主要参数

在实际应用中，常用二极管的参数来定量描述二极管在某一方面的性能。

二极管的主要参数如下。

1. 最大整流电流 I_F

最大整流电流 I_F 是指二极管长期工作时允许通过的最大正向直流电流。I_F 与二极管的材料、面积及散热条件有关。点接触型二极管的 I_F 较小，而面接触型二极管的 I_F 较大。在实际使用时，流过二极管最大平均电流不能超过 I_F，否则二极管会因过热而损坏。

2. 最大反向工作电压 U_{RM}

最大反向工作电压 U_{RM} 是指二极管在工作时所能承受的最大反向电压值。通常以二极管反向击穿电压的一半作为二极管的最大反向工作电压，二极管在实际使用时电压不应超过此值，否则当温度变化较大时，二极管就有发生反向击穿的危险。

此外，二极管还有结电容和最高工作频率等许多参数，在具体使用时，要查阅相关的半导体器件手册。

1N40××系列二极管是近年来被广泛使用的电子元件，其主要参数如表 5-3 所示。

表 5-3 1N40××系列硅二极管的主要参数

参数 型号	最大反向 工作电压 U_{RM}/V	最大整流 电流 I_F/A	最大正向 压降 U_{FM}/V	最高结温 T_{JM}/℃	封装形式	国内对照型号
1N4001	50					
1N4002	100					
1N4003	200					
1N4004	400	1.0	≤1.0	175	DO-41	2CZ11～2CZ11J
1N4005	600					2CZ55B～M
1N4006	800					
1N4007	1000					
1N5391	50					
1N5392	100					
1N5393	200					
1N5394	300					
1N5395	400	1.5	≤1.0	175	DO-15	2CZ86B～M
1N5396	500					
1N5397	600					
1N5398	800					
1N5399	1000					
1N5400	50					
1N5401	100					
1N5402	200					2CZ12～2CZ12J
1N5403	300					2DZ2～2DZ2D
1N5404	400	3.0	≤1.2	175	DO-27	2CZ56B～M
1N5405	500					
1N5406	600					
1N5407	800					
1N5408	1000					

5.2.4 二极管的实际应用

二极管是电子电路中最常用的器件。利用其单向导电性及导通时正向压降很小的特点,可用来进行整流、检波、对其他元件进行保护等,在数字电路中则将二极管当做开关来使用。

1. 整流

所谓整流,就是将交流电变成脉动直流电。利用二极管的单向导电性可组成单相和三相整流电路,再经过滤波和稳压,就可以得到平稳的直流电。整流二极管的外形如图 5-7 所示。二极管在整流电路中的具体应用在后面还会详述。

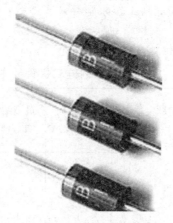

图 5-7 整流二极管的外形

2. 检波

在收音机和电视机中,需要将音频信号和视频信号从载波中分离出来,这个任务就叫作检波,承担检波任务的主要元件就是二极管。检波二极管的结构和外形如图 5-8 所示。用二极管实现检波电路及其波形图如图 5-9 所示。

图 5-8 检波二极管的结构和外形

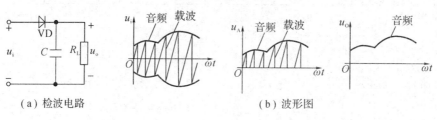

（a）检波电路　　　　　　　　　　　　　　（b）波形图

图 5-9 用二极管实现检波电路及其波形图

3. 限幅

利用二极管导通后压降很小且基本不变的特性,可以构成限幅电路,使输出电压幅度限制在某一电压值内,以保证放大器不因为信号过强而造成阻塞。限幅电路用到的二极管和普通的二极管一样,典型的双向限幅电路和波形图如图 5-10 所示。

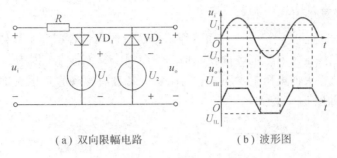

（a）双向限幅电路　　　　（b）波形图

图 5-10　双向限幅电路和波形图

4. 电子开关

利用二极管的导通状态和截止状态,将其串联在电路中,就构成了一个电子开关,并且这个电子开关没有机械动作,没有磨损和接触不良现象,更为重要的是,其开关频率可以很高,可达到每秒数百万次,这是机械开关根本办不到的。开关二极管在数字电子技术中有广泛的应用。开关二极管的结构和外形如图 5-11 所示。

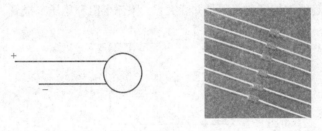

图 5-11　开关二极管的结构和外形

5. 定向

日常生活中使用的电话机,连接在由电信公司引来的两根电话线上。电话机不仅通过这两根线传递信号,还要靠它提供电话机电路所需的直流电。电话机的两根线只要随意和外来线路连接上,电话就能工作,这是为什么呢? 难道直流电没有正负极吗? 其实在电话机里,设计人员已经安装了一个电源定向电路,它能保证电话机的两根线无论怎样连接,都能使电路得到正确的电源电压。如图 5-12 所示,由四个二极管组成的电源定向电路,可以使电话机始终得到正确的连接。这种电路还可以用到其他地方,如盲人需要连接的各种电器,只要随意将两根线连接起来即可。

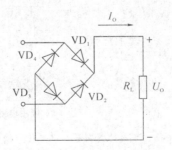

图 5-12　二极管定向电路

5.2.5 特殊二极管

1. 稳压二极管

稳压二极管(简称稳压管)是一种用特殊工艺制造的面结合型硅半导体二极管。它工作在反向击穿区,在规定的电流范围内使用时,不会因击穿而损坏。因为二极管在反向击穿区内,其电流变化很大而电压基本不变,利用这一特性可实现直流电压的稳定。稳压二极管的符号和外形如图 5-13 所示。

图 5-13　稳压二极管的符号和外形

在实际中使用稳压二极管要满足两个条件:一是要反向运用,即稳压二极管的负极接高电位,正极接低电位,使稳压二极管反向偏置,保证稳压二极管工作在反向击穿状态;二是要与限流电阻配合使用,保证流过稳压二极管的电流在允许范围内。图 5-14 为稳压二极管典型应用电路,稳压二极管和负载是并联关系,限流电阻和稳压二极管、负载是串联关系。

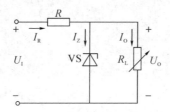

图 5-14　稳压二极管典型应用电路

稳压二极管用于稳压时,电路的输出电压是固定值。现在已经有新的并联型稳压器件 TL431 问世,且稳定电压可从 2.5 V 到 36 V 连续可调。图 5-15 为 TL431 的外形、符号和应用电路。只要选择合适的精密电阻 R_1 和 R_2,则输出电压为

$$U_O = (1 + R_1/R_2)U_{Zmin}$$

其中,U_{Zmin} 是 TL431 的最小稳压值,为 2.5 V。

TL431 除了用于做并联型稳压外,多用于做电源电路的基准电压,因其稳压精度可达微伏级,且在 $-55 \sim +125$ ℃环境下,均能可靠工作。

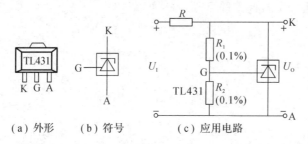

（a）外形　（b）符号　　　　（c）应用电路

图 5-15　TL431 的外形、符号和应用电路

2. 发光二极管(LED)

发光二极管是一种光发射器件,能把电能直接转化成光能。它是由镓(Ga)、砷(A_s)、磷(P)等元素的化合物制成的。由这些材料构成的 PN 结在加上正向电压时,就会发出光来,光的颜色主要取决于制造所用的材料,如砷化镓发出红色光、磷化镓发出绿色光等。目前市场上发光二极管的颜色有红、橙、黄、绿、蓝五种,其外形有圆形、长方形等数种。图5-16 为发光二极管的外形和符号。

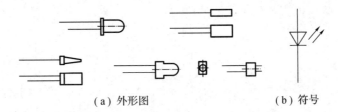

（a）外形图   （b）符号

图 5-16 发光二极管的外形和符号

发光二极管的导通电压比普通二极管大,一般为 1.7~2.4 V,它的工作电流一般取5~20 mA。应用时,在发光二极管两端加上正向电压,再接入相应的限流电阻即可。发光二极管的发光强度基本上与电流的大小呈线性关系。

发光二极管用途广泛,常用作微型计算机、电视机、音响设备、仪器仪表中的电源和信号的指示器,也可做成数字形状,用于显示数字。七段 LED 数码管就是用七个发光二极管组成一个发光显示单元,可以显示数字(0、1、2、3、4、5、6、7、8、9)。将七个发光二极管的负极接在一起,就是共阴极数码管;将七个发光二极管的正极接在一起,就是共阳极数码管。市场有各种型号的产品出售。发光二极管也可以组成字母、汉字和其他符号,用于广告显示。

3. 光电二极管

光电二极管又称光敏二极管,是一种光接收器件,其 PN 结工作在反偏状态。图 5-17为光电二极管的结构和符号。

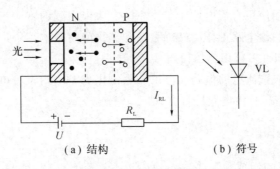

（a）结构   （b）符号

图 5-17 光电二极管的结构和符号

光电二极管的管壳上有一个玻璃窗口以便接收光照。当窗口受到光照时,就形成反向电流,通过接在回路中的电阻 R_L 就可获得电压信号,从而实现了光电转换。光电二极管作为光电器件,广泛应用于光的测量和光电自动控制系统。例如,光纤通信中的光接收机、电视机和家庭音响的遥控接收,都离不开光电二极管。

大面积的光电二极管可作为能源即光电池,是最有发展前途的绿色能源。近年来,科学家又研制成线性光电器件,统称为光耦,可以实现光与电的线性转换,在信号传送和图形图像处理领域有广泛的应用。

4. 变容二极管

变容二极管是利用 PN 结的电容效应工作的，它工作于反向偏置状态，其电容量与反偏电压大小有关。改变变容二极管的直流反偏电压，就可以改变电容量。变容二极管被广泛应用于谐振回路中。例如，在电视机中就使用它作为调谐回路的可变电容器，实现电视频道的选择。在高频电路中，变容二极管作为变频器的核心元件，是信号发射机中不可缺少的器件。变容二极管的符号如图 5-18 所示。

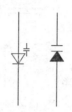

图 5-18 变容二极管的符号

5. 激光二极管

激光是由人造的激光器产生的，在自然界中尚未发现。激光器分为固体激光器、气体激光器和半导体激光器。半导体激光器是所有激光器中效率最高、体积最小的一种，现在已投入使用的半导体激光器是砷化镓激光器，即激光二极管。激光二极管的应用非常广泛，计算机的光驱、激光唱机(即 CD 唱机)和激光影碟机(有 LD、VCD 和 DVD 影碟机)中都少不了它。激光二极管工作时，接正向电压，当 PN 结中通过一定的正向电流时，PN 结发射出激光。

5.3 单相整流滤波电路

凡是电子仪器必须使用直流电才能工作，在生活中用到的许多家用电器，也是采取把交流电变成直流电再供给电路工作的。利用二极管的单向导电性，就可以把交流电变成直流电，供给电子仪器和许多家用电器使用。

把单相交流电变成直流电的电路叫作单相整流电路。单相整流电路又有半波整流、全波整流、桥式整流和倍压整流电路四种方式。

5.3.1 半波整流电路

1. 半波整流电路的组成

图 5-19 为半波整流电路。变压器 T 将电网的正弦交流电 u_1 变成 u_2，设

$$u_2 = \sqrt{2}\,U_2 \sin\omega t$$

在变压器副边电压 u_2 的正半周期间，二极管 VD 正偏导通，电流经过二极管流向负载，在负载电阻 R_L 上得到一个极性为上正下负的电压，即 $U_L = u_2$。在 u_2 的负半周期间，二极管反偏截止，负载上几乎没有电流流过，即 $U_L = 0$。所以负载上得到了单方向的直流脉动电压，负载中的电流也是直流脉动电流。半波整流的波形图如图 5-20 所示。

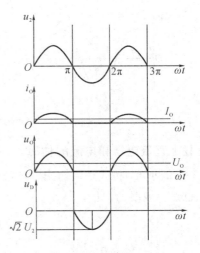

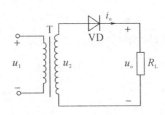

图 5-19　半波整流电路　　　　　图 5-20　半波整流的波形图

2. 负载上直流电压和电流的估算

在半波整流的情况下，负载两端的直流电压为

$$U_O = 0.45U_2$$

负载中的电流为

$$I_O = \frac{0.45U_2}{R_L}$$

5.3.2　单相桥式整流电路

1. 桥式整流电路的组成

桥式整流电路如图 5-21 所示。桥式整流电路中的四个二极管可以是四个分立的二极管，也可以是一个内部装有四个二极管的桥式整流器（桥堆）。

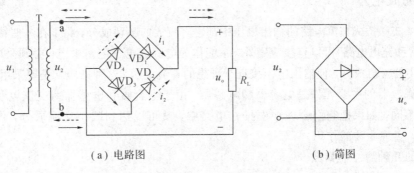

（a）电路图　　　　　　　　　　　　　（b）简图

图 5-21　桥式整流电路

在 u_2 的正半周内（设 a 端为正，b 端为负），VD_1、VD_3 因正偏而导通，VD_2、VD_4 因反偏而截止；在 u_2 的负半周内（b 端为正，a 端为负），二极管 VD_2、VD_4 导通，VD_1、VD_3 截止。但是无论在 u_2 的正半周还是负半周，流过 R_L 中的电流方向是一致的。在 u_2 的整个周期内，四个二极管分两组轮流导通或截止，负载上得到了单方向的脉动直流电压和电流。桥式整流电路中各处的波形图如图 5-22 所示。

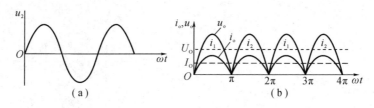

图 5-22　桥式整流电路中各处的波形图

2. 负载上直流电压和电流的估算

由图 5-22 可知，桥式整流输出电压波形的面积是半波整流时的两倍，所以输出的直流电压 U_O 也是半波时的两倍，即

$$U_O = 0.9U_2$$

输出电流 I_O 为

$$I_O = \frac{0.9U_2}{R_L}$$

桥式整流电路应用最为广泛，为了使用方便，工厂已生产出桥式整流的组合器件，通常叫作桥堆。它是将四个二极管集中制作成一个整体，其外形如图 5-23 所示。其中标示"～"符号的两个引出线为交流电源输入端，另两个引出线为直流输出端，分别标有"＋"号和"－"号。

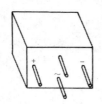

图 5-23　桥堆的外形图

5.3.3　滤波电路

单相半波和桥式整流电路的输出电压中都含有较大的脉动成分，除了在一些特殊场合（如电镀、电解和充电电路）可以直接应用外，不能作为电源为电子电路供电，必须采取措施减小输出电压中的交流成分，使输出电压接近于理想的直流电压，这种措施就是要采用滤波电路。

构成滤波器的主要元件是电容器和电感器。由于电容器和电感器对交流电和直流电呈现的电抗不同，如果把它们合理地安排在电路中，就可以达到减小交流成分，保留直流成分的目的，实现滤波的作用。

常见的几种滤波器如图 5-24 所示。

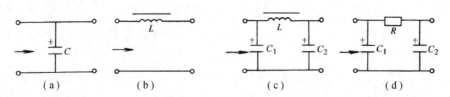

图 5-24　常见的几种滤波器

1. 电容滤波电路

图 5-25 是单相桥式整流电容滤波电路。图 5-26 是电容滤波电路的电压波形图。

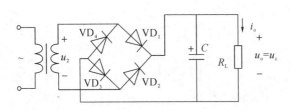

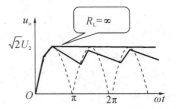

图 5-25　单相桥式整流电容滤波电路　　　　图 5-26　电容滤波电路的电压波形图

1）工作原理

设电容 C 上初始电压为零。接通电源时 u_2 由零逐渐增大，二极管 VD_1、VD_3 正偏导通，此时 u_2 经二极管 VD_1、VD_3 向负载 R_L 提供电流，同时向电容器 C 充电，因充电时间常数很小（$\tau_充 = R_n C$，R_n 是由电源变压器内阻、二极管正向导通电阻构成的总等效直流电阻），电容 C 上电压很快充到 u_2 的峰值，即 $u_C = \sqrt{2}\,U_2$。u_2 达到最大值以后按正弦规律下降，当 $u_2 < u_C$ 时，VD_1、VD_3 的正极电位低于负极电位，所以 VD_1、VD_3 截止，电容 C 只能通过负载 R_L 放电。放电时间常数 $\tau_放 = R_L C$，放电时间常数越大，放电就越慢，u_O（即 u_C）的波形就越平滑。

在 u_2 的负半周期，二极管 VD_2、VD_4 正偏导通，u_2 通过 VD_2、VD_4 向电容 C 充电，使容 C 上电压很快充到 u_2 的峰值。过了该时刻以后，VD_2、VD_4 因正极电位低于负极电位而截止，电容又通过负载 R_L 放电。如此周而复始，负载上得到的是脉动成分大大减小的直流电压。

2）输出直流电压 U_O 和负载电流的估算

一般按经验公式来估算输出直流电压 U_O 为

$$U_O \approx 1.2U_2$$

负载电流 I_O 为

$$I_O = \frac{1.2U_2}{R_L}$$

在半波整流电容滤波时，输出直流电压 U_O 为

$$U_O \approx U_2$$

需要注意的是，在上述输出电压的估算中，都没有考虑二极管的导通压降和变压器副边绕组的直流电阻。在设计直流电源时，当输出电压较低时（10 V 以下），应该把上述因素考虑进去，否则实际测量结果与理论设计差别较大。实践经验表明，在输出电压较低时，按照上述公式的计算结果再减去 2 V（二极管的压降和变压器绕组的直流压降之和），可以得到与实际测量相符的结果。

3）滤波电容器的选择

在负载 R_L 一定的条件下，电容 C 越大，滤波效果越好，电容量的值经过实验可按下述公式选取：

$$C \geqslant \frac{2T}{R_L} \quad (T\text{ 为交流电压的周期})$$

电容器的额定耐压值为

$$U_C > 2U_2$$

滤波电容器型号的选择应查阅有关器件手册，并取电容器的系列标称值，可以用口诀记为："系列取值，宁大勿小。"

电容滤波适合在负载电流较小和输出电压较高的情况下使用，在各种家用电器的电源电路上，电容滤波是被广泛应用的滤波电路。

重要结论：电容滤波电路的特点是输出电压高、脉动成分小、可提供的负载电流比较小。

2. 电感滤波电路

图 5-27 是桥式整流电感滤波电路，电感 L 串联在负载 R_L 回路中。由于电感的直流电阻很小，交流阻抗很大，因此直流分量经过电感后基本上没有损失，而交流分量大部分降在电感上，所以减小了输出电压中的脉动成分，负载 R_L 上得到了较为平滑的直流电压。电感滤波的波形图如图 5-28 所示。

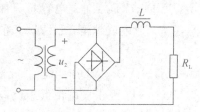
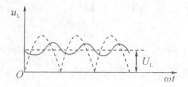

图 5-27　桥式整流电感滤波电路　　　　图 5-28　电感滤波的波形图

在忽略滤波电感 L 上的直流压降时，输出的直流电压 U_O 为

$$U_O = 0.9U_2$$

电感滤波的优点是输出特性比较平坦，而且电感 L 越大，负载 R_L 的阻值越小，输出电压的脉动就越小，适用于电压低、负载电流较大的场合，如工业电镀等。其缺点是体积大，成本高，有电磁干扰。

重要结论：电感滤波电路的特点是输出电压低、脉动成分小、可提供的负载电流比较大。

3. π 形滤波电路

图 5-29 是 π 形 LC 滤波电路，这种滤波电路是在电容滤波的基础上再加一级 LC 滤波电路构成的。

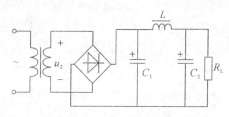

图 5-29　π 形 LC 滤波电路

交流电经过整流后得到的脉动直流电再经过电容 C_1 滤波以后，剩余的交流成分在电感 L 中受到感抗的阻碍而衰减，然后被电容 C_2 滤波，使负载得到的电压更加平滑。当负载电流较小时，常用小电阻 R 代替电感 L，以减小电路的体积和重量。收音机和录音机中的电源滤波电路，就经常采用 π 形 RC 滤波电路。

例 5 - 1　在如图 5 - 30 所示电路中，已知 $U_2 = 20$ V(有效值)，设二极管为理想二极管，操作者用直流电压表测量负载两端的电压值，当测量出现下列五种情况：① 28 V；② 24 V；③ 20 V；④ 18 V；⑤ 9 V。试讨论：

(1) 在这五种情况中，哪几种是电路正常工作的情况？哪几种情况是电路发生了故障？

(2) 分析故障形成的原因。

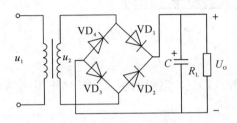

图 5 - 30　例 5 - 1 电路图

解　单相桥式整流电容滤波电路输出电压的值为

$$U_O \approx 1.2 U_2$$

在电路正常工作时，该电路输出的直流电压 U_O 应为 24 V。因此，在这五种情况中，第②种情况是电路正常的工作情况，其他四种情况均为电路不正常的工作情况。

对于第①种情况：$U_O = 28$ V，根据单相桥式整流电容滤波电路的外特性可知，当 R_L 开路时，$U_O = 1.4 U_2$，所以这种情况是负载 R_L 开路所致。

对于第③种情况：$U_O = 20$ V，说明电路已经不是桥式整流电容滤波电路了。因为半波整流电容滤波电路的输出电压估算式为 $U_O \approx U_2$，所以可知这种情况是四个二极管中有一个二极管开路，变成了半波整流电容滤波电路。

对于第④种情况：$U_O = 18$ V，这个数值满足桥式整流电路的输出电压值 $U_O = 0.9 U_2$，说明滤波电容没起作用。所以，出现这种情况的原因是滤波电容开路。

对于第⑤种情况：$U_O = 9$ V，这个数值正好是半波整流电路输出的直流电压，即 $U_O = 0.45 U_2 = 9$ V。出现这种情况的原因是有一个二极管开路，并且滤波电容也开路。

实训任务 16　半导体二极管的测量

任务实施

一、看一看

观察如图 5 - 31 所示的各种二极管的照片，查找相关资料，认识各种不同种类的二极管。

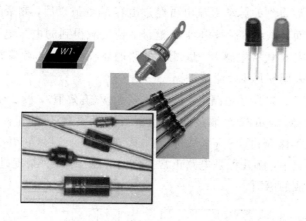

图 5 - 31　各种二极管的照片

二、测一测

（1）用万用表对二极管进行正向电阻的测量和反向电阻的测量。万用表和二极管的连接方法如图 5 - 32 所示。

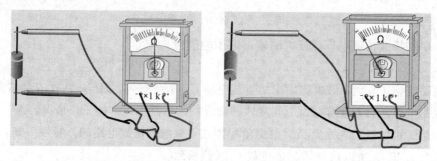

图 5 - 32　万用表与二极管的连接

（2）将指针式万用表的挡位选择在 R×1k 挡，分别记录各二极管的正向电阻和反向电阻的阻值。将测量结果填在表 5 - 4 中。

（3）将指针式万用表的挡位选择在 R×100 挡，分别记录各二极管的正向电阻和反向电阻的阻值。将测量结果填在表 5 - 4 中。

表 5 - 4　用指针式万用表对二极管的正向电阻和反向电阻的测量记录表

序号	二极管上的字母和数字	正向电阻值	反向电阻值	万用表挡位	二极管质量判断	备　注
1						
2						
3						
4						
5						
6						

（4）将指针式万用表的挡位选择在 R×10 挡，分别记录各二极管的正向电阻和反向电阻的阻值。将测量结果填在表 5-4 中。

（5）将数字式万用表的挡位选择在测量二极管挡位上，对各种类型的二极管进行测量，测量出二极管的正向导通压降，将测量值填在表 5-5 中。

表 5-5 用数字式万用表对二极管的正向电阻、反向电阻和导通压降的测量记录表

序号	二极管上的字母和数字	正向电阻值	反向电阻值	万用表挡位	二极管导通压降	二极管材料判断
1						
2						
3						
4						
5						
6						

三、二极管桥式整流、电容滤波电路的测量

操作步骤如下：

（1）二极管桥式整流电容滤波的电路图如图 5-33 所示。按图示电路进行连接。

连接变压器时要注意分清交流电压的输入端和输出端；连接整流部分时，要注意二极管的正、负极不要接错；滤波电容可先不连接，等测量完整流之后的波形后再安装滤波电容。

注意：电解电容的电极有正负极之分，千万不能接错。

（2）通电观察 3 分钟，在元器件无冒烟、发烫的情况下，再用万用表测试 U_2、U_C 及 U_o 的电压值。

（3）用示波器测量输出电压的交流波形。双踪示波器上显示的输入交流电压和经过桥式整流后的脉动直流电压波形如图 5-34 所示。

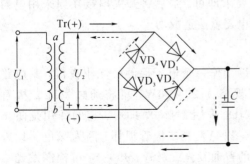

图 5-33 二极管桥式整流电容滤波的电路图

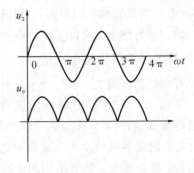

图 5-34 输入的交流电压波形和经过
桥式整流后的脉动直流电压波形

测量完上述波形后，再将滤波电容连接上，用示波器观察此时的电压波形。可以发现，在示波器上已经没有明显的脉动直流电压波形了，而是一条比较平滑的直线。

四、动手做

1. 用二极管控制用电器的实际功率

利用二极管的单向导电性,可以把交流电变成直流电,如果采用如图 5-35 所示的电路,则输出的直流电压的平均值大约是输入交流电压有效值的一半,利用这一特点可以实现对用电器的功率控制。图 5-35 中,已经把实际的二极管用一个图形符号表示出来了。人们日常生活中使用的床头灯、电火锅、电褥子,都属于电热产品,当不需要它们工作在额定功率时,用二极管可以将其实际功率变为额定功率的大约五分之一。若用一个白炽灯泡作为负载,则其亮暗的变化程度非常明显,可以清楚地看到功率控制的作用。

用双踪示波器同时将二极管前后的波形显示出来,如图 5-36 所示。可以非常明显地看出,交流电变成了脉动的直流电,交流电的正半周通过了二极管,而交流电的副半周没有通过二极管,即二极管具有单向导电性。正是利用了这个特点,用电器的实际功率大大减小了。

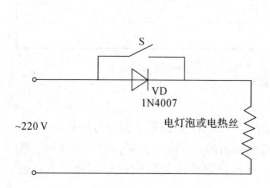

图 5-35 简单实用的功率控制电路　　　　图 5-36 整流电路中二极管前后的电压波形图

图 5-35 中的开关可以买一个常见的拉线开关或是按键开关,将二极管接在开关的两个接线柱上,不用考虑正负极。二极管的型号要视被控电器的功率而定,对于家用的床头灯、电热毯而言,选取 1N4004 或者是 1N4007 即可,其耐压分别为 400 V 和 1000 V,允许通过的正向电流为 1 A,该型号二极管能满足额定功率在 200 W 以下的用电器。若用电器是一个电火锅,其额定功率一般在 1000 W 左右,可以选用两个 1N5404 或用五个 1N4007 并联使用(要注意正极和正极相接),能满足电流要求即可。最后将开关串接在原来用电器电源线中的一根导线上,可以实现功率控制的用电器就改造成功了。

2. 制作电子保健微光小夜灯

在原有台灯的基础上,加几个小元件,就可以制作一个电子保健微光小夜灯,其电路如图 5-37 所示。电阻 R 起降压限流作用,其规格为 20 k/3W,可将通过发光二极管(LED)的电流限制在 20 mA 以内;保护二极管 VD_1 采用 1N4007 即可,它的作用是防止 220 V 交流电的负半周对发光二极管的电压冲击,以免发光二极管损坏。因为绿色能让人安静和放松,所以发光二极管采用四个发绿色光的普通发光二极管。开关 S_1 可控制发光二极管的亮灭,开关 S_2 是原有台灯电路的开关。

电子保健小夜灯光线柔和,能产生类似月光的照明效果,创造出朦胧温馨的光照环境,以助人平心静气,安然入睡。炎夏之夜,该夜灯还能给人以清静、凉爽的视觉感受。由于采用半导体发光元件,该夜灯功率只有 0.3 W,非常省电,并且经久耐用。

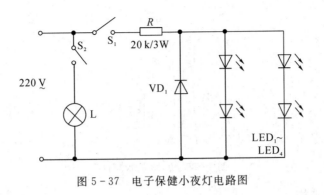

图 5 - 37 电子保健小夜灯电路图

5.4 三极管及其应用

半导体三极管是近 60 年来发展起来的新型电子器件,具有体积小、重量轻、耗电省、寿命长、工作可靠等一系列优点,应用十分广泛。

5.4.1 三极管的结构和类型

常用半导体三极管的外形和封装形式如图 5 - 38 所示。

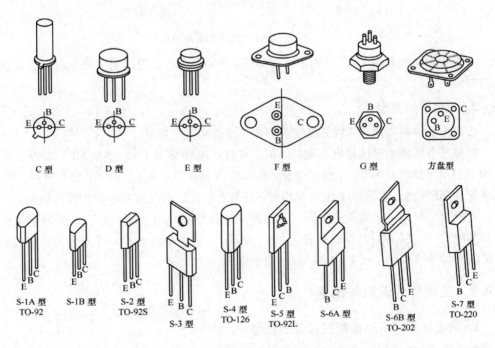

图 5 - 38 常用半导体三极管的外形和封装形式

现在较常用的小功率三极管是 90 系列,如 9013,其管脚排列如图 5 - 39 所示。

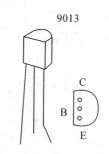

图 5-39   9013 的管脚排列

1. 三极管的结构

图 5-40 所示为三极管的结构示意图及图形符号。一个三极管由两个 PN 结组成，从而形成三个区域：集电区、基区和发射区。基区和集电区之间的 PN 结称为集电结，基区和发射区之间的 PN 结称为发射结。由集电区、基区和发射区各引出一个电极，分别称为集电极、基极和发射极，依次用字母 C、B 和 E 来表示。

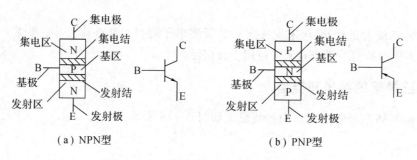

（a）NPN型   （b）PNP型

图 5-40   三极管结构示意图及图形符号

三极管的文字符号是 VT，图形符号如图 5-40 所示。发射极箭头的方向表示发射结正偏时电流的流向。

2. 三极管的类型

按制作的材料不同，可将三极管分为锗三极管和硅三极管。

根据三个区的半导体导电类型的不同，可将三极管分为 PNP 型和 NPN 型两大类。基区为 P 型半导体的称为 NPN 型三极管，基区为 N 型半导体的称为 PNP 型三极管。PNP 型三极管和 NPN 型三极管的工作原理相同，只是工作电压的极性和电流的流向相反。

三极管从制作工艺的结构不同，可分为点接触型和面结合型；按工作的频率高低，可分为高频管（$f_T > 3$ MHz）和低频管（$f_T < 3$ MHz）；按功率的大小，可分为大功率管（$P_c > 1$ W）、中功率管（P_c 在 $0.7 \sim 1$ W）和小功率管（$P_c < 0.7$ W）。

5.4.2   三极管的识别与测量

1. 用指针式万用表检测三极管的管型

将指针式万用表的红表笔接三极管的任一脚，黑表笔分别接三极管的另外两脚。当两次测得的阻值均较小时，一般为几十欧到十几千欧，此管为 PNP 型；当两次测得的阻值均较大时，一般为几百千欧以上，此管为 NPN 型，且红表笔接的是三极管的基极，如图

5-41 所示。

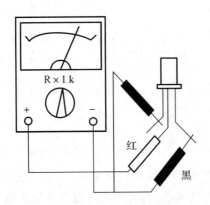

图 5-41　三极管的基极和管型的判断方法

2. 用指针式万用表判别三极管的集电极与发射极

对 PNP 型管：除了基极外，将红表笔和黑表笔分别接三极管的另外两脚，再将基极与红表笔之间用手捏住，交换红表笔和黑表笔的位置与另外两脚相接，在测得阻值比较小的一次中，红表笔对应的是 PNP 管的集电极，黑表笔对应的是发射极。

对 NPN 型管：除了基极外，将红表笔和黑表笔分别接三极管的另外两脚，再将基极与黑表笔之间用手捏住，交换红表笔和黑表笔的位置与另外两脚相接，在测得阻值比较小的一次中，黑表笔对应的是 NPN 管的集电极，红表笔对应的是发射极。

3. 用指针式万用表判别三极管的材料

用万用表的 R×1k 挡，测发射结（EB）和集电结（CB）的正向电阻，硅管大约为 3～10 kΩ，锗管大约为 500～1000 Ω；两个结的反向电阻，硅管一般大于 500 kΩ，锗管在 100 kΩ 左右。

4. 用指针式万用表判别三极管是高频管还是低频管

用万用表的 R×1k 挡测量三极管基极与发射极之间的反向电阻，如在几百千欧以上，然后将表盘拨到 R×10k 挡，若表针能偏转至满度的一半左右，则表明该管为高频管，若阻值变化很小，则表明该管是低频管。

测量时表笔的接法：对 NPN 管，黑表笔接发射极，红表笔接基极；对 PNP 管红表笔接发射极，黑表笔接基极。

5.4.3　三极管的电流放大作用

1. 三极管具有放大作用的条件

三极管在电路中的主要作用是进行信号的放大。要使三极管具有放大作用，必须给三极管加上合适的工作电压，即：发射结加上正偏电压，集电结加上反偏电压。也就是说三极管发射结的 P 区接高电位，N 区接低电位；三极管集电结的 P 区接电源负极，N 区接电源正极，如图 5-42 所示。在放大电路中，不论采用哪种管型的三极管，都要满足这个基本条件。

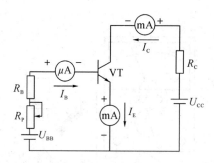

图 5-42 三极管工作在放大状态的电压条件

图 5-42 中，电源 U_{BB} 使发射结保证有正偏电压，U_{CC} 使集电结保证有反偏电压。图中电位器 R_P 的作用是改变基极电流 I_B 的大小，从而改变集电极电流 I_C 和发射极电流 I_E 的大小。

2. 三极管各个极间电流关系的实验数据

在图 5-42 中，若改变电位器 R_P 的数值，则基极电流 I_B、集电极电流 I_C 和发射极电流 I_E 都会发生变化。本书以 3DG6 型号的三极管为例，其实际测量数据如表 5-6 所示。

表 5-6 三极管 3DG6 各个极电流的测量数据 （单位：mA）

I_B	0	0.010	0.020	0.040	0.060	0.080
I_C	<0.001	0.485	0.980	1.990	2.995	3.995
I_E	<0.001	0.495	1.000	2.030	3.055	4.075

仔细观察表中的数据，可以得到以下结论：

(1) 每一列的数据都满足基尔霍夫电流定律，即

$$I_E = I_C + I_B$$

这个关系叫作三极管的电流分配关系，即：三极管的发射极电流等于基极电流和集电极电流之和，且 $I_E \approx I_C$。

(2) 每一列中，集电极电流都比基极电流大得多，且基本上满足一定的比例关系，从第四列和第五列的数据可以得出 I_C 与 I_B 的比值分别为

$$\frac{I_C}{I_B} = \frac{0.980}{0.020} = 49, \quad \frac{I_C}{I_B} = \frac{1.99}{0.04} = 49.75$$

基本上约为 50。这个关系用式子表示出来就是

$$\frac{I_C}{I_B} = \bar{\beta}$$

式中，$\bar{\beta}$ 叫作直流电流放大系数。

这个关系叫作三极管的电流比例关系。

(3) 求出两列数据中 I_C 和 I_B 的变化量，并加以比较，比如先选第四列和第五列数据，得

$$\frac{\Delta I_C}{\Delta I_B} = \frac{1.990 - 0.980}{0.040 - 0.020} = \frac{1.010}{0.020} = 50.5$$

再选第五列和第六列数据，得

$$\frac{\Delta I_\text{C}}{\Delta I_\text{B}}=\frac{2.995-1.990}{0.060-0.040}=\frac{1.005}{0.020}=50.25$$

这说明，当基极电流有一个小的变化(0.02 mA)时，集电极电流相应有一个大的变化(1.01 mA)，且两者的比值和直流放大系数 $\bar{\beta}$ 基本相当。用式子表示出来就是

$$\frac{\Delta I_\text{C}}{\Delta I_\text{B}}=\beta$$

式中，β 叫作交流电流放大系数。这个关系叫作三极管的电流控制关系。

β 的大小体现了三极管的电流放大能力，即如果在基极上有一个小的变化的电流信号，则在集电极上就可以得到一个大的且与基极信号成比例的电流信号。正因为如此，三极管被称作电流控制型器件。

一般情况下，$\bar{\beta}$ 与 β 的数值近似相等。在工程计算中，可认为 $\bar{\beta}=\beta$。用万用表测得的电流放大倍数实际上就是 $\bar{\beta}$，但一般都把它作为 β 值来使用。

为了使用的方便，有些生产厂家在三极管的壳顶上标有色点，作为 $\bar{\beta}$ 值的色点标志，为选用三极管带来了很大的方便。其分挡标志如下：

$$0\sim15\sim25\sim40\sim55\sim80\sim120\sim180\sim270\sim400\sim600$$

棕　红　橙　黄　绿　蓝　紫　灰　白　黑

还可以直接用万用表来测量三极管的电流放大倍数。一般的万用表上都有专门测量三极管电流放大倍数的挡位：hFE。

3. 三极管电流放大的实质

如图 5-42 所示的电路，也称为三极管共发射极放大电路。在这个电路中，由三极管的基极与发射极构成输入回路，由集电极与发射极构成输出回路，其中三极管的发射极作为输入和输出回路的公共端，所以称为共发射极放大电路。三极管还可以接成其他形式的电路。

电子电路中所说的放大，一般是指对变化的交流信号的放大。在图 5-42 所示电路的输入回路中，若串入一个待放大的输入信号，则发射结上的外加电压将等于直流电压与外加信号电压的和。外加发射结电压的变化，相应使三极管的基极电流产生变化，当三极管工作在放大区时，各个极间电流比例关系和控制关系的存在将使三极管的集电极电流和发射极电流产生相应的变化，而集电极电流和发射极电流都比基极电流大得多，所以就认为是基极电流得到了放大。

实质上，所谓放大，就是用一个小的基极电流去控制大的集电极电流和发射极电流的变化，将电源的直流能量转化成和信号变化相同的交流能量。这就是三极管的电流放大作用。

三极管的电流放大作用可以归结为：

(1) 三极管必须工作在放大区，工作在放大区的电压条件是：发射结正偏，集电结反偏。

(2) 三极管对电流放大作用的实质是用微小的基极电流的变化去控制较大的集电极电流的变化。

(3) 三极管是一个电流控制型器件。

4. 三极管在电路中的应用

半导体三极管是电子电路的核心器件，应用十分广泛，但基本上可以归纳为放大应用和开关应用两大类。

（1）三极管的放大应用。在模拟电子电路中，三极管主要工作于放大状态，它把输入基极的电流 ΔI_B 放大 β 倍后以 ΔI_C 的形式输出，因此三极管的放大应用，就是利用三极管的电流控制作用把微弱的电流信号增强到所要求的数值。利用三极管的电流放大作用，可以得到各种形式的电子电路。

（2）三极管的开关应用。三极管工作在开关状态时，可以实现信号的导通与截止，相当于开关的断开和闭合，主要应用于数字电路。处于开关状态的三极管工作于截止区或饱和区，而放大区只是出现在三极管饱和与截止的转换过程中，是个瞬间的过渡过程。

5.4.4　三极管的伏安特性和主要参数

1. 三极管的伏安特性

三极管的伏安特性分为输入特性曲线和输出特性曲线两种。三极管的伏安特性曲线可根据实验数据绘出，也可以由晶体管图示仪直接测量得到。

1）三极管的输入特性曲线

三极管的输入特性曲线是当三极管的集-射电压 U_{CE} 一定时，基极电流 I_B 随基-射电压 U_{BE} 变化的关系曲线，如图 5-43(a)所示。由于三极管的发射结正向偏置，所以三极管的输入特性曲线与二极管的正向特性曲线相似。当 U_{BE} 小于死区电压时，$I_B = 0$，三极管截止；只有 U_{BE} 大于死区电压时才有基极电流 I_B，三极管导通。三极管导通后，发射结压降 U_{BE} 变化不大，硅管约为 $0.6 \sim 0.7$ V，锗管约为 $0.2 \sim 0.3$ V，这是判断三极管是否工作在放大状态的主要依据。

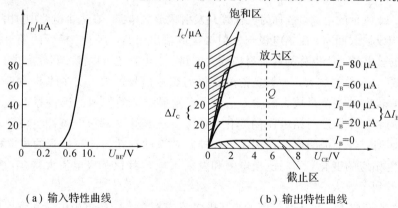

（a）输入特性曲线　　　　　　　　（b）输出特性曲线

图 5-43　三极管的伏安特性曲线

2）三极管的输出特性曲线

三极管的输出特性曲线是指三极管的基极电流 I_B 为某一固定值时，输出回路中集电极电流 I_C 与集-射电压 U_{CE} 的关系曲线。取不同的 I_B，可得到不同的曲线，因此三极管的输出特性曲线是一个曲线族，如图 5-43(b)所示。通常把三极管的输出伏安特性分成三个工作区：

（1）放大区。

输出特性曲线近似于水平的部分是放大区。在这个区域里，基极电流不为零，集电极电流也不为零，且 I_C 和 I_B 成正比，两者的比例叫作三极管的电流放大系数，表示三极管的电流放大能力。三极管工作于放大区的电压条件是：发射结上有正偏电压，集电结上有反偏电压。

（2）截止区。

在基极电流 $I_B=0$ 所对应的曲线下方的区域是截止区。在这个区域里，$I_B=0$，$I_C=I_{CEO}$（穿透电流）。三极管工作于截止区的电压条件是：发射结上有反偏电压，集电结上也有反偏电压。当然由于三极管在输入特性中存在着死区电压，所以对硅三极管而言，当发射结电压 $U_{BE}\leqslant0.5\,V$ 时，三极管开始截止；对锗三极管而言，当发射结电压 $\leqslant0.1\,V$ 时，三极管进入截止状态。

（3）饱和区。

饱和区是对应于 U_{CE} 较小（此时 $U_{CE}<U_{BE}$）的区域。在这个区域里，有 I_B，也有 I_C，但 I_C 与 I_B 不成比例关系。三极管工作于饱和区的电压条件是：发射结上是正偏电压，集电结上也是正偏电压。集电结电压之所以变成正向偏置，是由于集电极电流大到一定程度时，集电极电阻两端的电压降太大，致使集电极电位小于基极电位。

三极管饱和时，虽然有集电极电流，但集电极和发射极两端的电压很小，只有零点几伏（硅管 $0.3\,V$，锗管 $0.1\,V$）；三极管截止时，几乎没有集电极电流。这相当于电路开关的通和断，所以在电路里也常用三极管作为电子开关，这在数字电路里有着广泛的应用。三极管作为一个开关来使用时，是一个没有机械触点的开关，其开关速度可以达到每秒几百万次。正是基于此特性，才使计算机技术有了突飞猛进的发展。

2. 三极管的主要参数

三极管伏安特性完整地表示了三极管的特性，但每种规格的三极管都有自己的特性曲线，即使是同种型号的三极管其特性曲线也往往不同，需要用专门的仪器（晶体管特性测量仪）进行测量才能得到正确的结果。所以人们常用一组数据来描述三极管的特性，这些数据就是三极管的参数，可以通过查半导体手册来得到。

三极管的参数是正确选用三极管的主要根据，主要参数如下：

1）电流放大系数 $\bar{\beta}$ 和 β

（1）共射直流电流放大系数 $\bar{\beta}$。

当三极管接成共发射极电路时，在没有信号输入的情况下，集电极电流 I_C 和基极电流 I_B 的比值叫作共发射极直流电流放大系数：

$$\bar{\beta}=\frac{I_C}{I_B}$$

（2）共射交流电流放大系数 β。

当三极管接成共发射极电路时，在有信号输入的情况下，集电极电流的变化量 ΔI_C 和基极电流的变化量 ΔI_B 的比值叫作共发射极交流电流放大系数：

$$\beta=\frac{\Delta I_C}{\Delta I_B}$$

这两个参数从定义上是不同的，但这两个参数的值在放大区时是非常相近的。在生产实践中，用万用表测量三极管的 $\bar{\beta}$ 值很容易，而测量三极管的 β 值则需要使用专门的仪器。所以在一般电路的计算中，可以用 $\bar{\beta}$ 值来代替 β 值。

2）三极管极间反向电流

（1）反向饱和电流 I_{CBO}。

当发射极开路时，集电极和基极之间的反向电流叫作反向饱和电流。反向饱和电流是由少数载流子形成的，其值受温度的影响较大。硅三极管的反向饱和电流要远远小于锗三极管的反向饱和电流，其数量级在微安和毫安之间。通常，反向饱和电流的值越小越好。

（2）穿透电流 I_{CEO}。

当基极开路时，由集电区穿过基区流入发射区的电流叫作穿透电流。穿透电流也是由少数载流子形成的。在数量上，穿透电流和反向饱和电流有下列关系：

$$I_{CEO} = (1+\beta)I_{CBO}$$

尽管反向饱和电流 I_{CBO} 的值很小，但穿透电流 I_{CEO} 的值却不容忽视，尤其是当环境温度变化时，穿透电流 I_{CEO} 的变化更是不容忽略。在考虑到这个因素时，三极管工作在放大区时集电极电流的表达式就变成：

$$I_C = \beta I_B + I_{CEO}$$

在选用三极管时，一般情况下要优先选用硅管，因为硅管的穿透电流值比较小。

3）三极管的极限参数

（1）集电极最大允许电流 I_{CM}。

三极管工作在放大区时，若集电极电流超过一定值，其电流放大系数就会下降。三极管的 β 值下降到正常值三分之二时的集电极电流，叫作三极管的集电极最大允许电流，用 I_{CM} 来表示。集电极电流超过 I_{CM} 时，不一定会引起三极管的损坏，但会影响电流的放大倍数，导致放大倍数的差别过大，这是工作在放大区的三极管所不允许的。

（2）集电极和发射极反向击穿电压 $U_{(BR)CEO}$。

当基极开路时，加于集电极和发射极之间的能使三极管击穿的电压值，一般为几十伏到几百伏以上，视三极管的型号而定。选择三极管时，要保证 $U_{(BR)CEO}$ 大于工作电压 U_{CE} 两倍以上，这样才有一定的安全系数。

（3）发射极和基极反向击穿电压 $U_{(BR)EBO}$。

当集电极开路时，在发射极和基极之间所允许施加的最高反向电压，一般为几伏到几十伏，视三极管的型号而定。选择三极管时，要保证 $U_{(BR)EBO}$ 大于工作电压 U_{BE} 两倍以上。

（4）集电极最大允许功耗 P_{CM}。

三极管工作于放大区时，其集电结上的电压是比较大的。当有集电极电流 I_C 流过时，半导体管芯就会产生热量，致使集电结的温度上升。三极管工作时，其温度有一定的限制（硅管的允许温度大约为 150 ℃）。三极管在使用时，应保证 $U_{CE} I_C < P_{CM}$，这样才能保证安全。图 5-44 是三极管的集电极最大允许功耗曲线。

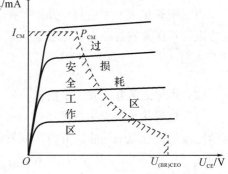

图 5-44 三极管的集电极最大允许功耗曲线

3. 温度对三极管参数的影响

半导体材料具有热敏特性，用半导体材料做成的三极管也同样对温度敏感。温度会使三极管的参数发生变化，从而改变三极管的工作状态。主要的影响如下：

（1）温度对发射结电压 U_{BE} 的影响。实验表明：温度每升高 1 ℃，U_{BE} 会下降 2 mV；温度下降，则 U_{BE} 上升。这会影响三极管工作的稳定性，需要在电路中加以解决。但也可以利用这一特点，制造出半导体温度传感器，实现对温度的自动控制。

（2）温度对反向饱和电流 I_{CBO} 的影响。温度升高时，三极管的反向饱和电流 I_{CBO} 将会增加。实验表明：温度每升高十摄氏度，反向饱和电流 I_{CBO} 将增加一倍，而这又将导致穿透电流的更大变化，严重影响三极管的工作状态，需要引起特别注意。

（3）温度对电流放大系数 β 的影响。实验表明：三极管的电流放大系数 β 随温度升高而增大，温度每升高一摄氏度，β 值增大大约 1%。在输出伏安特性曲线图上，表现为各条曲线之间的间隔随温度的升高而增大。

综上所述，温度的变化最终都导致三极管集电极电流发生变化。

5.4.5 特殊三极管

1. 光敏三极管

光敏三极管是一种相当于在基极和集电极接入光电二极管的三极管。为了对光有良好的响应，其基区面积比发射区面积大得多，以扩大光照面积。光敏三极管的管脚有三个也有两个的，在两个管脚的光敏三极管中，光窗口即为基极。光敏三极管的外形照片和电路符号如图 5-45 所示。

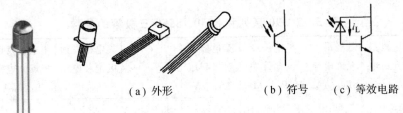

（a）外形　　（b）符号　　（c）等效电路

图 5-45　光敏三极管的外形、符号和等效电路

2. 光耦合器

光耦合器（Optical Coupler，OC）亦称光电隔离器，简称光耦。光耦合器是把发光二极管和光敏三极管组装在一起而成的光-电转换器件，其主要原理是以光为媒介，实现电—光—电的传递与转换。两种光耦合器的外形照片和四种光耦的电路符号如图 5-46 所示。

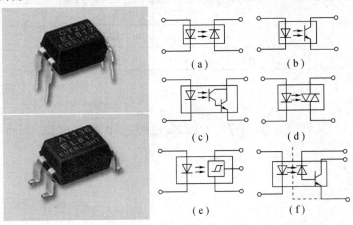

（a）　　　　　　（b）

（c）　　　　　　（d）

（e）　　　　　　（f）

图 5-46　两种光耦合器的外形照片和四种光耦的电路符号

光耦合器一般由三部分组成：光的发射、光的接收及信号放大。输入的电信号驱动发光二极管(LED)，使之发出一定波长的光，被光探测器接收而产生光电流，再经过进一步放大后输出。这就完成了电—光—电的转换，从而起到输入、输出、隔离的作用。由于光耦合器输入输出间互相隔离，电信号传输具有单向性等特点，因而具有良好的电绝缘能力和抗干扰能力。

在光电隔离电路中，为了切断干扰的传输途径，电路的输入回路和输出回路必须各自独立，不能共地。

【实用资料】 　　韩国三星公司的 90 系列和 8050、8550 三极管的参数

近年来从国外引进了一些型号的三极管，在电子产品上的用量很大，其型号规定与我国的标准不同，其参数也很难查找，这里给出在电子产品上常用的韩国三星公司的产品，它们是以四位数来命名的，例如 9011、9018 等。还有常用的中功率三极管，如 8050 和 8550。这些三极管的参数，如表 5-7 所示。

9011 一般用于高频放大，9012 和 9013 一般用于小功率放大，9014 和 9015 一般用于低频放大，而 9016 和 9018 一般用于超高频放大。

9013、9012、9011 的工作频率可达 150 MHz，9014 和 9015 的工作频率只有 80 MHz，而 9016 和 9018 的工作频率可达 500 MHz。

表 5-7　90 系列和 8050、8550 三极管的参数

参数 型号	集电极最大允许电流 I_{CM}/mA	基极最大允许电流 $I_{BM}/\mu A$	集电极最大允许功耗 P_{CM}/MW	集电极发射极耐压 U_{CEO}/V	电流放大系数 β	集电极发射极饱和电压 U_{CES}/V	集电极发射极反向电流 $I_{CEO}/\mu A$	双极型晶体管类型
8050	1500	500	800	25	85～300	0.5	1	NPN
8550	1500	500	800	−25	85～300	0.5	1	PNP
9011	30	10	400	30	28～198	0.3	0.2	NPN
9012	500	100	625	−20	64～202	0.6	1	PNP
9013	500	100	625	20	64～202	0.6	1	NPN
9014	100	100	450	45	60～1000	0.3	1	NPN
9015	100	100	450	−45	60～600	0.7	1	PNP
9016	25	5	400	20	28～198	0.3	1	NPN
9018	50	10	400	15	28～198	0.5	0.1	NPN

实训任务 17　半导体三极管的测量

任务实施

一、看一看

(1) 观察如图 5-47 所示的各种三极管的照片，查找相关资料，认识各种不同种类的三极管。

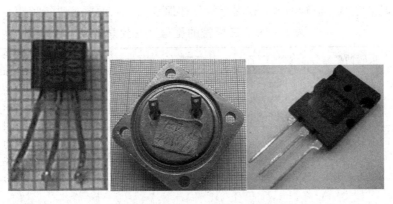

图 5-47　各种三极管的照片

（2）拆卸一个功率放大器，观看其内部结构，认识板上各种类型的三极管，识读三极管上的各种数字和其他标志，将识别结果填入表 5-8 中。

表 5-8　三极管的直观识别记录表

序　号	该三极管外形	该三极管型号	该三极管的材料（硅或锗）	该三极管在电路中的用途	备　注

二、测一测

（1）用万用表对功率放大器电路板上的三极管进行在线检测。

用指针式万用表对各种三极管的正向电阻和反向电阻进行测量，将测量和判断结果填入表 5-9 中。

表 5-9　三极管的正向电阻和反向电阻的测量记录表

序　号	三极管的型号	三极管的正向电阻	三极管的反向电阻	万用表的挡位	三极管质量判断结果	备　注

（2）用万用表对与功率放大器电路板上型号和规格相同的新三极管进行离线检测，并分析比较在线检测与离线检测的结果，将操作结果填入相应的表格中。

（3）根据给定的三极管型号，查阅资料并按照表5-10的要求进行填写。

表5-10　三极管的型号及其代表意义

序　号	三极管的型号	哪国产品	管型	材料	额定功率	最大集电极电流
1	3DD6					
2	3DA87					
3	3CG22					
4	3AD30					
5	3DG8					
6	2SC181S					
7	H2NS401B					
8	9013					
9	9012					
10	8050					
11	8550					

（4）根据在放大电路中测得的三极管各个极的对地电压（见表5-11），判断各个极的名称、管型和材料。

表5-11　三极管的各个极对地电压及其判断

序　号	三极管的三个极 A、B、C 对地电压	基极	发射极	集电极	管型	材料
1	$U_A=-2.3$ V　$U_B=-3$ V　$U_C=-6$ V					
2	$U_A=-9$ V　$U_B=-6$ V　$U_C=-6.3$ V					
3	$U_A=6$ V　$U_B=5.7$ V　$U_C=2$ V					
4	$U_A=0$ V　$U_B=-0.7$ V　$U_C=-6$ V					
5	$U_A=3$ V　$U_B=3.7$ V　$U_C=6$ V					

5.5　场效应晶体管及其应用

　　20世纪60年代，科学家研制出一种三端半导体器件，叫作场效应晶体管，简称为场效应管。它是一种电压控制型器件，利用改变外加电场的强弱来控制半导体材料的导电能力。场效应管的输入电阻极高（最高可达 10^{15} Ω），几乎不吸取信号源电流。它还具有热稳定性好、噪声低、抗辐射能力强、制造工艺简单、便于集成等优点，因此在电子电路中得到了广泛的应用。

场效应晶体管是继晶体三极管之后又一种重要的新型电子器件,其重要性绝不亚于人类对晶体三极管的发明。没有场效应管,现在大量使用的集成电路就不可能如此普及和廉价,许多电子产品的性能也不会达到如此高的水平。

5.5.1　绝缘栅型场效应管

绝缘栅型场效应管的结构是金属—氧化物—半导体,简称为 MOS 管。MOS 管又分 N沟道和 P 沟道两种,每一种又分为增强型和耗尽型两种类型。

1. 绝缘栅型场效应管的结构、符号和实验电路

N 沟道增强型绝缘栅型场效应管的结构如图 5-48(a)所示,它的三个电极分别叫作源极、漏极和栅极。在 P 型硅薄片(作衬底)上制成两个掺杂浓度高的 N 区(用 N^+ 表示),用铝电极引出作为源极 S 和漏极 D,两极之间的区域叫作沟道,漏极电流经此沟道流到源极。然后在半导体表面覆盖一层很薄的二氧化硅绝缘层,再在二氧化硅表面上引出一个电极叫作栅极 G。栅极同源极、漏极均无电接触,故称作"绝缘栅极"。通常在衬底上也引出一个电极,将之与源极相连。

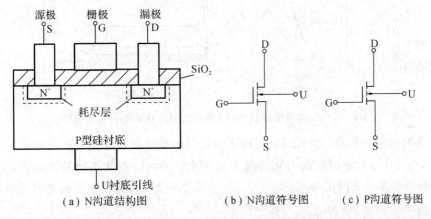

(a) N沟道结构图　　　(b) N沟道符号图　　　(c) P沟道符号图

图 5-48　增强型绝缘栅型场效应管的结构和符号

用 P 型半导体作衬底可以制成 N 沟道增强型绝缘栅型场效应管。如果用 N 型半导体作衬底可以制成 P 沟道增强型绝缘栅型场效应管。N 沟道和 P 沟道增强型绝缘栅型场效应管的符号分别如图 5-48(b)和图 5-48(c)所示,它们的区别是衬底的箭头方向不同。箭头的方向总是从半导体的 P 区指向 N 区的,这一点和三极管符号的标志方法一样。

N 沟道增强型场效应管的实验电路如图 5-49 所示。

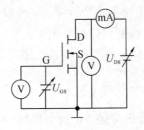

图 5-49　N 沟道增强型场效应管的实验电路

图 5-48 中是一个 N 沟道增强型绝缘栅型场效应管，当栅极和源极之间所加的电压 $U_{GS}=0$ 时，接在漏极上的电流表显示电流为零。逐渐增加栅源之间的正电压，当 U_{GS} 超过某一值（比如 2 V）时，会发现漏极电流开始增加，此时的栅源电压叫作场效应管的开启电压 $U_{GS(th)}$。这一点类似于场效应管的死区电压，但不同的是此时在栅极里并没有栅极电流，因为栅极和源极、漏极之间都是绝缘的。

场效应管利用加在栅极和源极之间的电压来改变半导体内的电场强度，从而控制漏极电流的有无和大小，这正是场效应管名称的由来。所谓增强型，是指 $U_{GS}=0$ 时没有漏极电流，当 U_{GS} 逐渐增大并超过一定数值时才有漏极电流。还有一种场效应管在 $U_{GS}=0$ 时就已经有漏极电流了，这种场效应管叫作耗尽型 MOS 管。

2. N 沟道增强型场效应管的特性曲线

根据实验数据，可以绘出 N 沟道增强型场效应管的各极电压和电流关系，如图 5-50 所示。

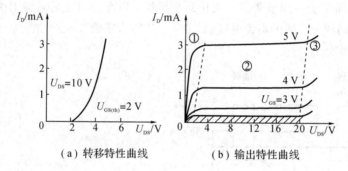

（a）转移特性曲线　　　（b）输出特性曲线

图 5-50　N 沟道增强型场效应管的各极电压和电流关系曲线

图 5-50(a) 叫作转移特性曲线，它描述的是当加在漏极和源极之间的电压 U_{DS} 保持不变时，输入电压 U_{GS} 对输出电流 I_D 的控制关系。图 5-50(b) 叫作输出特性曲线，它描述的是当加在栅极和源极之间的电压 $U_{GS}>U_{GS(th)}$ 并保持不变时，漏极和源极之间的电压 U_{DS} 对输出电流 I_D 的影响。

输出特性曲线可以分为以下三个区域：

（1）可变电阻区。

在这个区域，当 U_{GS} 一定时，I_D 与 U_{DS} 基本是线性关系。不同的 U_{GS} 所对应的曲线斜率不同，反映出电阻的值是变化的。所以称这个区域为可变电阻区。

（2）饱和区。

图中所示曲线近似水平的区域叫作饱和区，在此区内，U_{DS} 增加，I_D 基本不变（对应于同一个 U_{GS} 值），管子的工作状态相当于一个恒流源，所以此区又叫作恒流区。在恒流区内，I_D 的大小随 U_{GS} 的大小而变化，曲线的间隔反映出 U_{GS} 对 I_D 的控制能力。从这个意义上说，饱和区又可称为放大区，而且基本上是线性关系。场效应管用于放大时，就工作在这个区域。

（3）击穿区。

特性曲线快速上翘的部分叫作击穿区，在这个区域，U_{DS} 增大到一定值后，漏极和源极之间会发生击穿，漏极电流 I_D 急剧增大。如不加以限制，会造成 MOS 管损坏。

5.5.2　结型场效应管

1. 结型场效应管的结构和符号

结型场效应管也分成 N 沟道和 P 沟道两种类型。N 沟道结型场效应管的结构和符号如图 5.51(a) 和图 5.51(b) 所示。它是用一块 N 型半导体作衬底，在其两侧做成两个杂质浓度很高的 P 型区，形成两个 PN 结。从两边的 P 型区引出两个电极并在一起，成为栅极 G；在 N 型衬底的两端各引出一个电极，分别叫作漏极 D 和源极 S。两个 PN 结中间的 N 型区域，叫作导电沟道，它是漏极和源极之间的电流通道。

如果用 P 型半导体做衬底，则可构成 P 沟道结型场效应管，其符号如图 5-51(c) 所示。N 沟道和 P 沟道结型场效应管符号上的区别，在于栅极的箭头指向不同，但都是由 P 区指向 N 区的。

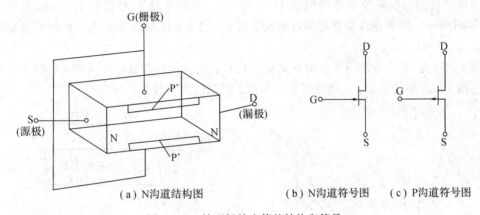

（a）N沟道结构图　　　　（b）N沟道符号图　　　（c）P沟道符号图

图 5-51　结型场效应管的结构和符号

2. 结型场效应管的工作原理

N 沟道和 P 沟道结型场效应管的工作原理完全相同，此处以 N 沟道结型场效应管为例进行分析。

研究场效应管主要是分析输入电压对输出电流的控制作用。在图 5-52 中给出了当漏极和源极之间的电压 $U_{DS}=0$ 时，栅源电压 U_{GS} 对导电沟道影响的示意图。

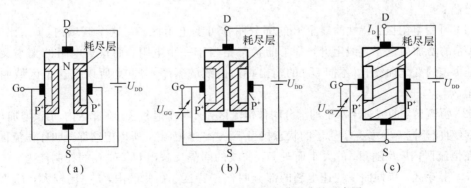

（a）　　　　　　　（b）　　　　　　　（c）

图 5-52　栅源电压 U_{GS} 对导电沟道影响的示意图

分析：

（1）当 $U_{GS}=0$ 时，PN 结的耗尽层如图 5-52(a) 中阴影部分所示。耗尽层只占 N 型半导体体积的很小一部分，导电沟道很宽，沟道电阻比较小。

（2）当在栅极和源极之间加上一个可变直流负电压 U_{GS} 时，两个 PN 结都是反向偏置，耗尽层加宽，导电沟道变窄，沟道电阻变大。

（3）当栅源电压 U_{GS} 负到一定值时，两个 PN 结的耗尽层近于碰上，导电沟道被夹断，沟道电阻趋于无穷大。此时的栅源电压叫作栅源夹断电压，用 $U_{GS(off)}$ 表示。

从以上的分析可知，改变栅源电压 U_{GS} 的大小，就能改变导电沟道的宽窄，也就能改变沟道电阻的大小。如果在漏极和源极之间接入一个合适的正电压 U_{DS}，则漏极电流 I_D 的大小将随栅源电压 U_{GS} 的变化而变化，这就实现了控制作用。

3. N 沟道结型场效应管的特性曲线

栅源电压对漏极电流的控制关系可以用转移特性曲线表示出来，如图 5-53 所示。

转移特性是指在漏极和源极电压 U_{DS} 一定时，漏极电流 I_D 和栅源电压 U_{GS} 的关系。$U_{GS}=0$ 时的 I_D，叫作栅源短路时漏极电流，用 I_{DSS} 表示；使漏极电流 $I_D \approx 0$ 时的栅源电压就是夹断电压 $U_{GS(off)}$。

图 5-54 是 N 沟道结型场效应管的输出特性。它是指在栅源电压一定时，漏极电流和漏源电压 U_{DS} 之间的关系。它分成可变电阻区、恒流区和击穿区。

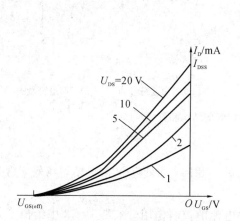

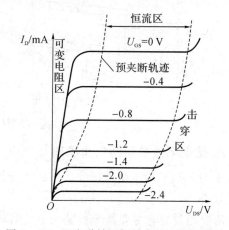

图 5-53　栅源电压对漏极电流的转移特性曲线　　图 5-54　N 沟道结型场效应管的输出特性

分析：

（1）可变电阻区：特性曲线上升的部分叫作可变电阻区。在这个区域内，U_{DS} 比较小，I_D 随 U_{DS} 的增加而近于直线上升，管子的状态相当于一个电阻，而这个电阻的大小又随栅源电压 U_{GS} 的变化而变化（不同 U_{GS} 的输出特性曲线的斜率不同），所以把这个区域叫作可变电阻区。

（2）恒流区：曲线近于水平的部分叫作恒流区，又叫作饱和区。在此区内，U_{DS} 增加，I_D 基本不变（对应于同一个 U_{GS}），管子的状态相当于一个"恒流源"，所以把这部分叫作恒流区。

在恒流区内，I_D 随 U_{GS} 的大小而改变，曲线的间隔反映出 U_{GS} 对 I_D 的控制能力。

（3）击穿区：特性曲线快速上翘的部分叫作击穿区。在此区内，U_{DS} 比较大，I_D 急剧增加，导致击穿现象的发生。场效应管工作时，不允许进入这个区域。

结型场效应管正常使用时，栅极和源极之间加的是反偏电压，其输入电阻虽然没有绝缘栅型场效应管那么高,但比起场效应管来还是高多了。

5.5.3　场效应管与三极管的比较

场效应管与三极管的比较如表 5 - 12 所示。

表 5 - 12　场效应管与三极管的比较

项目 \ 器件	三极管	场效应管
导电机构	既用多子,又用少子	只用多子
导电方式	载流子浓度扩散及电场漂移	电场漂移
控制方式	电流控制	电压控制
类型	PNP、NPN	P 沟道,N 沟道
放大参数	$\beta = 50 \sim 100$ 或更大	$G_m = 1 \sim 6$ ms
输入电阻	$10^2 \sim 10^4$ Ω	$10^7 \sim 10^{15}$ Ω
抗辐射能力	差	在宇宙射线辐射下,仍能正常工作
噪声	较大	小
热稳定性	差	好
制造工艺	较复杂	简单,成本低,便于集成化

实训任务 18　场效应管的测量

🏃 任务实施

一、看一看

(1) 观察如图 5 - 55 所示的三种场效应管,查找相关资料,认识各种不同种类的场效应管。

图 5 - 55　三种塑料封装大功率场效应管

(2) 观察如图 5 - 56 所示的各种场效应管的管脚排列图,查找相关资料,认识各种不同种类的场效应管。

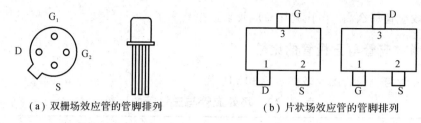

（a）双栅场效应管的管脚排列　　　　　　　（b）片状场效应管的管脚排列

图 5-56　各种场效应管的管脚排列图

（3）拆卸含有场效应管的电子产品的外壳，观看其内部结构，认识各种类型的场效应管，识读场效应管上的各种数字和其他标志，将识别结果填入表 5-13 中。

表 5-13　场效应管的直观识别记录表

序 号	该场效应管外形	该场效应管型号	该场效应管的材料(硅或锗)	该场效应管在电路中的作用	备 注

二、测一测

（1）用万用表对板上的场效应管进行在线检测。

用指针式万用表对各种场效应管的三个电极进行判断，对 PN 结的正向电阻和反向电阻进行测量，将测量和判断结果填入表 5-14 中。

表 5-14　场效应管的极间正向电阻和反向电阻的测量记录表

序 号	场效应管的型号	场效应管栅源极间的正向电阻	场效应管栅源极间的反向电阻	场效应管漏源极间的正向电阻	场效应管漏源极间的反向电阻	场效应管质量判断

（2）用万用表对与板上型号和规格相同的新场效应管进行离线检测，并分析比较在线检测与离线检测的结果，将操作结果填入相应的表格中。

（3）根据给定的场效应管型号，查阅资料并按照表 5-15 的要求进行填写。

表 5 - 15　场效应管的型号及其代表意义

序　号	场效应管的型号	哪国产品	管型	材料	额定功率	最大集电极电流
	2SK1825					
	IRF740					
	IRF830					
	IRF9630					
	2SK1548					
	FS3KM16A					

5.6　集成电路及其应用

集成电路是近 60 年发展起来的高科技产品，其发展速度异常迅猛，从小规模集成电路（含有几十个晶体管）发展到今天的超大规模集成电路（含有几千万个晶体管或近千万个门电路）。集成电路的体积小，耗电低，稳定性好，从某种意义上讲，集成电路是衡量一个电子产品先进程度的主要标志。

5.6.1　集成电路的类型和封装

集成电路按功能可分为数字集成电路和模拟集成电路两大类；按其集成度可分为小规模集成电路（SSI）、中规模集成电路（MSI）、大规模集成电路（LSI）和超大规模集成电路（VLSI），它表示了在一个硅基片上所制造的元器件的数目。

集成电路的封装形式有晶体管式封装、扁平封装和直插式封装。常见集成电路的封装形式如图 5 - 57 所示。集成电路的管脚排列次序有一定的规律，一般是从外壳顶部向下看，从左下脚按逆时针方向读数，其中在第一脚附近一般有参考标志，如凹槽、色点等。

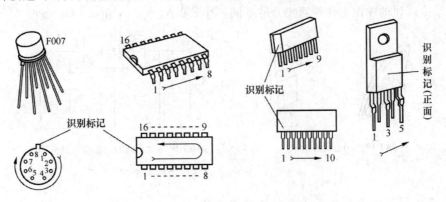

图 5 - 57　常见集成电路的封装形式

5.6.2　常用模拟集成电路

1. 模拟集成电路的分类

模拟集成电路按用途可分为运算放大器、直流稳压器、功率放大器和电压比较器等。模拟集成电路与数字集成电路的差别不但在信号的处理方式上，在使用电源电压上的差别更大。模拟集成电路的电源电压根据型号的不同可以不相同而且数值较高，视具体用途而定。

2. 集成运算放大器

自从 1964 年美国仙童公司制造出第一个单片集成运放 μA702 以来，集成运放得到了广泛的应用，目前它已成为线性集成电路中品种和数量最多的一类。

国标统一命名法规定，集成运放各个品种的型号由字母和阿拉伯数字两部分组成。字母在首部，统一采用 CF 两个字母，C 表示国标，F 表示线性放大器，其后的数字表示集成运放的类型。

3. 集成直流稳压器

直流稳压电源是电子设备中不可缺少的单元，而集成稳压器是构成直流稳压电源的核心，它体积小、精度高、使用方便，因而被广泛应用。

1) 三端式集成稳压器

将许多调整电压的元器件集成在体积很小的半导体芯片上即成为集成稳压器，使用时只要外接很少的元件即可构成高性能的稳压电路。由于集成稳压器具有体积小、重量轻、可靠性高，使用灵活和价格低廉等优点，在实际工程中得到了广泛应用。集成稳压器的种类很多，以三端式集成稳压器的应用最为普遍。

常用的三端固定输出式集成稳压器有输出为正电压的 W7800 系列和输出为负电压的 W7900 系列。图 5 - 58 为 W7800 系列的外形、电路符号及基本接法。

W7800 系列三端稳压器的输出电压有 5 V、6 V、9 V、12 V、15 V、18 V 和 24 V 共七个挡。型号（也记为 W78××）的后两位数字表示其输出电压的稳压值。例如，型号为 W7805 和 W7812 的集成块，其输出电压分别为 5 V 和 12 V。

W7900 系列稳压器的输出电压挡与 W7800 系列相同，但其管脚编号与 W7800 系列不同。三端稳压块的输出电流按照型号的不同，有 1.5 A、0.5 A 和 0.1 A 三种。

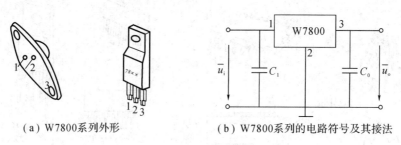

（a）W7800系列外形　　　　　　（b）W7800系列的电路符号及其接法

图 5 - 58　W7800 系列集成稳压器

2) 三端固定输出稳压集成电路的应用电路

图 5 - 58(c)为三端集成稳压器使用时的基本电路接法。外接电容 C_1 用以抵消因输入端

线路较长而产生的电感效应,可防止电路自激振荡。外接储能电容 C_0 可消除因负载电流跃变而引起输出电压的较大波动。图中 $\bar{u}_i$ 为整流滤波后的直流电压,$\bar{u}_o$ 为稳压后的输出电压。

图 5-59 为用 W7815 和 W7915 组成的双极性稳压电源输出电路,可同时向负载提供 +15 V 和 -15 V 的直流电压。

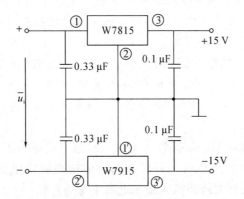

图 5-59 双极性稳压电源输出电路

目前,已经有将大功率晶体管和集成电路工艺结合在一起的大电流三端可调式稳压块。如 LM396 的最大输出电流可达 10 A,输出电压从 1.2 V 到 15 V 连续可调。该系列产品具有输出电流较大和过热保护、短路限流等功能。

3) 三端可调输出式集成稳压器系列

三端可调输出式集成稳压器有输出为正电压的 W117、W217、W317 系列和输出为负电压的 W137、W237、W337 系列。W117 的外形及电路符号如图 5-60(a)、图 5-60(b)所示。图中脚 1 和脚 3 分别为输入和输出端。脚 2 为调整端(ADJ),用于外接调整电路以实现输出电压可调。

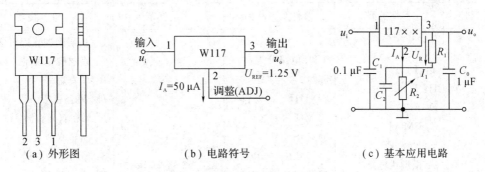

(a) 外形图   (b) 电路符号   (c) 基本应用电路

图 5-60 W117 系列集成稳压器

三端可调输出式集成稳压器的主要参数有:

输出电压连续可调范围:1.25～37 V

最大输出电流:1.5 A

调整端(ADJ)输出电流 I_A:50 μA

输出端与调整端之间的基准电压 U_{REF}:1.25 V

三端可调输出式集成稳压器的基本应用电路如图 5.60(c)所示,图中 C_1 和 C_0 的作用与在三端固定式稳压器电路中的作用相同。外接电阻 R_1 和 R_2 构成电压调整电路,电容 C_2 用于减小输出纹波电压。为保证稳压器空载时也能正常工作,要求 R_1 上的电流不小于 5 mA,

故取 $R_1 = U_{REF}/5 = 1.25/5 = 0.25\ \text{k}\Omega$，实际应用中 R_1 取标称值 240 Ω。忽略调整端（ADJ）的输出电流 I_A，则 R_1 与 R_2 是串联关系，因此改变 R_2 的大小即可调整输出电压 $\bar{u}_o$。

4）低压差三端集成稳压器

78××和79××系列三端稳压块的输入和输出之间需要有大约为 2～3 V 的电压降，才能保证有稳定的电压输出。这个电压不但造成了能量的损耗，还使得在低输入电压条件下的稳压输出变得困难甚至是不可能。

MC33269 系列三端集成稳压器是低压差、中电流、正电压输出的集成稳压器，有固定电压输出（3.3 V、5.0 V、12 V）及可调电压输出四种不同型号，最大输出电流可达 800 mA。在输出电流为 500 mA 时，MC33269 三端稳压集成电路的压差为 1 V，它的内部有过热保护和输出短路保护。

近年来，半导体器件生产厂家又推出了输入和输出端压差仅为 500 mV 和 100 mV 的更低压差三端稳压器，使在航空航天领域和其他尖端领域使用高精度的稳压电源成为可能。低压差的三端稳压块极大地降低了稳压电路本身的功耗，使各种高档计算机的 CPU 用上了更低的稳压源，CPU 的发热量大大减小，从而使计算机的速度大为增加。

5.6.3　常用数字集成电路

数字集成电路按结构的不同可分为双极型和单极型电路。其中双极型电路有 DTL、TTL、ECL、HTL 等多种形式；单极型电路有 JFET、NMOS、PMOS、CMOS 等四种形式。

国产半导体数字集成电路的型号一般由五部分组成，各部分的符号及含义如表 5-16 所示。

表 5-16　国产半导体数字集成电路型号命名法

第一部分	第二部分	第三部分	第四部分	第五部分
中国制造	器件类型	器件系列品种	工作温度范围	封　装
C	T：TTL H：HTL E：ECL C：CMOS M：存储器 μ：微型机电路 B：非线性电路 J：接口电路 AD：A/D 转换器 DA：D/A 转换器 SC：通信专用电路 …	TTL 电路分为： 54/74×××① 54/74H×××② 54/74L×××③ 54/74S××× 54/74LS×××④ 54/74AS××× 54/74ALS××× 54/74F××× CMOS 电路分为： 4000 系列 54/74HC××× 54/74HCT×××	C：0～70℃⑤ G：-25～70℃ L：-25～85℃ E：-40～85℃ R：-55～85℃ M：-55～125℃⑥	D：多层陶瓷双列直插 F：多层陶瓷扁平 B：塑料扁平 H：黑瓷扁平 J：黑瓷双列直插 P：塑料双列直插 S：塑料单列直插 T：金属圆壳 K：金属菱形 C：陶瓷芯片载体 E：塑料芯片载体 G：网络针栅阵列封装 SOIC：小引线封装 PCC：塑料芯片载体 LCC：陶瓷芯片载体

注：① 74 表示国际通用 74 系列（民用）；54 表示国际通用 54 系列（军用）。② H 表示高速。③ L 表示低速。④ LS 表示低功耗。⑤ C 表示只出现在 74 系列。⑥ M 表示只出现在 54 系列。

1. TTL 数字集成电路

在实际工程中，最常用的数字集成电路主要有 TTL 和 CMOS 两大系列。

TTL 集成电路是用双极型晶体管作为基本元件集成在一块硅片上制成的，其品种、产量最多，应用也最广泛。国产的 TTL 集成电路有 T1000～T4000 系列，T1000 系列与国标 CT54/74 系列及国际 SN54/74 通用系列相同。

54 系列与 74 系列 TTL 集成电路的主要区别是在其工作环境的温度上。54 系列的工作环境温度为：-55～$+125$℃；74 系列的工作环境温度为：0～70℃。

TTL 集成电路的型号和逻辑功能没有直接联系，各种型号的 TTL 数字集成电路的功能可查阅数字集成电路手册。

2. CMOS 集成电路

CMOS 集成电路以单极型晶体管为基本元件制成，其发展迅速，主要是因为它具有功耗低、速度快、工作电源电压范围宽（如 CC4000 系列的工作电源电压为 3～18 V）、抗干扰能力强、输入阻抗高、扇出能力强、温度稳定性好及成本低等优点，尤其是它的制造工艺非常简单，为大批量生产提供了方便。

CMOS 集成电路的型号和逻辑功能没有直接联系。但对于末两位数或三位数相同的 CMOS 集成电路和 TTL 集成电路，其逻辑功能是一样的，只是电源和有些参数不同而已。各种型号的 CMOS 数字集成电路的功能可查阅数字集成电路手册。

【新器件】　　　　　　　　　　片状集成电路

片状集成电路具有引脚间距小、集成度高等优点，广泛用于彩电、笔记本计算机、移动电话、DVD 等高新技术电子产品中。

片状集成电路的封装有小型封装和矩形封装两种形式。小型封装有 SOP 和 SOJ 两种封装形式，这两种封装电路的引脚间距大多为 1.27 mm、1.0 mm 和 0.76 mm。其中 SOJ 占用印制板的面积更小，应用较为广泛。矩形封装有 QFP 和 PLCC 两种封装形式，PLCC 比 QFP 更节省电路板的面积，但其焊点的检测较为困难，维修时拆焊更困难。此外，还有 "COB" 封装，即俗称的 "软黑胶" 封装。它将 IC 芯片直接粘在印制电路板上，通过芯片的引脚实现与印制板的连接，最后用黑色的塑胶包封。

实训任务 19　常用集成电路的认识

任务实施

一、看一看

（1）观察如图 5-61 所示的各种集成电路的照片，查找相关资料，认识各种类型的集成电路。

图 5-61　各种集成电路的照片

（2）拆卸一个功率放大器的外壳，观看其内部结构，认识板上各种类型的集成电路，识读集成电路上的各种数字和其他标志，选择 6 个不同的集成电路，将识别结果填入表 5-17 中。

表 5-17　集成电路直观识别记录表

序　号	电路外形	封装形式	电路型号	备　注
1				
2				
3				
4				
5				
6				

二、模拟集成电路与数字集成电路的区分

（1）对模拟集成电路进行直观识别，要求：识别和区分功放集成电路、集成运算放大器、三端集成稳压器，读取封装上的字符标志，查阅相关模拟集成电路手册，找出其主要参数和应用场合。将 8 个模拟集成电路的查阅结果填入表 5-18 中。

表 5-18　模拟集成电路识别记录表

序　号	电路型号	封装形式	电路类型	应用场合	主要参数	备　注
1						
2						
3						
4						
5						
6						
7						
8						

（2）对数字集成电路进行识别，要求区分出 74 系列集成电路和 40 系列集成电路，读取封装上的字符标志，查阅相关数字集成电路手册，找出其主要参数和应用场合。将 8 个

数字集成电路的查阅结果填入表 5－19 中。

表 5－19　数字集成电路识别记录表

序　号	电路型号	封装形式	电路类型	应用场合	主要参数	备注
1						
2						
3						
4						
5						
6						
7						
8						

练　习　题

5－1　二极管有何用途？如何用万用表来判断二极管的好坏和极性？

5－2　在维修电路时，若发现有一个稳压二极管 2CW55 损坏，是否可以到市场上买来一只同型号的二极管换上就可以了？

5－3　测量高压硅堆的正反向电阻时，需要用万用表的哪一个挡位？

5－4　三极管有何用途？如何用万用表来判断三极管的好坏和极性？

5－5　场效应管有何用途？如何用万用表来判断场效应管的好坏和极性？

5－6　集成电路按功能可分为哪两大类？

5－7　三端集成直流稳压器有哪些系列？

5－8　集成功放有哪些类型？各有何特点？

5－9　TTL 系列和 CMOS 系列数字集成电路的主要区别是什么？在一个数字电路系统中，可否同时运用这两种系列的集成电路？

5－10　判断图 5－62 所示电路的三极管工作于什么区？（设发射结压降均为 0.7 V。）

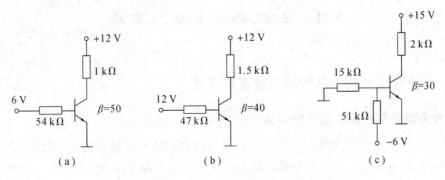

图 5－62　5－10 题电路图

项目6 基本放大电路的分析

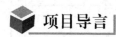 项目导言

　　三极管比二极管在结构上仅仅多了一个 PN 结，却实现了半导体器件性质上的飞跃，微弱的电信号经过由三极管组成的放大电路，就可以变成绚丽多彩的图像和优美动听的歌声，更可以实现复杂系统的自动控制和智能识别。这一切都归功于用三极管组成的基本放大电路，因此认识和了解这些基本放大电路，是迈入奥妙无穷的电子世界的基础。

知识目标

　　(1) 熟悉放大电路各组成元件的作用。
　　(2) 熟悉共发射极放大电路和共集电极放大电路，会分析静态特性和动态特性。
　　(3) 了解放大电路的直流通道和交流通道，熟悉这两种通道的作用和画法。
　　(4) 能分析多级放大电路的性能。
　　(5) 能计算多级放大电路的电压放大倍数、输入电阻和输出电阻。
　　(6) 了解放大电路的频率特性和通频带的概念。

 技能目标

　　(1) 能绘制放大电路的直流通道图，能用公式法估算出电路的静态特性。
　　(2) 能绘制放大电路的交流通道图，会画三极管的微变等效电路图，能用微变等效电路法分析放大电路的动态特性。
　　(3) 能对多级放大电路选择合适的级间耦合方式，能进行电路静态参数的调试。

6.1　三极管基本放大电路

6.1.1　三极管基本放大电路的三种连接方式

1. 放大电路各个组成部分的作用

　　基本放大电路的作用是将信号源输出的信号按负载的要求进行电压、电流、功率的放大，所以一个基本放大电路由信号源、放大电路和负载三部分组成，在这三者之间的信号传递示意图如图 6-1 所示。

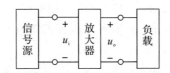

图 6-1　信号源、放大器、负载的连接示意图

对信号源而言，放大电路相当于负载。对负载而言，放大电路相当于信号源。放大电路与信号源、负载之间有四个连接端点，放大电路与信号源的连接端称为放大电路的输入端，放大电路与负载的连接端称为放大电路的输出端。

因为三极管只有三个电极，所以三极管必须有一个电极作为输入电路和输出电路的公共端。

2. 三种基本连接方式

按三极管公共端电极的不同，放大电路有三种基本的连接方式，也叫作三种组态，即共发射极电路、共基极电路和共集电极电路，如图 6-2 所示。

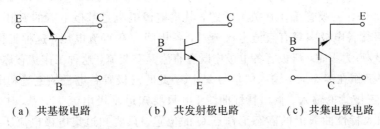

（a）共基极电路　　　（b）共发射极电路　　　（c）共集电极电路

图 6-2　放大电路的三种基本连接方式

3. 固定偏置式共发射极放大电路

1）电路组成

共发射极放大电路可以放大信号的电压、电流和功率，应用比较普遍，较典型的电路为固定偏置式共发射极放大电路，其组成如图 6-3 所示。

2）电路元件的名称和作用

电路中各元件的名称和作用如下：

三极管 VT：它是整个放大电路的核

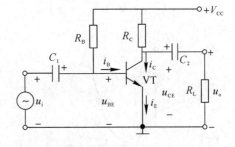

图 6-3　固定偏置式共发射极放大电路结构

心器件，利用它的基极电流对集电极电流的控制作用来实现对输入信号的放大。

基极偏置电阻 R_B：直流电源经 R_B 向发射结提供正向偏置电压，R_B 可限制基极电流的大小。R_B 值固定，基极电流的大小也固定。

集电极电阻 R_C：直流电源经 R_C 向集电结提供反向偏置电压（发射结正向偏置电压，三极管工作在放大状态），R_C 把流入集电极的电流转换成电压输出，实现电压放大。

耦合电容 C_1、C_2：耦合电容的作用是"隔直流，通交流"，实现交流信号从信号源经放大电路到负载之间的传递，而且隔离直流电源对信号源和负载电路的影响。在三极管基本放大电路中放大的交流信号属于低频信号，耦合电容一般选择容量为几十微法的电解电容就可满足电路要求。连接电路时要注意电解电容的极性。

直流电源 V_{CC}：直流电源向三极管的两个 PN 结提供偏置，保证其工作在放大状态；提供信号放大后交流信号增加的能量，即实现电源直流能量向信号交流能量的转换。

3）字母符号规定

从放大电路的组成可看出电路中即有直流又有交流，为了便于分析对各电量的表示符号规定如下：

直流分量：符号用大写字母大写下标，例如 I_B 表示基极电流中的直流分量。

交流分量：符号用小写字母小写下标，例如 i_b 表示基极电流中的交流分量。

总量：符号用小写字母大写下标，总量是指电路中即有直流又有交流，例如 i_B 表示基极电流中的总量。

交流量的有效值：符号用大写字母小写下标，例如 I_b 表示基极电流中的交流分量的有效值。

交流量的最大值：在交流量的有效值符号下标后加字母 m，例如 I_{bm} 表示基极电流中的交流分量的最大值。

4）放大电路的静态和动态

在图 6-3 中，三极管工作在放大状态，其集电极电流是基极电流的 β 倍。当输入信号 $u_i=0$ 时，三极管各电极中只有直流电流流过，各极间存在直流电压，这种工作状态称为静态。当输入信号不为零时，三极管各电极中既有直流又有交流，这种工作状态称为动态。

放大电路工作在静态时，输入的信号 $u_i=0$，此时三极管各电极的电流和电压都是固定的直流量。在三极管的输入、输出特性曲线上，只要知道基极电流 I_B，基-射极间电压 U_{BE} 即可确定在输入特性曲线上的静态工作点 Q 的位置。只要知道集电极电流 I_C，集-射极间电压 U_{CE} 就可确定在输出特性曲线上静态工作点 Q 的位置。因此静态工作点的估算就是估算这四个电量，一般在各电量的符号下标中加 Q 强调为静态工作点，四个电量的符号为 U_{BEQ}、I_{BQ}、I_{CQ}、U_{CEQ}，如图 6-4 所示。

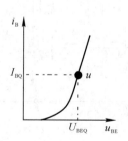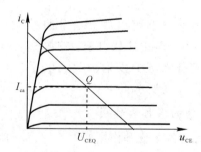

图 6-4　静态工作点在特性曲线上的位置

输入端的交流小信号电压 u_i 经耦合电容 C_1 加到三极管的基-射极，当 u_i 变化时引起 u_{be} 的变化，根据三极管的输入特性曲线 u_{be} 的变化将引起基极电流 i_b 的变化，其波形是在静态电流基础上叠加一个交流量，而 i_b 的变化将引起 i_c 的变化，其变化量是 i_b 的 β 倍。i_c 流经 R_C 时产生电压降，电源电压 u_{cc} 值不变，由 $u_{CE}=V_{CC}-i_cR_C$ 可知，当 i_c 上升时，u_{CE} 将下降，反之 u_{CE} 将上升，可见 u_{CE} 的变化与 u_i 的变化相反。u_{CE} 经输出耦合电容 C_2 到负载形成输出电压 u_o。则共发射极放大电路的输出与输入信号相位为反相。

5）信号放大的实质

放大电路对信号电压进行放大，实质是利用了三极管的电流放大作用，将受基极电流控制的集电极电流的变化通过集电极电阻 R_C 转换成输出电压而实现的。放大电路工作在静态和动态时电路中各支路电压和电流波形如图 6-5 所示。在共射极放大电路中输入微弱正弦信号，经三极管放大后，输出同频、反相、放大的正弦信号。

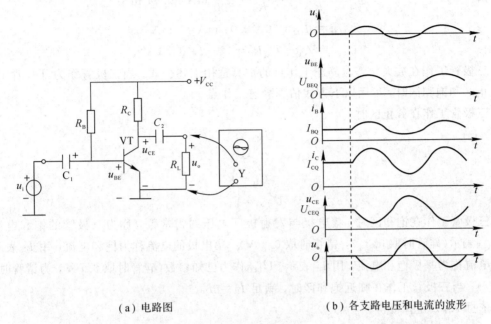

（a）电路图　　　　　　（b）各支路电压和电流的波形

图 6-5　放大电路工作在静态和动态时电路中各支路电压和电流波形

6.1.2　放大电路的分析方法

放大电路性能的分析方法有图解法、估算法和微变等效电路法。图解法比较直观，但作图过程复杂，而且要依据三极管的特性曲线，在实际电路分析时很少应用。估算法用于工程上估算放大电路的静态工作点。微变等效电路法用于分析动态时放大电路的输入、输出电阻和放大倍数。

1. 放大电路的静态分析

估算静态工作点时可通过放大电路的直流通道图来分析计算。画直流通道图时电容器可视作开路，电感可视作短路，直流电源的内阻可忽略不计。固定偏置共发射极放大电路的直流通道图如图 6-6 所示。

U_{BEQ} 是已知参数，三极管为硅管时取 0.7 V，为锗管时取 0.3 V。计算时如果直流电源电压 $V_{CC} \gg U_{BEQ}$（即 $V_{CC} \geqslant 10 U_{BEQ}$），则 U_{BEQ} 可忽略不计，取值为零。根据基尔霍夫电压定律和三极管工作在放大状态时的电流放大作用可推出下列估算静态工作点公式：

$$I_{BQ} = \frac{V_{CC} - U_{BEQ}}{R_B} \approx \frac{V_{CC}}{R_B}$$

$$I_{CQ} = \beta I_{BQ}$$

$$U_{CEQ} = V_{CC} - I_{CQ} R_C$$

图 6-6　固定偏置共发射极
放大电路的直流通道

例 6 - 1 已知在图 6 - 3 中，直流电源电压 $V_{CC}=12$ V，集电极电阻 $R_C=3$ kΩ，基极电阻 $R_B=300$ kΩ，三极管的电流放大系数 $\beta=50$，试估算放大电路的静态工作点。

解
$$I_{BQ}=\frac{V_{CC}-U_{BEQ}}{R_B}\approx\frac{V_{CC}}{R_B}=\frac{12}{300}\ \text{mA}=0.04\ \text{mA}$$

$$I_{CQ}=\beta I_{BQ}=50\times0.04\ \text{mA}=2\ \text{mA}$$

$$U_{CEQ}=V_{CC}-I_{CQ}R_C=12-2\times3=6\ \text{V}$$

三极管工作在放大状态时静态工作点的估算适用上述公式，当三极管作为开关管工作在截止区和饱和区时，可用以下方式估算静态工作点。

三极管工作在截止区时：

$$U_{BEQ}\leqslant0$$

$$I_{BQ}=0$$

$$I_{CQ}=0$$

$$U_{CEQ}=V_{CC}$$

三极管工作在饱和区时：集电极与发射极间电压约为常数，称为三极管的饱和电压，用 U_{CES} 表示（硅管时取 0.3 V，锗管时取 0.1 V）。集电极的电流称为饱和电流，用 I_{CS} 表示。基极电流称为基极饱和电流，用 I_{BS} 表示。U_{BEQ} 作为已知参数（硅管时取 0.7 V，为锗管时取 0.3 V）。当三极管工作在临近饱和区时，满足 $I_C=\beta I_B$。

依据 KVL 定律可得

$$I_{CQ}=I_{CS}=\frac{V_{CC}-U_{CES}}{R_C},\quad I_{BO}=I_{BS}=\frac{I_{CS}}{\beta}$$

所以当三极管工作在饱和区时：

$$I_{CQ}=I_{CS}=\frac{V_{CC}-U_{CES}}{R_C},\quad I_{BQ}=\frac{V_{CC}-U_{BEQ}}{R_B}=I_{BS}$$

可见三极管工作在饱和区时，三极管的电流放大作用减弱。通过上述分析可知，放大电路的静态工作点选择不当，三极管可能不工作在放大区，造成放大作用减弱，甚至失去放大作用。

对于一个放大电路最基本的要求就是对输入信号进行尽可能的不失真放大。所谓不失真放大，就是输出信号保持为输入信号的波形、频率，只是对输入信号的幅度进行等比放大。失真是指输出信号的波形与输入信号的波形各点不成比例。

从三极管的特性曲线不难看出三极管本身就是一个非线性元件，要想尽可能实现线性放大，一是要限制输入信号的幅度，二是要建立一个合适的静态工作点。从三极管的输出特性曲线分析，合适的 Q 应选择在交流负载线的中间点，此时 Q 位于放大区中间线性比较好的区域，距离截止区、饱和区较远，信号的变化范围较大，放大电路工作范围最大。

若 Q 选择不合适，将会造成输出信号的非线性失真。Q 选择过低，输出电压信号波形的正半周将有部分因进入截止区而被削平，这种失真称为截止失真。Q 选择过高，输出电压信号波形的负半周将有部分因进入饱和区而被削平，这种失真称为饱和失真。

静态工作点 Q 对输出波形的影响如图 6 - 7 所示。在实际应用电路中在基极偏置电路串联一个可调电阻器，通过调整 R_B 的大小来选择合适的静态工作点，尽可能实现不失真最大幅度的放大。

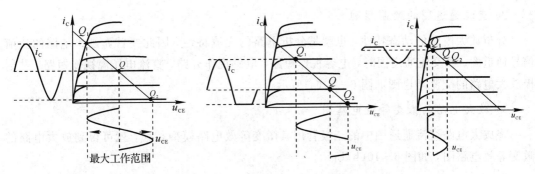

图 6-7　Q 点对输出变形的影响

2. 放大电路的动态分析

放大电路的动态分析是指输入信号不为零时，分析其输入、输出电阻，放大倍数。输入信号为小信号时可采用微变等效电路法。

1) 三极管的等效模型

在整个放大电路中，只有三极管是非线性元件，如果能把它线性化等效，就可用以前学过的电路定律进行分析计算。

从三极管输入特性曲线上看（见图 6-8(a)），如果 Q 选择合适，输入信号幅度小，在这一小段工作范围内可视作直线，这样就可把非线性的三极管线性化。

三极管的基极和发射极间可用一个电阻来等效，用 R_{be} 表示，它表示了三极管的输入特性，称为三极管的输入电阻。低频小信号三极管的输入电阻常用下面经验公式计算：

$$R_{be} = r'_{bb} + (1+\beta)\frac{26\ mV}{I_{EQ}}$$

式中，r'_{bb} 是基区等效电阻，一般取值范围为 $200 \sim 300\ \Omega$，I_{EQ} 为三极管发射结的静态电流值，注意单位必须是毫安。R_{be} 值一般为几百欧到几千欧。

从三极管的输出特性曲线上看（见图 6-8(b)），在放大区的中间位置，输出特性曲线为等间距的平行直线。等间距表明 β 近似为常数，$i_C = \beta i_B$ 具有受控的恒流特性；为直线表明 C-E 极间等效电阻 R_{CE} 为无穷大。因此三极管的 C-E 极可等效成一个受控恒流源。综上所述，三极管线性化后的微变等效电路如图 6-9 所示。

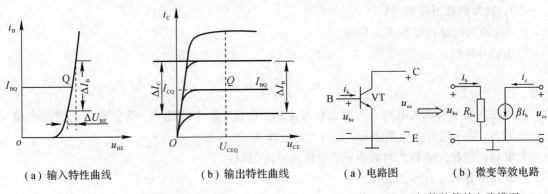

（a）输入特性曲线　　　（b）输出特性曲线　　　　（a）电路图　　　（b）微变等效电路

图 6-8　晶体管的特性曲线及相关变化电量　　图 6-9　三极管的等效电路模型

2）交流通道图的绘制原则

分析放大电路的动态特性，也就是分析电路的交流特性，因此要首先画出电路的交流信号通道图。画交流通道图时，电容视作短路，电感视作开路，直流电压源视作短路。共射极放大电路的交流通道图如图 6-10(a)所示。

3）放大电路的微变等效电路图

将放大电路交流通道图中的三极管用其微变等效电路模型替代，就可得到放大电路的微变等效电路图，如图 6-10(b)所示。

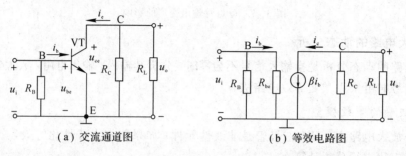

（a）交流通道图　　　　　　　（b）等效电路图

图 6-10　共发射极放大电路的交流通道图、等效电路图

4）放大电路动态参数的估算

（1）电压放大倍数 A_u。

电压放大倍数是指放大电路的输出电压与输入电压之比，它是衡量放大电路对信号放大能力的主要技术指标。

$$A_u = \frac{U_o}{U_i}$$

根据各极电流的方向，应用基尔霍夫定律分析图 6-10 可得

$$A_u = \frac{U_o}{U_i} = -\frac{I_c R'_L}{I_b R_{be}} = -\frac{\beta R'_L}{R_{be}}$$

式中，负号表示输出电压与输入电压反相，$R'_L = R_C \parallel R_L$ 称为放大电路的交流负载。

空载时 $R'_L = R_C$，则放大电路的放大倍数比带载时大。显然，放大电路带载越重（R_L 值越小），放大倍数下降越多。

（2）放大电路的电流放大倍数。

负载开路时：

$$A_i = \frac{I_o}{I_i} = \frac{I_c}{I_b} = \beta$$

可见共发射极放大电路具有放大信号电压、电流、功率的能力。衡量放大电路放大信号的能力，除了用放大倍数表示，还可用增益来表示。

增益就是放大倍数的对数表示，单位为分贝（db）。

电压增益 G_u：$G_u = 20 \lg A_u$

电流增益 G_i：$G_i = 20 \lg A_i$

功率增益 G_p：$G_p = 10 \lg A_p$

引入增益表示放大电路的放大能力，一是在放大倍数比较高时便于读写，二是从增益的正负情况可直观看出放大电路的性质是放大电路，还是衰减器。增益为负，放大电路是衰减器。三是在多级放大电路中，可变放大倍数的乘法运算为增益的加法运算。

（3）放大电路的输入电阻 R_i。

放大电路的输入端可等效成一个电阻称为放大电路的输入电阻。该电阻对信号源而言可视作负载。

$$R_i = \frac{U_i}{I_i}$$

放大电路的输入电阻越大，信号源的电流越小，信号源内阻上压降越小，放大电路得到的输入电压越大。对放大电路来说，输入电阻越大越好。

分析微变等效电路图，考虑基极偏置电阻 $R_b \gg R_{be}$，可得出：

$$R_i = R_b /\!/ R_{be} \approx R_{be}$$

可见共发射极放大电路的输入电阻不大，一般为几百欧到几千欧。

（4）放大电路的输出电阻 R_o。

从负载两端向放大电路看得到的等效电阻就是放大电路的输出电阻。分析微变等效电路图，可以认为电流源的内阻为无穷大，从而得出

$$R_o = R_C$$

对于负载而言，放大电路可视作信号源。共发射极放大电路作为电压放大电路，该放大电路可等效成电压源，输出电阻等效为电压源的内阻。电压源的内阻越小，对输出电压影响越小，带负载能力越强。对放大电路来说，输出电阻越小越好。共发射极放大电路的输出电阻不小，一般为几千欧。

例 6 - 2 共发射极放大电路如图 6 - 11 所示，已知三极管的 $\beta = 50$，信号源内阻 $R_S = 37\ \Omega$，基极偏置电阻 $R_B = 510\ k\Omega$，集电极电阻 $R_C = 6.8\ k\Omega$，负载电阻 $R_L = 6.8\ k\Omega$，直流电源 $V_{CC} = 20\ V$。试计算放大电路的电压放大倍数 A_u、考虑信号源内阻放大电路的放大倍数 A_{uS}、负载开路时电压放大倍数 A_{uo}、输入电阻 R_i、输出电阻 R_o。

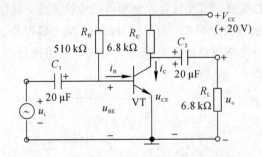

图 6 - 11 带信号源的共发射极放大电路

解

$$I_{BQ} = \frac{V_{CC} - U_{BEQ}}{R_B} \approx \frac{V_{CC}}{R_B} = \frac{20}{510}\ mA \approx 40\ \mu A$$

$$I_{CQ} = \beta I_{BQ} = 50 \times 0.04\ mA = 2\ mA \approx I_{EQ}$$

$$R_{be} = r_{bb} + (1+\beta)\frac{26\ mV}{I_{EQ}} = 300 + (1+50)\frac{26}{2} = 963\ \Omega$$

$$R'_L = R_C /\!/ R_L = \frac{R_C R_L}{R_C + R_L} = \frac{6.8 \times 6.8}{6.8 + 6.8} = 3.4 \text{ k}\Omega$$

$$A_u = -\frac{\beta R'_L}{R_{be}} = -\frac{50 \times 3.4}{0.963} = -177$$

$$R_i \approx R_{be} = 963 \ \Omega$$

$$A_{uS} = A_u \frac{R_i}{R_i + R_S} = -177 \times \frac{963}{963 + 37} = -170$$

$$A_{uo} = \frac{-\beta R_C}{R_{be}} = -\frac{50 \times 6.8}{0.963} = -353$$

$$R_o = R_C = 6.8 \ \text{k}\Omega$$

可见，考虑信号源的内阻放大电路的电压放大倍数会下降，内阻越大，下降越多。负载开路时电路的电压放大倍数明显增大。计算共发射极放大电路的电压放大倍数时，千万不要忘记负号。带信号源的共发射极放大电路的等效电路如图 6-12 所示。

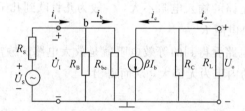

图 6-12　带信号源的共发射极放大电路的等效电路图

6.1.3　分压偏置式放大电路

1. 电路组成

放大电路要想不失真地放大输入信号，必须选择一个合适的静态工作点，而且在放大电路的工作过程中要保持静态工作点的稳定。造成静态工作点不稳定的因素很多，如电源电压的波动、器件老化、温度变化等。这些变化将影响三极管集电极的变化，造成 Q 的运动变化，容易造成非线性失真。因此只要控制集电极电流不变，就稳定住了静态工作点。

在固定偏置共发射极放大电路中，当温度升高时，集电极电流上升，Q 靠近饱和区，容易形成饱和失真。因此对电路简单的固定偏置共射放大电路进行改进设计，形成了分压偏置式放大器，其电路如图 6-13 所示。

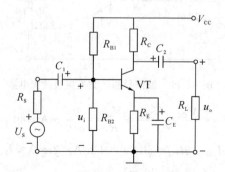

图 6-13　分压偏置式放大器电路

在该电路在，R_{B1}、R_{B2}称为上、下偏置电阻，R_E 为发射极电阻，C_E 是发射极交流旁路电容。因 I_{BQ} 很小，上、下偏置电阻可近似看做串联对直流电源电压进行分压，因电阻、电压源的参数几乎不随温度变化，三极管的基极电位 U_B 不随温度的变化而变化。

$$U_B \approx \frac{R_{B2}}{R_{B1}+R_{B2}}V_{CC}$$

在电路实际应用中，流过上偏置电阻的电流要远远大于三极管的基极电流时，上式才能成立。一般偏置电阻取几十千欧，U_B 值硅管的取 3~5 V，锗管取 1~3 V 即可。

2. Q 点稳定原理

分压偏置式放大电路的直流通道图如图 6.14(a)所示。当温度升高时，三极管的集电极电流 I_{CQ} 上升，发射极电流 I_{EQ} 也上升，发射极电位 $U_E=I_{EQ}R_E$ 也上升。三极管的基极电位 U_B 却保持不变，这样基极–发射极间电压 U_{BEQ} 将下降，由三极管的输入特性曲线可见，U_{BEQ} 将下降将导致基极 I_{BQ} 下降，从而导致 I_{CQ} 的下降。可见温度上升导致 I_{CQ} 上升趋势，而分压偏置式放大电路可使 I_{CQ} 产生下降变化趋势，这种微调作用将导致 I_{CQ} 几乎不随温度变化，从而稳定了静态工作点。

分压偏置式放大电路稳定静态工作点的过程如下：

$$T^0 \uparrow \rightarrow I_{CQ} \uparrow \rightarrow U_E \uparrow \rightarrow U_{BE} \downarrow \rightarrow I_{BQ} \downarrow \rightarrow I_{CQ} \downarrow$$

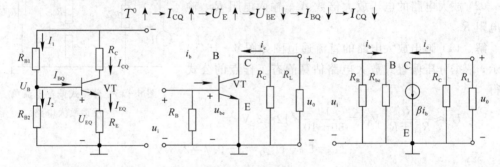

(a) 分压式放大器直流通道图　(b) 分压式放大器交流通道图　(c) 分压式放大器等效电路图

图 6-14　分压式放大器电路

3. 放大电路的分析

1) 静态工作点的估算

分压偏置式放大电路的直流通道图如图 6-14(a)所示，根据电路定律推出各电量公式如下：

$$U_B \approx \frac{R_{B2}}{R_{B1}+R_{B2}}V_{CC}$$

$$U_E = U_B - U_{BEQ}$$

$$I_{CQ} \approx I_{EQ} = \frac{U_E}{R_E}$$

$$U_{CEQ} \approx V_{CC} - I_{CQ}(R_C + R_E)$$

$$I_{BQ} = \frac{I_{CQ}}{\beta}$$

分析上式可知，在这种电路中，三极管的集电极电流只取决于电路中其他元件的参数，与三极管的参数无关。在维修时，可用参数有所不同的三极管进行替代，也不会影响放大电路的直流性能。分压偏置式放大电路既提高了静态工作点的热稳定性，又便于维修，该电路应用比较广泛。

2）动态参数的分析

分压偏置式放大电路的交流通道图如图 6-14(b)所示，微变等效电路如图 6-14(c)所示。根据电路定律推出各电量公式如下：

$$A_u = -\frac{\beta R'_L}{R_{be}}$$

$$R_i = R_{B1} /\!/ R_{B2} /\!/ R_{be} \approx R_{be}$$

$$R_o = R_C$$

分析上式可知，分压偏置式放大电路在稳定静态工作点的同时，对共发射极放大电路的动态特性指标无影响。

例 6-3 一放大电路如图 6-15 所示，$V_{CC}=12$ V，$R_{b1}=30$ kΩ，$R_{B2}=10$ kΩ，$R_C=R_L=2$ kΩ、$R_L=2$ kΩ、$R_{E1}=0.1$ kΩ，$R_{E2}=0.9$ kΩ，$\beta=50$。求：

（1）放大电路的静态工作点；

（2）放大电路的电压放大倍数 A_u、输入电阻 R_i、输出电阻 R_o。

解 （1）画出放大电路的直流通道图如图 6-16(a)所示，依据分压偏置式放大电路估算静态工作点的公式可得

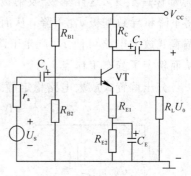

图 6-15　分压式偏置电流负反馈放大电路

$$U_B \approx \frac{R_{b2}}{R_{b1}+R_{b2}} V_{CC} = \frac{10}{30+10} \times 12 = 3 \text{ V}$$

$$U_E = U_B - U_{BEQ} = 3 - 0.7 = 2.3 \text{ V}$$

$$I_{CQ} \approx I_{EQ} = \frac{U_E}{R_{E1}+R_{E2}} = \frac{2.3}{1} \text{ mA} = 2.3 \text{ mA}$$

$$U_{CEQ} \approx V_{CC} - I_{CQ}(R_c + R_e) = 12 - 2.3(2+1) = 5.1 \text{ V}$$

$$I_{BQ} = \frac{I_{CQ}}{\beta} = \frac{2.3}{50} = 46 \text{ } \mu\text{A}$$

（2）画出交流通道图如图 6-16(b)所示，发射极的电阻 R_{E1} 因没有并联旁路电容而保留在交流通道图中。画出的微变等效电路图如图 6-16(c)所示。

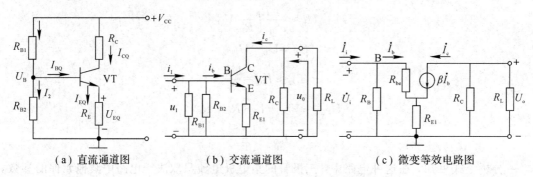

（a）直流通道图　　　　（b）交流通道图　　　　（c）微变等效电路图

图 6-16　分压式偏置电流负反馈电路

运用电路定律分析如下：

$$U_i = I_b[R_{be} + (1+\beta)R_{E1}]$$

$$U_o = -I_c(R_c /\!/ R_L) = -I_c R_L'$$

$$R_{be} = r_{bb} + (1+\beta)\frac{26\text{ mV}}{I_{EQ}} = 300 + (1+50)\frac{26}{2.3} = 877\ \Omega$$

$$A_u = \frac{U_o}{U_i} = -\frac{I_c R_L'}{I_b[R_{be} + (1+\beta)R_{E1}]} = -\beta\frac{R_L'}{R_{be} + (1+\beta)R_{E1}} = -50\frac{1}{0.877 + (1+50)0.1} = -8.37$$

$$R_i = \frac{U_i}{I_i} = R_{B1} /\!/ R_{B2} /\!/ [R_{be} + (1+\beta)R_{E1}] = 30 /\!/ 10 /\!/ [0.877 + (1+50)0.1] \approx 3.3\ \text{k}\Omega$$

$$R_o = R_C = 2\ \text{k}\Omega$$

可见，三极管的发射极有了电阻 R_{E1}，放大电路的电压放大倍数会下降，但放大电路的输入电阻会提高，从而可以减少对前级信号的索取。

6.1.4 其他组态放大电路

1. 共集电极放大电路-射极输出器

1）电路组成

电路图如图 6-17 所示。其中 R_B 是偏置电阻，R_E 是射极电阻，R_L 是负载，C_1、C_2 是耦合电容。其交流通道图如图 6.18(b) 所示。从交流通道图中可见，基极和集电极组成放大电路的输入回路，发射极和集电极组成放大电路的输出回路，集电极是输入、输出回路的公共端，因此该电路称为共集电极放大电路。因从发射极输出信号故又称为射极输出器。

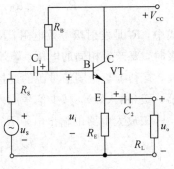

图 6-17 共集电极放大器电路图

2）电路分析

（1）静态工作点估算。

画出该电路的直流通道图如图 6-18(a) 所示。应用电路定律可推出：

$$I_{BQ} = \frac{V_{CC} - U_{BEQ}}{R_B + (1+\beta)R_E}$$

$$I_{CQ} = \beta I_{BQ}$$

$$U_{CEQ} = V_{CC} - I_{EQ}R_E \approx V_{CC} - I_{CQ}R_E$$

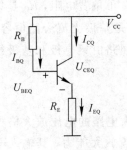

（a）直流通道图

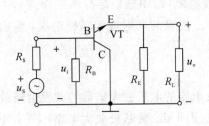

（b）交流通道图

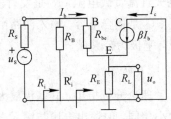

（c）微变等效电路

图 6-18 共集电极放大器电路图

（2）动态特性分析。

该电路的电压放大倍数 A_u：

由图 6-18(c)所示的微变等效电路可得

$$U_i = I_b[R_{be} + (1+\beta)(R_E /\!/ R_L)]$$

$$U_o = I_c(R_C /\!/ R_L) = (1+\beta)I_b(R_E /\!/ R_L)$$

$$A_u = \frac{U_o}{U_i} = \frac{(1+\beta)I_b(R_E /\!/ R_L)}{I_b[R_{be} + (1+\beta)(R_E /\!/ R_L)]} \leqslant 1$$

可见，共集电极放大电路不具有电压放大能力，输出电压与输入电压大小相近，相位相同，因此该电路又称为射极跟随器。

该电路的电流放大倍数 A_i：

负载开路时，由微变等效电路可得

$$A_i = \frac{I_o}{I_i} = \frac{I_e}{I_b} = 1+\beta$$

可见共集电极放大电路具有电流放大能力。该放大电路的输入电阻 R_i：

$$R_i = \frac{U_i}{I} = R_B /\!/ [R_{be} + (1+\beta)(R_E /\!/ R_L)] \approx R_{be} + (1+\beta)R_L'$$

式中，R_L' 是发射极等效电阻，$R_L' = R_E /\!/ R_L$。它流过的电流是发射极电流，该电阻等效到基极时，要产生相同的电压，等效电阻应为 $(1+\beta)$ 倍。可见，共集电极放大电路的输入电阻大，有利于与微弱信号源的连接。根据这一特性共集电极放大电路常作为多级放大电路的第一级（输入级），减少信号源内阻上压降，使放大电路获得尽可能大的输入电压。

该放大电路的输出电阻 R_o：

$$R_o = \frac{U_o}{I_{oi}} = R_E /\!/ \frac{R_{be} + (R_B /\!/ R_S)}{1+\beta}$$

可见共集电极放大电路的输出电阻比较小，一般为几欧到几十欧，所以其带负载能力比较强。根据这一特性，共集电极放大电路常作为多级放大电路的输出级。根据共集电极放大电路的输入电阻大、输出电阻小和电压跟随特性，共集电极放大电路也常常作为多级放大电路的中间隔离级。

2. 共基极放大电路

1）电路组成

共基极放大电路的电路如图 6.19(a)所示。图中 R_{B1}、R_{B2} 称为上、下偏置电阻，R_C 是集电极直流负载电阻，R_E 是发射极电阻（作用是稳定静态工作点），C_B 是基极交流旁路电容，C_1、C_2 是耦合电容。输入回路由三极管的发射极和基极组成，输出回路由集电极和基极组成，基极为公共端。

2）电路特点

理论分析指出：共基极放大电路的电压放大倍数与共发射极放大电路的电压放大倍数大小相同，但输出电压与输入电压同相。共基极放大电路不具有电流放大能力，其输入电阻小，适合与信号源是电流源的前级连接。其输出电阻较大，带负载能力较差。共基极放大电路的频率特性好，适用于进行高频信号的放大。

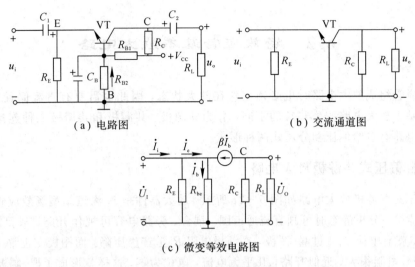

（a）电路图　　　　　　　　　（b）交流通道图

（c）微变等效电路图

图 6-19　共基极放大器

3. 调谐放大电路

1）电路特点

调谐放大电路是广泛应用于各种电子设备、发射和接收机中的一种具有选频能力的电压放大电路。它的主要特点是晶体管的负载不是纯电阻，而是由 L、C 元件组成的并联谐振回路。

尤其是对于频率为

$$f_0 = \frac{1}{2\pi\sqrt{LC}}$$

的信号才有放大作用，所以调谐放大电路是对某些频率具有特殊放大功能的电路。

2）电路组成

共射极单调谐放大电路的电路图如图 6-20 所示。

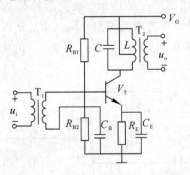

图 6-20　共射极单调谐放大电路

在图 6-20 中，R_{B1}、R_{B2} 是上下偏置电阻，保证三极管工作在放大状态。R_E 是射极电阻（稳定静态工作点），C_B 是基极旁路电容，C_E 是射极旁路电容。输入信号 u_i 经 T_1 通过 C_B 和 C_E 送到晶体管的 B、E 极之间，放大后的信号经 LC 谐振电路选频由 T_2 耦合输出。

6.2 场效应管基本放大电路

场效应管组成放大电路时也必须工作在放大状态,因此也需要有直流偏置电路部分。场效应管基本放大电路按公共端的不同,分为共源极、共漏极和共栅极三种连接方式。常用的偏置电路有自给偏压和分压式两种形式。

6.2.1 自偏压式共源极放大电路

自偏压式共源极放大电路如图 6-21 所示。放大器件是 N 沟道结型场效应管,属于耗尽型场效应管。分析静态时可画直流通道图,耦合、旁路电容可视作开路。只要漏-源极间加上电压,就有电流 I_D 流过漏-源极,在源极电阻 R_S 上产生压降。而栅极在正常工作时,栅-源极间等效电阻很大,近似开路,几乎无电流,电位为零,这样就形成了栅-源极间的负偏压 V_{GS}。

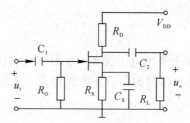

图 6-21 自偏压式共源极放大电路

因为 V_{GS} 是由依靠场效应管自身的电流 I_D 产生了栅极所需的负偏压,故称为自给偏压。共源极场效应管放大电路的输出电压与输入电压反相。

6.2.2 分压式共源极放大电路

分压式共源极放大电路如图 6-22 所示。放大器件是 N 沟道绝缘栅增强型场效应管。只有 U_{GS} 大于开启电压时,漏极才有电流流过。R_{G1}、R_{G2} 分压决定了栅-源极间的电压 U_{GS},故称为分压式放大电路。要求 R_{G3} 远远大于 R_{G1}、R_{G2},U_G 的电位才能稳定,从而能稳定静态工作点。

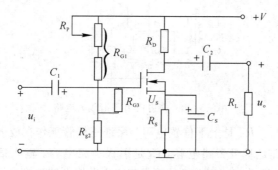

图 6-22 分压式共源极放大电路

一般场效应管的跨导比较小,因此单级场效应管放大电路的电压放大倍数要比三极管放大电路的电压放大倍数小很多。但由于场效应管放大电路的输入电阻比三极管要高出几个数量级，再加上场效应管的其他优点，使得场效应管放大电路的应用越来越普遍。

6.3　多级放大电路及其频率响应

6.3.1　多级放大电路

1. 多级放大电路的组成框图

在实际应用中，放大电路的输入信号总是很微弱，要达到负载对信号强度的要求，放大电路的放大倍数就要很高，这是单级放大电路难以实现的。单级放大电路的放大倍数过高，电路不稳定，实现预期的性能指标，必须采用多级放大电路。多级放大电路的组成框图如图 6-23 所示。

图 6-23　多级放大器组成框图

输入级的作用主要是完成与信号源的有效连接并对信号进行放大，要求其输入电阻高，一般采用共集电极放大电路；中间级主要实现对信号电压的放大，一般可采用几级共发射极放大电路来实现；输出级主要用于对信号进行功率放大，输出负载所需要的功率，并和负载实现最佳匹配。在多级放大电路中，前级相当于是后一级的信号源；后级相当于是前一级的负载。在分析电路时要考虑前后级间的相互影响。

2. 多级放大电路的级间耦合方式

耦合就是指多级放大电路各级之间的连接方式。一个单级放大电路与另一个单级放大电路之间的耦合称为级间耦合。对于多级放大电路的级间耦合有下列要求：减小信号在耦合电路上的损失，保证有用信号的顺利传输；尽量不影响前后级原有的工作状态；信号失真要小。多级放大电路常用的级间耦合方式有阻容耦合、变压器耦合、直接耦合三种方式。

1）阻容耦合

阻容耦合式两级放大电路如图 6-24 所示。单级放大电路是固定偏置的共发射极放大电路，两级间通过电容 C_2 和第二级的等效输入电阻 R_{be2} 实现耦合。由于电容具有"隔直通交"的作用，能使有用的交流信号顺利从前传递到后级，前后级的静态工作点又互相不影响，便于电路的设计、调试和维修。该电路体积小，重量轻，应用广泛。

但阻容耦合方式不适合放大变化缓慢的信号。当信号频率较低时，耦合电容的阻抗变大，信号的传输效率将降低。一般信号的最大容抗是下一级输入电阻的 1/10 即可。若放大的是音频信号，耦合电容常用电解电容；若放大的是视频信号，常用陶瓷电容（高频损耗小）。在选择耦合电容的容量时，要考虑电容的移相问题。

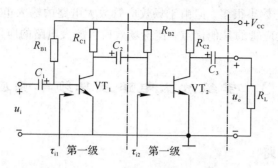

图 6 - 24　阻容耦合式两级放大电路图

2）变压器耦合

变压器耦合式两级放大电路如图 6 - 25 所示。变压器 T₁ 实现第一级和第二级间的耦合，变压器 T₂ 实现第二级和负载间的耦合。由于变压器传递信号是通过电磁感应，能顺利传递交流信号，又能隔断直流，从而使前后级的静态工作点互不影响，便于电路的设计、调试和维修。变压器还具有变换阻抗的作用，容易实现前后级间的最佳匹配。变压器耦合方式的缺点是体积和重量大，价格贵，频率特性不好。在传递高频信号时变压器应采用磁芯。

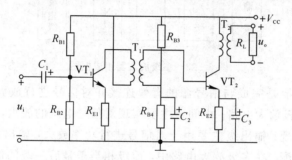

图 6 - 25　变压器耦合式两级放大电路图

3）直接耦合

阻容耦合、变压器耦合的多级放大电路共同优点是前后级的静态工作点相互影响小，便于电路的设计、调试和维修。缺点是频率特性不好，造成这种现象的原因是耦合元件电容、变压器元件本身的特性决定的。把耦合元件去掉，将前后级直接连接，其频率特性应是最好的，这种耦合方式称为直接耦合。

直接耦合式两级放大电路如图 6 - 26 所示。直接耦合多级放大电路不仅能放大交流信号，还能放大变化缓慢的信号（直流信号），因此直接耦合放大电路又被称为直流放大电路。

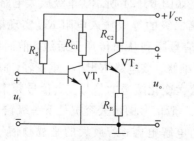

图 6 - 26　直接耦合式两级放大电路图

直接耦合放大电路的缺点是前后级的静态工作点互相影响,不便于电路的设计、调试、维修。尤其是该电路受温漂影响很大,温漂信号被逐级放大,将严重干扰压制有用信号,甚至造成直接耦合放大电路无法使用。

解决温漂现象最好的方法是采用差分放大电路。直接耦合放大电路去掉了在集成电路中无法制作的变压器和大电容等器件,因此在集成电路中普遍采用的是直接耦合方式。

6.3.2 多级放大电路的分析

1. 多级放大电路的电压放大倍数

多级放大电路的电压放大倍数其定义是

$$A_u = \frac{U_o}{U_i}$$

在多级放大电路,前级的输出电压就是后一级的输入信号,后级的输入电阻就是前一级的负载。从图 6-23 中可看出,$U_i = U_{i1}$,$U_{o1} = U_{i2}$,$U_o = U_{oN}$,则多级放大电路的电压放大倍数可为

$$A_u = \frac{U_o}{U_i} = \frac{U_{o1}}{U_i} \times \frac{U_{o2}}{U_{o1}} \times \cdots \times \frac{U_o}{U_{o(N-1)}} = \frac{U_{o1}}{U_{i1}} \times \frac{U_{o2}}{U_{i1}} \times \cdots \times \frac{U_{oN}}{U_{iN}} = A_{u1} \times A_{u2} \times \cdots \times A_{uN}$$

即:多级放大电路的电压放大倍数等于各级放大电路的电压放大倍数的乘积。但在计算每级放大电路的电压放大倍数时要考虑前后级的影响,把后级的输入电阻作为前一级的负载即可。

多级放大电路的增益等于各级放大电路的增益的和,即

$$G_u = 20 \lg A_{u1} \times A_{u2} \times \cdots \times A_{uN} = G_{u1} + G_{u2} + \cdots + G_{uN}$$

2. 多级放大电路的输入电阻和输出电阻

多级放大电路输入电阻等于第一级放大电路(输入级)的输入电阻;多级放大电路的输出电阻等于最后一级放大电路(输出级)的输出电阻。

例 6-4 三级阻容耦合的多级放大电路如图 6-27 所示,各元件参数如图中标注。求:

(1) 分析每级放大电路在整个电路中的作用。

(2) 估算各级的静态工作点。

(3) 计算放大电路的电压放大倍数 A_u、输入电阻 R_i、输出电阻 R_o。

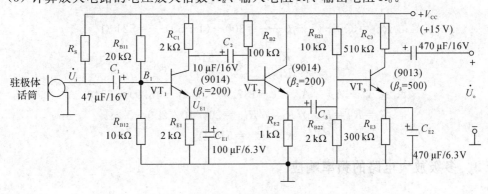

图 6-27 例 6-4 题图

解 (1) 第一级放大电路和第三级放大电路属于分压式共发射极放大电路,起电压放大作用。第二级放大电路是共集电极放大电路,起隔离作用。

（2）静态工作点的估算：各级直流被隔离，静态工作点可每级单独估算。

第一级放大电路静态工作点的估算：

$$U_{B1} = \frac{R_{B12}}{R_{B11} + R_{B12}} V_{CC} = \frac{10}{10 + 20} \times 15 = 5 \text{ V}$$

$$I_{CQ1} \approx I_{EQ1} = \frac{U_{B1} - U_{BEQ1}}{R_{E1}} = \frac{5 - 0.7}{2} \approx 2 \text{ mA}$$

$$U_{CEQ1} = V_{CC} - U_{E1} - I_{CQ1} R_{C1} = 15 - 4.3 - 2 \times 2 = 6.7 \text{ V}$$

$$I_{BQ1} = \frac{I_{CQ1}}{\beta_1} = \frac{2}{200} \text{ mA} = 10 \text{ } \mu A$$

第二级放大电路静态工作点的估算：

$$I_{CQ2} \approx I_{EQ2} = \frac{U_{CC} - U_{BEQ2}}{R_{E2} + \frac{R_{B2}}{(1+\beta)}} = \frac{15 - 0.7}{1 + \frac{100}{1 + 200}} \approx 10 \text{ mA}$$

$$I_{BQ2} = \frac{I_{CQ2}}{\beta_2} = \frac{10}{200} \text{ mA} = 50 \text{ } \mu A$$

$$U_{CEQ2} = V_{CC} - I_{CQ2} R_{E2} = 15 - 10 \times 1 = 5 \text{ V}$$

第三级放大电路静态工作点的估算：

$$U_{B3} = \frac{R_{B22}}{R_{B21} + R_{B22}} V_{CC} = \frac{2}{10 + 2} \times 15 = 2.5 \text{ V}$$

$$I_{CQ3} \approx I_{EQ3} = \frac{U_{B3} - U_{BEQ3}}{R_{E3}} = \frac{2.5 - 0.7}{0.3} \approx 6 \text{ mA}$$

$$I_{BQ3} = \frac{I_{CQ3}}{\beta_3} = \frac{6}{50} \text{ mA} = 120 \text{ } \mu A$$

$$U_{CEQ3} = V_{CC} - U_{E3} - I_{CQ3} R_{C3} = 15 - 1.8 - 6 \times 0.51 = 10.14 \text{ V}$$

（3）电压放大倍数。

第二级放大电路的 $A_{u2} \approx 1$，R_{i2} 较大，$R'_{L1} = R_{C1} // R_{i2} \approx R_{C1}$。

$$R_{be1} = 300 + (1+\beta) \frac{26}{I_{EQ1}} = 300 + (1 + 200) \frac{26}{2} \text{ } \Omega \approx 2.9 \text{ k}\Omega$$

$$A_{u1} = -\beta_1 \frac{R'_{L1}}{R_{be1}} = -200 \times \frac{2}{2.9} = -137.9$$

$$R_{be3} = 300 + (1+\beta) \frac{26}{I_{EQ3}} = 300 + (1 + 50) \frac{26}{6} = 521 \text{ } \Omega$$

$$A_{u3} = -\beta_3 \frac{R'_{L3}}{R_{be3}} = -50 \times \frac{510}{521} = -48.9$$

$$A_u = A_{u1} \times A_{u2} \times A_{u3} = (-137.9) \times 1 \times (-48.9) \approx 6743$$

$$R_i = R_{i1} = R_{B11} // R_{B12} // R_{be1} = 20 // 10 // 2.9 \approx 2 \text{ k}\Omega$$

$$R_o = R_{C3} = 510 \text{ } \Omega$$

6.3.3 多级放大电路的频率响应

1. 单级共射放大电路的频率特性

理想放大电路应对所有频率的信号实现等比例放大，但实际上放大电路对不同频率信号的放大倍数是不同的。这是因为电路中存在着性能受频率影响的元件，如电容、电感、变压器、三极管 PN 结的寄生电容等。

放大电路的频率特性是指放大电路的放大倍数向量与信号频率的关系。它包括幅频特性和相频特性两部分。其中幅频特性是指放大电路的放大倍数的大小（模）与信号频率的关系。相频特性是指放大电路的输出电压与输入电压的相位差和信号频率的关系。

通过实验测得单级共射放大电路幅频、相频特性曲线如图 6-28 所示。

单级共射放大电路频率特性表明，在中间一段频率范围内，放大电路的放大倍数最大且大小 $|A_{uo}|$ 与信号频率无关。随着信号频率的增加或减小，放大倍数将逐渐减小，输出电压与输入电压的相位差也随着信号频率的变化而变化。

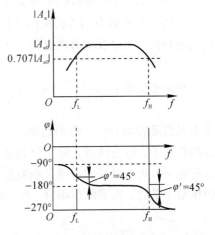

图 6-28　单级放大器的频率特性

定义：当放大电路的电压放大倍数下降到 $0.707|A_{uo}|$ 时，所对应的两个频率 f_L、f_H 分别称为放大电路的下限截止频率和上限截止频率。两个频率之差称为放大电路的通频带 BW，它是放大电路的一个重要性能指标。即

$$BW = f_H - f_L$$

放大电路的通频带越宽，表明放大电路的频率失真越小，放大电路的性能越好。

2. 影响放大电路频率特性的因素

分析单级共射放大电路的频率特性曲线，可将信号频率分为低频、中频、高频三个频段。

在中频段，放大电路的耦合电容、发射极旁路电容容量较大，对于中频信号容抗较小，可视作短路。三极管的结电容、导线的分布电容容量较小，对中频信号的容抗很大，可视作开路。故在中频段可认为所有的电容都不影响交流信号的传递，即放大倍数最大且与频率无关。

在低频段，三极管的结电容、导线的分布电容容抗比中频更大，可视作开路，影响可不计。放大电路的耦合电容、发射极旁路电容的容抗随信号频率的减小而呈逐渐增大趋势，信号衰减逐渐加大，输出信号的幅度逐渐减弱，放大倍数越来越低，同时对输出信号产生附加移相越来越大。

在高频段，放大电路的耦合电容、发射极旁路电容的容抗比中频时更小，可视作短路，影响不计。随信号频率的增大，三极管的结电容、导线的分布电容的容抗量呈减小趋势，分流信号作用逐渐加大，输出信号的幅度降低越多，同时对输出信号产生附加移相越大。而且高频时三极管的 β 也下降，这也将降低放大电路的放大倍数。

如将电路中的耦合电容和发射极旁路电容去掉，放大电路的低频特性将变得理想，但三极管的结电容和导线分布电容的影响还在，放大电路的高频特性不理想。

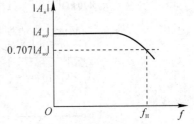

图 6-29　直接耦合放大器的频率特性

此时放大电路的幅频特性曲线如图 6-29 所示。可见对低频信号要求高的放大电路应采用直接耦合的放大电路。

3. 多级放大电路的频率特性

以两级阻容耦合的放大电路为例来分析多级放大电路的频率特性,设每级放大电路的通频带相同。两级放大电路总的电压放大倍数:

$$A_u = A_{u1} A_{u2}$$

总的相位移:

$$\varphi = \varphi_{u1} + \varphi_{u2}$$

可得两级阻容耦合放大电路的幅频特性如图 6-30 所示。可见,多级放大电路的放大倍数虽然提高了,但通频带比每个单级放大电路的通频带窄。放大电路的级数越多,总的通频带就越窄,放大电路的通频带和增益是两个相互制约的量,因为放大电路的增益与通频带的积是个常数。在实际应用时,两个参数指标要同时兼顾。

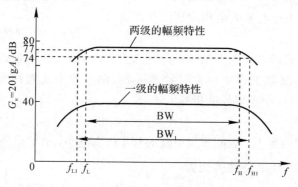

图 6-30 两级阻容耦合放大器的幅频特性

实训任务 20 三极管基本放大电路的连接与测量

任务实施

(1) 对元器件进行检验后,按照电路图 6-31 连接电路。

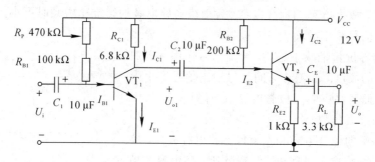

图 6-31 两级放大电路的电路图

(2) 按下述操作步骤进行电路调试和参数测试。

① 按照图 6-31 从电容器 C_2 处断开,前级是共发射极放大电路,后级是共集电极放大电路,R_L 是负载。选择参数符合要求的元器件并进行检测。

② 从信号源输出 $f=1\ \text{kHz}$、$U_{\text{ispp}}=10\ \text{mV}$ 的正弦信号,调节 R_{P},使 U_{o} 波形达到最大不失真。关闭信号源,用电压表测量电路的静态工作点,将测试结果填入表 6-1 中。

表 6-1　共发射极电路静态工作点的测试记录表

U_{BEQ1}	I_{BQ1}	I_{CQ1}	U_{CEQ1}	β_1

③ 根据公式 $A_u=U_{\text{opp}}/U_{\text{ipp}}$,计算电路的电压放大倍数。记录 u_i 和 u_o 的波形,注意两者之间的相位关系,将测试结果填入表 6-2 中。

表 6-2　共发射极电路动态特性的测试记录表

U_i	U_{is}	U_{o1}	U_{oo1}(空载)	A_{u1}	A_{uo1}(空载)	R_{i1}	R_{o1}

④ 记录 $f=1\ \text{kHz}$ 时的 A_u。减小信号的频率 f,直到 $A_u=0.707A_{uo}$ 时,记录此时的频率 f_{L};增大信号的频率 f,直到 $A_u=0.707A_{uo}$ 时,记录此时的频率 f_{H}。通频带 $\text{BW}=f_{\text{H}}-f_{\text{L}}$,将测试和计算结果填入表 6-3 中。

表 6-3　共发射极电路频率特性的测试记录表

下限截止频率 f_{L1}	上限截止频率 f_{H1}	通频带 BW

⑤ 按照图 6-31 连接电路,从信号源输出 $f=1\ \text{kHz}$、$U_{\text{ipp}}=10\ \text{mV}$ 的正弦信号,调节 R_{P},使 U_{o} 波形达到最大不失真。关闭信号源,用电压表测量共集电极放大电路的静态工作点,将测试结果填入表 6-4 中。

表 6-4　共集电极电路静态工作点测试记录表

U_{BEQ2}	I_{BQ2}	I_{CQ2}	U_{CEQ2}	β_2

⑥ 根据公式 $A_u=u_{\text{opp}}/u_{\text{ipp}}$,计算共集电极电路的电压放大倍数。记录 u_i 和 u_o 的波形,注意两者之间的相位关系,将测试和计算结果填入表 6-5 中。

表 6-5　共集电极电路动态特性的测试记录表

U_i	U_{is}	U_{o2}	U_{oo2}(空载)	A_{u2}	A_{uo2}(空载)	R_{i2}	R_{o2}

⑦ 记录 $f=1\ \text{kHz}$ 时的 A_u。减小信号的频率 f,直到 $A_u=0.707A_{uo}$ 时,记录此时的频率 f_{L};增大信号的频率 f,直到 $A_u=0.707A_{uo}$ 时,记录此时的频率 f_{H}。通频带 $\text{BW}=f_{\text{H}}-$

f_L，将测试和计算结果填入表 6-6 中。

表 6-6 共集电极电路频率特性的测试记录表

下限截止频率 f_{L2}	上限截止频率 f_{H2}	通频带 BW

⑧ 按照图 6-31 连接电路，按上述测试步骤进行测试，并将结果填入表 6-7、表 6-8 和表 6-9 中。

表 6-7 两级阻容耦合放大电路的静态工作点测试记录表

U_{BEQ1}	I_{BQ1}	I_{CQ1}	U_{CEQ1}	U_{BEQ2}	I_{BQ2}	I_{CQ2}	U_{CEQ2}	β_1	β_2

表 6-8 两级阻容耦合放大电路的动态特性测试记录表

U_i	U_{is}	U_{o1}	U_{oo1}（空载）	A_{u1}	A_{uo1}（空载）	R_i	R_o

表 6-9 两级阻容耦合放大电路的频率特性测试记录表

下限截止频率 f_L	上限截止频率 f_H	通频带 BW

练 习 题

6-1 填空题。

① 在放大电路中，三极管必须工作在（   ）状态，三极管的发射结要（   ）偏，集电结要（   ）偏；

② 静态工作点过高容易导致（   ）失真，静态工作点过低容易导致（   ）失真。

③ 画直流通道图时，电容视作（   ）路，电感视作（   ）路；画交流通道图时电容、直流电源视作（   ）路。

④ 共发射极放大电路具有（   ）、（   ）、（   ）放大作用，输入电阻（   ），输出电阻（   ），输出电压与输入电压的相位（   ）；共集电极放大电路具有（   ）、（   ）放大作用，输入电阻（   ），输出电阻（   ），输出电压与输入电压的相位（   ），可用作多级放大电路的（   ）、（   ）、（   ）级。共基极放大电路具有（   ）、（   ）放大作用，输入电阻（   ），输出电阻（   ），输出电压与

输入电压的相位(　　　　)，常用于(　　　　)频信号的放大。

6-2　判断题。

① 放大电路必须具有功率放大作用。 　　　　　　　　　　　　　　(　　)

② 合适的静态工作点应在交流负载线的中间。 　　　　　　　　　　(　　)

③ 多级放大电路的后级可看成是前一级的负载。 　　　　　　　　　(　　)

④ 多级放大电路的前级可看成是后一级的信号源。 　　　　　　　　(　　)

⑤ 对信号源而言，放大电路的输入电阻越小越好。 　　　　　　　　(　　)

⑥ 阻容耦合放大电路适合放大变换缓慢的信号。 　　　　　　　　　(　　)

6-3　综合题。

(1) 分析如图 6-32 所示电路，能否实现放大作用，原因是什么？

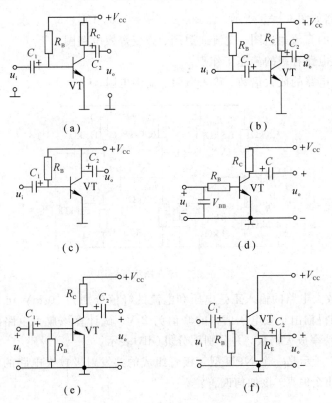

图 6-32　综合题第一题图

(2) 画出如图 6-32 所示各个电路的直流通道图、交流通道图。已知：$V_{CC}=12$ V，$R_B=300$ kΩ，$\beta=50$，$R_C=R_L=3$ kΩ。求：

① 放大电路的静态工作点。

② 放大电路的空载和带载时电压放大倍数、输入电阻、输出电阻。

(3) 画出如图 6-33 所示电路的直流通道图，分析稳定静态工作点的原理。已知：$R_{B1}=20$ kΩ，$R_{B2}=10$ kΩ，$\beta=50$，$V_{CC}=12$ V，$R_C=1$ kΩ，$R_E=1$ kΩ，试估算放大电路的静态工作点。

(4) 画出如图 6-34 所示共集电极放大电路的直流通道图、交流通道图、微变等效电路图。已知：$R_B=100$ kΩ，$\beta=50$，$V_{CC}=12$ V，$R_S=100$ Ω，$R_E=R_L=1$ kΩ，求：

① 放大电路的静态工作点。

② 放大电路的电压放大倍数、输入电阻、输出电阻。

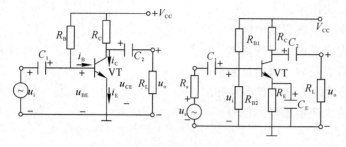

图 6-33　综合题第二题图

图 6-34　综合题第四题图

(5) 放大电路如图 6-35 所示。已知：$\beta_1 = \beta_2 = 100$，$V_{CC} = 6$ V。求：

① 画出电路的直流通道图、交流通道图、微变等效电路图。

② 估算放大电路各级的静态工作点。

③ 计算放大电路的放大倍数、输入电阻、输出电阻。

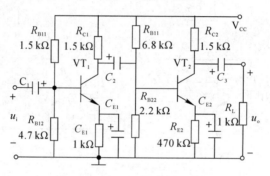

图 6-35　综合题第五题图

(6) 测得某放大电路的输入正弦电压和电流的峰值分别为 10 mV 和 10 μA，在负载电阻为 2 kΩ 时，测得输出正弦电压信号的峰值为 2 V。试计算该放大电路的电压放大倍数、电流放大倍数和功率放大倍数，并分别用分贝(dB)表示。

(7) 图 6-36 所示是一个 NPN 型三极管组成的共发射极放大电路的输出电压波形图。问：分别发生了什么失真？该如何改善？

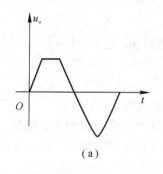

(a)

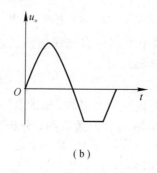

(b)

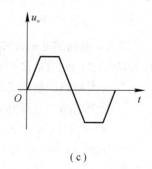

(c)

图 6-36　综合题第七题图

项目 7　集成运放及其应用

项目导言

目前生产的电子产品中，作为放大电路的核心器件已经很少用三极管了，更多的是采用集成电路。在电子产品中是否使用集成电路，已经成为人们判别该产品是否先进的标准。

集成运算放大电路是在放大电路中使用最多的器件。集成运算放大电路简称集成运放，是一种高电压放大倍数、高输入电阻、低输出电阻的直接耦合式多级放大电路，由于它最初主要用在计算机上进行数学运算，故得其名。

随着电子技术的飞速发展，集成运放的性能不断提高，它的应用领域已大大超出数学运算的范畴，在电子电路的各个领域都可以见到它的身影。集成运放已经成为电子技术领域的核心器件。

知识目标

(1) 了解集成运算放大器的特点。

(2) 了解理想集成运放的技术指标。

(3) 熟悉集成运放的两个工作区域及其工作条件。

(4) 了解反馈的概念，掌握负反馈的四种组态及其特点。

技能目标

(1) 能根据实际应用调节选择专用集成运放。

(2) 会用集成运放组成实际放大电路。

(3) 会判断负反馈的四种组态，能说出四种负反馈电路的特点。

7.1　集成运算放大器

运算放大器是一种高电压放大倍数、高输入电阻、低输出电阻的直接耦合式多级放大电路，由于它最初主要用在模拟计算机上进行数学运算，故得其名。集成运算放大器利用集成电路的制造工艺，将运算放大器的所有元件都集中在一块硅片上，然后再封装起来。随着电子技术的飞速发展，集成运放的性能不断提高，它的应用领域已大大超出数学运算的范畴，在电子电路的各个领域都可以见到它的身影，它已成为模拟电子技术领域中的核心器件。图 7 - 1 所示为通用型集成运算放大器 LM324 的外形。

图 7-1 通用型集成运算放大器 LM324 外形照片

图 7-2 所示为集成运算放大器的电路符号。

需要说明的是，图 7-2 所示的符号是当今国家标准规定的集成运算放大器在电路中的符号，但是长期以来，如图 7-3 所示的电路符号也一直在使用，这是中国曾经用过的部分符号，而且这个符号至今还在一些国外和国内的电路中广泛使用。

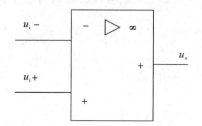

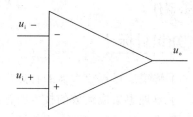

图 7-2 集成运算放大器的电路符号　　　　图 7-3 集成运算放大器曾经用过的电路符号

画电路图时，通常只画出集成运放的输入端和输出端。其中，标"＋"号的端叫作同相输入端，标"－"号的端叫作反相输入端，电源端一般不画出。

7.1.1 集成运算放大器的组成及其特点

1. 集成运算放大器的组成及其作用

在集成运放电路中，为了抑制零点漂移，故对温漂影响最大的第一级电路毫无例外地采用了差动放大电路。在集成运放的电路内部，包含了四个基本组成部分，即偏置电路、差动输入级、电压放大级和输出级。

集成运算放大器电路的组成框图如图 7-4 所示。

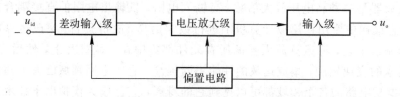

图 7-4 集成运算放大器电路的组成框图

2. 各组成部分的作用

1) 差动输入级

集成运放的输入级采用差动电路，整个电路工作在弱电流状态，而且电流比较恒定，这有利于提高集成运放的共模抑制比。

2) 电压放大级

中间级的主要任务是提供足够大的电压放大倍数，因此，中间级不仅要求电压放大倍数高，而且还要求输入电阻比较高，以减少本级对前级电压放大倍数的影响。中间级还要向输出级提供较大的推动电流。

3) 输出级

输出级的主要作用是给出足够的输出电流以满足负载的需要，同时还要具有较低的输出电阻和较高的输入电阻，以起到将放大级和负载隔离的作用，所以电路采用射极跟随的形式。除此之外，电路中还设有过载保护电路，用以防止输出端短路或负载电流过大时烧坏管子。

4) 偏置电路

偏置电路用于给各个电路提供所需的直流偏压，多采用恒流源和镜像微恒流源电路。

集成运放的输入级由差动放大电路组成，因此具有两个输入端。分别从两个输入端加入信号，在电路的输出端得到的信号相位是不同的，一个为反相关系，另一个为同相关系，所以把这两个输入端分别称为反相输入端和同相输入端。

7.1.2　集成运放的主要参数

为了描述集成运放的性能，人们设立了许多技术指标。

1. 开环差模电压放大倍数 A_{od}

开环差模电压放大倍数 A_{od} 是指集成运放在无外加反馈回路情况下的差模电压放大倍数，即

$$A_{od} = \frac{U_o}{U_{id}}$$

对于集成运放而言，希望 A_{od} 大且稳定。目前高增益的集成运放器件，其 A_{od} 可高达 140 dB(10^7 倍)，与理想集成运放的 A_{od}(其指标为无穷大)没有实质上的差别。

2. 最大输出电压 $U_{op\text{-}p}$

最大输出电压是指在额定的电源电压下，集成运放的最大不失真输出电压的峰-峰值。如 F007 的电源电压为 ±15 V 时，其最大输出电压为 ±10 V，按 $A_{od}=10^5$ 计算，当输出为 ±10 V 时，输入差模信号的电压 U_{id} 的峰-峰值为 ±0.1 mV，所以集成运放的放大能力特别强。当输入信号超过 ±0.1 mV 时，电路的输出恒为 ±10 V，不再随 U_{id} 变化，此时标志着集成运放进入了非线性工作状态。

用电压传输特性曲线来表示集成运放的输入电压与输出电压的关系(电压传输特性)，如图 7-5 所示。

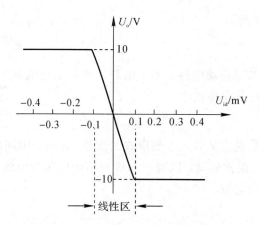

图 7-5　集成运放 F007 的电压传输特性

3. 差模输入电阻 r_{id}

r_{id} 的大小反映了集成运放的输入端向信号源索取电流的大小。一般要求 r_{id} 愈大愈好，普通型集成运放的 r_{id} 为几百千欧至几兆欧。在集成运放的输入级采用场效应管组成差动放大器，可以提高放大器的差模输入电阻 r_{id}。F007 的 r_{id} 为 2 MΩ，理想集成运放的 r_{id} 为无穷大。

4. 输出电阻 r_o

输出电阻 r_o 的大小反映了集成运放在输出信号时的带负载能力。有时也用最大输出电流 I_{omax} 来表示它的极限带负载能力。理想集成运放的 r_o 为零。

5. 共模抑制比 K_{CMRR}

共模抑制比反映了集成运放对共模输入信号的抑制能力。K_{CMRR} 愈大愈好，理想集成运放的 K_{CMRR} 为无穷大。

6. -3 dB 带宽 f_h

实验发现，随着输入信号频率的上升，放大电路的电压放大倍数将下降，当 A_{od} 下降到最大放大倍数的 0.707 时其对应的信号频率称为截止频率，用分贝为单位表示时正好是 3 dB，对应此点的频率 f_h 称为上限截止频率，又常称为 -3 dB 带宽。

当输入信号频率继续增大时，电压放大倍数继续下降；当电压放大倍数 $A_{od}=1$ 时，与此对应的频率 f_c 称为单位增益带宽。F007 的单位增益带宽为 $f_c=1$ MHz。

7. 静态功耗 P_D

当集成运放电路的输入端短路、输出端开路时，集成运放所消耗的功率叫作静态功耗 P_D，此值越小越好。

7.1.3　集成运放的两个工作区域

1. 理想集成运算放大器

所谓理想集成运放，就是将集成运放的各项技术指标理想化，即：

（1）开环电压放大倍数 $A_{od}=\infty$；

（2）输入电阻 $r_{id}=\infty$；

（3）共模抑制比 $K_{CMRR}=\infty$；

（4）输出电阻 $r_{od}=0$；

（5）$-3\ dB$ 带宽 $f_h=\infty$。

在分析和计算电路性能时，用理想集成运放来代替实际集成运放所得到的误差，完全可以满足实际工程的允许误差范围，所以将集成运放视为理想集成运放是完全可以的。

集成运放有两个工作区域：线性区和非线性区。

2. 理想集成运放工作在线性区的特点

集成运放工作在线性区时，其输出电压与两个输入端的电压之间存在着线性放大关系，即

$$u_o=-A_{od}(u_- -u_+)$$

式中，u_o 是集成运放的输出端电压；u_- 和 u_+ 分别是其反相输入端和同相输入端的对地电压；A_{od} 是其开环差模电压增益，因为 u_o 为定值，且 A_{od} 很大，所以必须要求 u_+ 和 u_- 的差很小才行。

理想集成运放工作在线性区时，有两个重要特点：

（1）两个输入端电位相等。

由于集成运放工作在线性区，有

$$u_o=-A_{od}(u_- -u_+)$$

再考虑到理想集成运放的 $A_{od}=\infty$，所以必然有

$$u_+ =u_-$$

上式表示理想集成运放的同相输入端与反相输入端的电位相等，就像这两个输入端是短路的一样，这种现象称为"虚短"。

（2）理想集成运放的输入电流等于零。

由于理想集成运放的差模输入电阻 $r_{id}=\infty$，因此在其两个输入端均可以认为没有电流输入，即

$$i_+ =i_- =0$$

此时，集成运放的同相输入端和反相输入端的输入电流都等于零，如同这两个输入端内部被断开一样，所以将这种现象称为"虚断"。

"虚短"和"虚断"是理想集成运放工作在线性区时的两个特点，常常作为分析集成运放应用电路的出发点。

3. 理想集成运放工作在非线性区的特点

如果集成运放的输入信号超出一定范围，则输出电压不再随输入电压线性增长，而将达到饱和。集成运放的电压传输特性如图 7-6 所示。

理想集成运放工作在非线性区时，也有两个重要的特点：

（1）理想集成运放的输出电压 u_o 具有两值性：或等于集成运放的正向最大输出电压 $+U_{opp}$，或等于集成运放的负向最大输出电压 $-U_{opp}$，如图 7-6 中的实线所示。

当 $u_+ > u_-$ 时，$u_o = +U_{opp}$；

当 $u_+ < u_-$ 时，$u_o = -U_{opp}$。

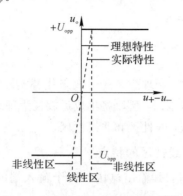

图 7-6 集成运放的电压传输特性

在非线性区内，集成运放的差模输入电压可能很大，即 $u_+ \neq u_-$，此时电路的"虚短"现象将不复存在。

（2）理想集成运放的输入电流等于零。

在非线性区内，虽然集成运放两个输入端的电位不等，但因为理想集成运放的输入电阻 $r_{id} = \infty$，故仍可认为理想集成运放的输入电流等于零，即

$$i_+ = i_- = 0$$

实际集成运放的电压传输特性如图 7-6 中的虚线所示，但因集成运放的 A_{od} 值通常很高，所以其线性放大的范围很小，如不在电路上采取适当措施，即使在输入端加上一个很小的信号电压，也有可能使集成运放超出线性工作范围而进入非线性区。

实训任务 21 集成运算放大器的认识

任务实施

一、看一看

（1）仔细观察如图 7-7 所示各种集成运放的外形封装。

（2）各种型号集成运放块的直观识别。

要求：对给定的各种集成运放进行直观识别，将识别结果填入表 7-1 中。

（a）圆壳式　　　　（b）双列直插式　　　　（c）扁平式

图 7-7 集成运放的各种封装

表 7 - 1 集成运放的直观识别记录表

序 号	型 号	该集成运放外形封装	该集成运放的管脚数	备 注
1	LM358			
2	TL082			
3	OP - 27			
4	LF356			
5	F715			
6	HA2645			
7	CA3078			

二、常用集成运放块主要参数的查阅

（1）查阅集成运放手册，找出表 7 - 2 给定的各种集成运放块的主要参数，将结果填入表 7 - 2 中。

表 7 - 2 常用集成运放块的主要参数

序号	型号	差模开环增益	共模抑制比	输入共模电压范围	输入差模电压范围	差模输入电阻	最大输出电压	-3 dB 带宽单位增益带宽	静态功耗/静态电流	转换速率	电源电压
1	LM358										
2	TL082										
3	OP - 27										
4	LF356										
5	F715										
6	HA2645										
7	CA3078										

（2）专用集成运放电路的查找。现在已经有一些专用的集成运放，如高速型、低功耗型、高压型等等，他们的性能比起通用性的集成运放要优秀得多。查找这些专用的集成运放的型号和用途，填写在表 7 - 3 中。

表 7 - 3 专用性集成运放块的型号和特性

序号	型号	特性	产地	备注
1				
2				
3				
4				
5				

7.2 负反馈放大器

在电子技术领域广泛采用反馈技术，以改善电路的性能指标。可以说，凡是实际应用的电路，几乎没有不采用反馈技术的。

7.2.1 反馈的基本概念

1. 反馈

在电子系统中，把放大电路的输出量(输出电压或输出电流)的一部分或全部，通过某些元件和网路(称为反馈网络)，反送到输入回路中，从而构成一个闭环系统，使放大电路的输入量不仅受到输入信号的控制，而且受到放大电路输出量的影响，这种连接方式就叫反馈。引入了反馈的放大电路叫作反馈放大电路，也叫闭环放大电路，而未引入反馈的放大电路，则称为开环放大电路。

2. 反馈放大电路的框图

所有的反馈放大电路都可以看成是由基本放大电路和反馈网络两大部分组成，如图7-8所示。

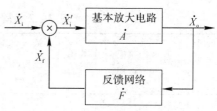

图 7-8 反馈放大电路的方框图

在框图中，$\dot{X}_i$、$\dot{X}_i'$、$\dot{X}_o$ 和 $\dot{X}_f$ 分别表示输入信号、净输入信号、输出信号和反馈信号，它们可以是电压，也可以是电流。符号"$\otimes$"表示比较环节，$\dot{X}_i$ 和 $\dot{X}_f$ 通过这个比较环节进行比较，得到差值信号(净输入信号)$\dot{X}_i'$，图中箭头表示信号的传递方向。其实信号的传输方向是个很复杂的问题，为了简化分析，在本书中规定信号的传输具有单向性，即在基本放大电路中，信号是正向传递的，输入信号只通过基本放大电路到达输出端。在反馈网络中，信号则是反相传递的，反馈信号只通过反馈网络回到电路的输入端。

反馈可以在一级放大器内存在，称为本级反馈；反馈也可以在多级放大电路中构成，称为级间反馈。级间反馈改善整个放大电路的性能；本级反馈只改善本级电路的性能。

3. 反馈放大电路的一般关系式

定义：放大器的开环放大倍数 $\dot{A}$ 为

$$\dot{A}=\frac{\dot{X}_o}{\dot{X}_i'}$$

反馈系数 $\dot{F}$ 为

$$\dot{F}=\frac{\dot{X}_f}{\dot{X}_o}$$

放大电路的闭环放大倍数 $\dot{A}_f$ 为

$$\dot{A}_f=\frac{\dot{X}_o}{\dot{X}_i}$$

净输入信号 $\dot{X}_i'$ 为

$$\dot{X}_i' = \dot{X}_i - \dot{X}_f$$

根据上述关系式可得

$$\dot{A}_f = \frac{\dot{A}}{1 + \dot{A}\dot{F}}$$

这是一个十分重要的关系式，也叫闭环增益方程，是分析反馈放大器的基本关系式。当放大电路工作在中频范围，且反馈网络又是纯电阻性时，开环放大倍数 $\dot{A}$ 和反馈系数 $\dot{F}$ 皆为实数，则开环放大倍数 $\dot{A}$ 可用 A 表示，反馈系数 $\dot{F}$ 可用 F 表示，闭环增益方程可写为

$$A_f = \frac{A}{1 + AF}$$

式中，$1 + AF$ 称为反馈深度，一般用 D 来表示，是衡量放大器信号反馈强弱程度的一个重要指标。

7.2.2　反馈放大电路的基本类型及分析方法

1. 反馈信号的极性与判断方法

放大器中的反馈，按照反馈信号极性的不同，可分为正反馈和负反馈。按照反馈信号是交流还是直流，可以分成直流反馈和交流反馈。

1）正反馈和负反馈

在放大器中，如果引入反馈信号后，放大电路的净输入信号减小，致使放大器的放大倍数降低，则为负反馈；若反馈信号使放大电路的净输入信号增大，致使放大器的放大倍数增大，则为正反馈。

区别正、负反馈的方法是瞬时极性法：先假定放大器输入端的输入信号在某一瞬时的极性为正，说明该点瞬时电位的变化是升高，在图中用"＋"号表示。再根据各级放大器对输入信号和输出电压的相位关系，依次推断出由瞬时输入信号所引起的电路中有关各点的电位的瞬时极性，分别用"＋"或"－"表示。

例如当"＋"信号从三极管的基极输入时，信号从集电极上输出时为"－"，从发射极上输出时则为"＋"；信号经过电阻和电容时不改变极性；信号在经过集成运放时，从同相端输入，则输出与输入同相，从反相端输入时，则输出与输入反相。最后在放大器的输入回路上比较反馈信号和原输入信号的极性。若反馈信号和原输入信号同相，则为正反馈；若反馈信号和原输入信号的相位相反，则为负反馈。

这里要强调指出：在运用瞬时极性法时，反馈信号和原输入信号极性的比较，一定要在放大器输入回路的同一点上进行。这是因为在确定电路中各个点的信号极性时，一般都是以该点对地的极性来确定信号的正负，而信号经过电路和反馈网络回到放大器的输入端时，不一定会回到原设为"＋"的输入点，也有可能会回到放大器输入端的另一点。因此，单凭反馈回来的信号极性的正负来确定反馈是正反馈还是负反馈，容易引起错误判断。

例如，图 7-9 是由集成运放组成的带有反馈的放大电路。对于图 7-9(a) 所示电路，设输入信号 u_i 的瞬时极性为正，因为 u_o 与 u_i 同相，则输出信号 u_o 的瞬时极性为正，u_o 经电阻 R_3、R_4 分压后得到的反馈电压 u_f 的极性也为正，由于反馈信号与输入信号在输入的同一

端上且二者极性相同，可以看出，反馈信号可使净输入信号增大，所以为正反馈。

对于图 7-9(b)所示电路，设输入信号 u_i 的瞬时极性为正，因为是从同相端输入，则 u_o 和 u_f 的瞬时极性都为正，但由于反馈信号回到了输入的另一端，与原输入信号不在同一输入端，所以单凭反馈信号的极性是正就判断是正反馈显然是错误的。此时可这样分析：设输入信号在集成运放的同相端瞬时极性为正，则其在输入的另一端（反相端）必为负。当正的反馈信号回到集成运放的反相端时，应和该点的原输入信号比较，显然它俩的极性相反，所以是负反馈。

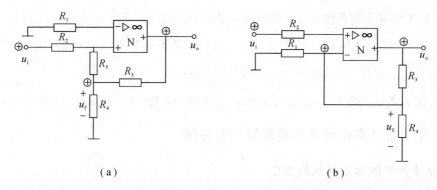

图 7-9 带有反馈的放大电路

通过以上分析，可以得出如下结论：当输入信号 u_i 与反馈信号 u_f 在输入端的不同点时，若反馈信号 u_f 的瞬时极性和输入信号 u_i 的瞬时极性相同，则为负反馈；若两者极性相反，则为正反馈。当输入信号 u_i 与反馈信号 u_f 在输入的同一点时，若反馈信号 u_f 的瞬时极性和输入信号 u_i 的瞬时极性相同，则为正反馈；若两者极性相反，则为负反馈。这种判断方法叫作瞬时极性同点比较法。

对由单级集成运放组成的反馈放大电路，其正负反馈的判别较容易：反馈信号回到反相输入端时为负反馈，反馈信号回到同相输入端时为正反馈。

图 7-10 是由两个集成运放组成的多级放大电路。由瞬时极性法可以判断出两个集成运放本级的反馈是负反馈，整个电路的级间反馈也是负反馈。所以，对于级间反馈来说，不能以反馈信号回到哪个输入端为判据，要用瞬时极性法逐级确定信号的极性，最后进行同点比较从而确定是正反馈还是负反馈。

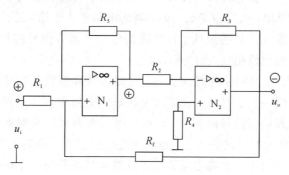

图 7-10 多级反馈电路反馈极性的判断

例 7-1 判断图 7-11 所示电路的反馈极性。

解 这是一个由分立元件组成的反馈放大器，仍然可以用瞬时极性同点比较法来判断反馈极性。

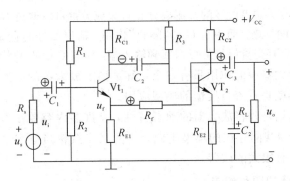

图 7-11 例题 7-1 的电路

设输入信号 u_i 的瞬时极性为正，由于共发射极放大器的输出电压与输入电压相位相反，所以信号在电路中各点的瞬时极性如图中符号所示，信号 u_f 反馈到输入回路时的极性为正，但由于输入信号 u_i 和反馈信号 u_f 在电路输入端的不同端点上，按照同点比较的结论，此反馈属于负反馈。

2）直流反馈和交流反馈

在反馈放大器中，若反馈回来的信号是直流量，称为直流反馈；若反馈回来的信号是交流量，称为交流反馈；若反馈信号中既有交流分量，又有直流分量，则为交、直流反馈。

直流反馈和交流反馈的区分，可以通过画出整个反馈电路的交、直流通路来判定。反馈回路存在于直流通路中即为直流反馈，反馈回路存在于交流通路中，即为交流反馈。反馈通路既存在于直流通路中，又包含在交流通路里，为交、直流反馈。

例如在图 7-12(a)所示的电路中，由于电容 C 对直流相当于开路，R_2、R_3 串接在反相输入端和输出端之间，所以存在直流反馈。对于交流而言，电容 C 相当于短路，交流通路如图 7-12(b)所示，可以看出，交流通路中不存在反馈，所以这个电路不存在交流反馈。

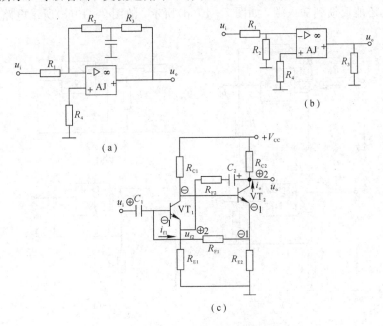

图 7-12 判断电路的直流反馈与交流反馈

在图 7-12(c)电路中，有两个级间反馈通路：R_{f1} 和 C_2、R_{f2}。由图中可看出，R_{f1} 在直流通路和交流通路中都存在，输出信号的交流成分和直流成分都可以通过 R_{f1} 反馈到输入端，所以 R_{f1} 构成了交、直流级间反馈。而由于 C_2 的"隔直"作用，输出信号的直流成分被隔断，无法送回到电路的输入端，只有交流信号可以送回到输入端，所以 C_2、R_{f2} 只构成了交流反馈。

直流负反馈在放大器中的作用只有一个，就是稳定放大器的静态工作点。前面分析过的分压偏置式放大器就是直流负反馈的典型应用。

交流负反馈的作用是改善放大器的动态特性，有许多内容要在下面详细讨论。射极跟随器是交、直流负反馈共同存在的典型电路，它的工作点相当稳定，并且在动态特性上与共发射极放大器相比有很大的改善。

2. 负反馈放大器的四种组态

交流负反馈在放大器中有着特殊而广泛的应用，下面要讨论的负反馈都指的是交流负反馈。交流负反馈可以按照对放大器性能的要求组成各种类型。

从放大器的输出端，按照反馈网络在输出端的采样不同，可分成电压反馈和电流反馈。如果反馈取样是输出电压，称为电压反馈；如果反馈取样是输出电流，称为电流反馈。

从放大器的输入端，按照反馈信号与输入信号在输入端的连接方式的不同，可分成串联反馈和并联反馈。如果反馈信号与输入信号在输入端串联连接，称为串联反馈；如果反馈信号与输入信号在输入端并联连接，则称为并联反馈。

1）电压反馈和电流反馈的区分

区分电压反馈和电流反馈可采用假想负载短路法。假设把输出负载短路，即 $u_o = 0$，若反馈信号因此而消失，则为电压反馈；如果反馈信号依然存在，则为电流反馈。

在图 7-13(a)所示的电路中，假想将负载 R_L 短路，短路后的等效电路如图 7-13(b)所示。可以看出，当负载短路后，$u_o = 0$，没有了反馈回路，反馈信号也消失了，故为电压反馈；对于图 7-13(c)所示电路，当负载短路后，尽管输出电压 $u_o = 0$，但反馈回路依然存在，输出信号还能反馈到输入端，如图 7-13(d)所示，故图 7-13(c)所示电路为电流反馈。

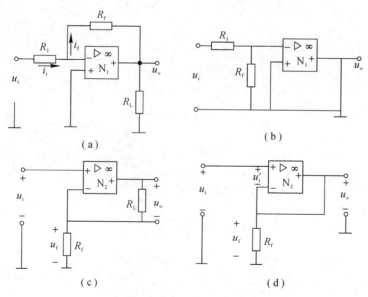

图 7-13 区分电路是电压反馈还是电流反馈

例 7－2　电路如图 7－14 所示。若负载接在 C_1 的输出端或者接在 C_2 的输出端，分别判断此电路是电压反馈还是电流反馈？

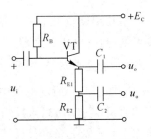

图 7－14　例题 7－2 的图

解　此电路图粗看是一个射极跟随器电路，但仔细分析又有所不同。若负载接在 C_1 的输出端，则是一个典型的射极跟随器电路，此时用负载短路法，不难判断出 R_{E1} 和 R_{E2} 属于电压负反馈；若负载接在 C_2 的输出端，当将负载短路后，R_{E1} 的反馈回路仍然存在，反馈信号还能回到输入端，可见在这种情况下，R_{E1} 构成了电流负反馈。

2）串联反馈和并联反馈的区分

区分串联反馈和并联反馈的方法是：如果反馈信号和输入信号在输入端的同一节点引入，为并联反馈；如果反馈信号和输入信号不在输入端的同一节点引入，则为串联反馈。

在图 7－13(a)所示的电路中，输入信号和反馈信号在同一个节点上，故为并联反馈。对于图 7－13(c)所示电路，输入信号和反馈信号不在同一个节点上，故为串联反馈。

3. 四种类型的负反馈放大器

从反馈信号在电路输出端的两种取样方式和在输入端两种不同的连接方式，可以构成四种类型的负反馈组态，即：电压串联负反馈、电压并联负反馈、电流串联负反馈、电流并联负反馈。

1）电压串联负反馈

在图 7－15 所示电路中，由 R_1、R_f 构成输入、输出之间的反馈通路。在该电路的直流通路和交流通路中，均有该反馈存在，所以是交、直流反馈。对该集成运放而言，反馈加在集成运放的反相输入端，所以是交流负反馈。从输出端来看，若将负载 R_L 短路，则 $u_o=0$，$u_f=0$，反馈不存在，可见是属于电压反馈。从输入回路来看，输入信号和反馈信号不在同一个节点，所以是属于串联反馈。故图 7－15 所示的放大电路称为电压串联负反馈电路。

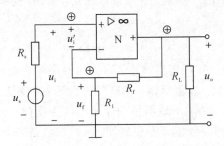

图 7－15　电压串联负反馈电路图

电压负反馈有稳定输出电压 u_o 的作用。设输入信号不变，即 u_i 恒定，由于某种原因（如 R_L 增大），使输出电压 u_o 增大，经 R_1、R_f 对 u_o 分压，使反馈电压 u_f 增大，结果使净输入电压：$u_i'=u_i-u_f$ 减小，将引起 u_o 向相反的方向变化，最后趋于稳定。上述过程可表示如下：

$$R_L \uparrow \rightarrow u_o \uparrow \rightarrow u_f \uparrow \rightarrow u_i' \downarrow$$

$$u_o \downarrow$$

可见，引入电压负反馈后，通过反馈的自动调节，可以使输出电压趋于稳定。

电压串联负反馈放大器的特点是：输出电压稳定，输出电阻减小，输入电阻增大。它是良好的电压-电压放大器。

2）电流串联负反馈

在图 7-16 所示电路中，由 R_f 构成输入、输出间的反馈回路。反馈回路能同时通过交流和直流信号，所以该反馈为交、直流反馈。对该集成运放而言，反馈加在集成运放的反相输入端，所以是交流负反馈。从输出端来看，若将负载 R_L 短路，则当 $u_o=0$ 时，反馈信号依然存在，说明该反馈属于电流反馈。从输入端来看，由于输入信号与反馈信号是从集成运放的两个不同的输入端引入，属于串联反馈。因此，图 7-16 所示电路为电流串联负反馈放大电路。

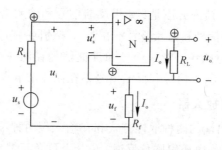

图 7-16　电流串联负反馈电路图

电流负反馈具有稳定输出电流 i_o 的作用。设由于某种原因（如 R_L 增大），使输出电流 i_o 减小，则反馈到输入端的电压 u_f 减小，则净输入信号：$u_i'=u_i-u_f$ 增大，从而使 i_o 增大，最后趋于稳定。其过程为：

$$R_L \uparrow \rightarrow i_o \downarrow \rightarrow u_f \downarrow \rightarrow u_i' \uparrow$$
$$i_o \uparrow$$

可见，引入电流负反馈后，通过反馈的自动调节，使输出电流趋于稳定。

电流串联负反馈放大器的特点是：输出电流稳定，输出电阻增大，输入电阻增大。它是良好的电压-电流放大器。

3）电流并联负反馈

在图 7-17 所示电路中，由 R_f 构成输入、输出间的反馈通路。反馈通路能同时通过交流和直流信号，所以该反馈为交、直流反馈。用瞬时极性法可判断出是交流负反馈。当将 R_L 短路后，$u_o=0$，但反馈信号依然存在，说明该反馈属于电流反馈；又由于输入信号与反馈信号均从集成运放的反相输入端引入，属于并联反馈。所以该电路为电流并联负反馈放大电路。

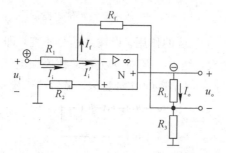

图 7-17　电流并联负反馈电路图

电流并联负反馈放大器的特点是：输出电流稳定，输出电阻增大，输入电阻减小。它是良好的电流-电流放大器。

　　4）电压并联负反馈

　　电压并联负反馈电路如图 7-18 所示，由 R_f 构成输入、输出间的反馈通路，为交、直流反馈。用瞬时极性法可判断出是交流负反馈。从输出端看，假设将负载 R_L 短路，则 $u_o=0$，输入、输出间不存在反馈通路，反馈信号消失，故为电压反馈；从输入端看，输入信号和反馈信号都在集成运放的反相输入端，属于并联反馈。所以图 7-18 电路是电压并联负反馈放大电路。

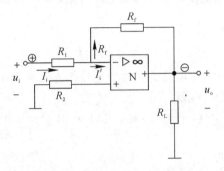

图 7-18　电压并联负反馈电路图

　　电压并联负反馈放大器的特点是：输出电压稳定，输出电阻减小，输入电阻减小。它是良好的电流-电压放大器。

　　应当引起注意的是，不论采用什么组态的负反馈，反馈效果都受信号源内阻 R_S 的制约。当采用串联负反馈时，为能充分发挥负反馈的作用，应采用 R_S 小的信号源，以使输入电压保持稳定；当采用并联负反馈时，R_S 越大，则输入电流越稳定，并联负反馈的效果越显著，所以此时应采用 R_S 大的信号源。

7.2.3　负反馈对放大电路性能的影响

　　从反馈放大器的闭环增益方程可以看出，当反馈深度 D 取不同值时，放大器的闭环增益和开环增益的关系是不同的。

1. 闭环增益的三种结果

　　对闭环增益方程可分成三种情况加以讨论：

　　(1) 当 $|1+\dot{A}\dot{F}|>1$ 时，$|\dot{A}_f|<|\dot{A}|$，即闭环增益降低了，说明此时放大电路引入了负反馈。上述四种反馈组态就属于这种情况。

　　(2) 如果 $|1+\dot{A}\dot{F}|<1$，则 $|\dot{A}_f|>|\dot{A}|$，即闭环增益升高了，说明此时放大器引入了正反馈。在放大器级数不多的情况下，使用正反馈将单级放大器的增益变大，可使整机的灵敏度增加，有些简单收音机的电路就采用这样的设计方法以提高收音机接收微弱信号的能力。

　　(3) 若 $|1+\dot{A}\dot{F}|=0$，则 $|\dot{A}_f|=\infty$。说明放大电路在没有输入信号时，也会有信号输出，技术上称此种情况为自激振荡。自激振荡破坏了放大器的正常工作，在实际工作中是应当避免的。比如在会场中，若话筒和音箱摆放的位置不对，或者放大器的音量开得过大，则在喇叭中会发出啸叫声，这就是在电路中产生了自激振荡所导致的现象。

2. 负反馈对放大器性能的影响

放大器引入负反馈后，放大倍数有所下降，但却可以改善放大器的动态性能，如提高放大器的稳定性、减小非线性失真、抑制干扰、降低电路内部噪声和扩展通频带等。这些指标的改善对于提高放大器的性能是非常有益的，至于放大倍数的降低则可以通过增加放大器的级数来加以解决。

1) 交流负反馈可以提高放大器增益的稳定性

设放大电路工作在中频范围，反馈网络为纯电阻，所以 A、F 都可用实数表示，则闭环增益方程为

$$A_f = \frac{A}{1+AF}$$

为了表示增益的稳定性，通常用增益的相对变化量作为衡量指标。

对闭环增益方程求微分，可得

$$dA_f = \frac{(1+AF)\cdot dA - AF\cdot dA}{(1+AF)^2} = \frac{dA}{(1+AF)^2}$$

对上式两边同时除以 A_f，得

$$\frac{dA_f}{A_f} = \frac{1}{1+AF}\frac{dA}{A}$$

上式表明，引入负反馈后，闭环放大器增益的相对变化量是开环放大器增益相对变化量的 $1/(1+AF)$。可见反馈越深，放大器的增益就越稳定，当然放大器的增益也就越低。

例如某放大器的反馈深度：

$$D = 1+AF = 101, \quad \frac{dA}{A} = \pm10\%$$

则：

$$\frac{dA_f}{A_f} = \frac{1}{101}\times(\pm10\%) \approx \pm0.1\%$$

即在开环增益相对变化量为 10% 时，若有负反馈，则电路的闭环增益相对变化量只有千分之一，放大倍数的稳定性提高了 100 倍。

结合到电路的具体反馈组态，可以得出结论：电压负反馈使电路的输出电压保持稳定；电流负反馈使电路的输出电流保持稳定。

2) 交流负反馈可以减小对信号放大的非线性失真

由于三极管本身是非线性器件，所以放大器对信号进行放大时产生了非线性失真是不可避免的，问题是如何尽量减小非线性失真。给三极管设置合适的工作点是减小非线性失真的首选方法。然而当输入信号的幅度较大时，尽管三极管的工作点合适，也会导致三极管工作在特性曲线的非线性部分，从而使输出波形失真，这是用合理设置工作点也解决不了的问题。而用交流负反馈就可以在很大程度上解决这个问题。

假设正弦信号 x_i 经过开环放大电路后，变成了正半周幅度大、负半周幅度小的输出波形，如图 7-19(a)所示。这时在电路中引入负反馈，如图 7-19(b)所示，并假定反馈网络是不会引起失真的纯电阻网络，则在输入端将得到正半周幅度大、负半周幅度小的反馈信号 x_f。两者叠加后，由此得到的净输入信号 x_{id} 则是正半周幅度小、负半周幅度大的波形，即引入

了失真(称预失真),再经过基本放大电路放大后,就会使输出波形趋于正负对称的正弦波,从而减小了非线性失真。需要注意的是,对输入信号本身固有的失真,负反馈是无能为力的。

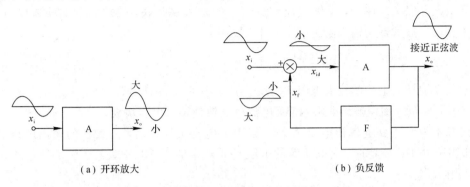

（a）开环放大　　　　　　　　　（b）负反馈

图 7-19　非线性失真的改善

3）交流负反馈可以抑制电路内部产生的干扰和噪声

对于三极管内部由于载流子的热运动而引起的干扰和噪声,负反馈也可以对其进行抑制,其原理与改善信号的非线性失真相同。

4）交流负反馈可以扩展放大器的通频带

从上面的分析中已经可以看出,负反馈的作用就是对电路输出的任何变化都有反相的纠正作用,所以放大电路在高频区及低频区放大倍数的下降,必然会引起反馈量的减小,从而使净输入量增加,放大倍数随频率的变化减小,幅频特性变得平坦,使上限截止频率升高,下限截止频率下降,从而放大器的通频带被展宽了,如图 7-20 所示。

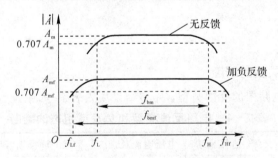

图 7-20　负反馈可以展宽放大器的通频带

可见借助于负反馈的自动调节作用,放大器的幅频特性得以改善,其改善程度与反馈深度有关,$(1+AF)$ 越大,负反馈越强,通频带就越宽。计算表明,负反馈使放大电路的通频带展宽了约 $(1+AF)$ 倍。

5）交流负反馈可改变放大电路的输入电阻和输出电阻

通过引入不同组态的负反馈,可以改变放大器的输入电阻和输出电阻,以实现电路的阻抗匹配和提高放大器的带负载能力。

（1）串联负反馈使输入电阻增大,并联负反馈使输入电阻减小。

设基本放大电路的输入电阻为 R_i,当引入串联负反馈后,反馈电压与原输入信号串联,抵消原输入,使输入端的电流较无负反馈时减小,相当于负反馈放大器的输入电阻 R_{if} 增大。可以证明:

$$R_{if} = (1+AF)R_i$$

即串联负反馈放大电路的输入电阻为无反馈时输入电阻的$(1+AF)$倍。

当引入并联负反馈后，反馈电流在放大器的输入端并联，使放大器的输入电流增大，相当于负反馈放大器的输入电阻减小。可以证明：

$$R_{if} = \frac{R_i}{1+AF}$$

即并联负反馈放大电路的输入电阻比无反馈时减小了$(1+AF)$倍。

（2）电压负反馈使输出电阻减小，电流负反馈使输出电阻增大。

设基本放大电路的输出电阻为R_o，当引入电压负反馈后，放大器的输出电压非常稳定，相当于电压源的特性，而电压源的电阻是非常小的。可以证明电压负反馈放大电路的输出电阻R_{of}为

$$R_{of} = \frac{R_o}{1+AF}$$

即有电压负反馈时的输出电阻比无反馈时减小了$(1+AF)$倍。

当引入电流负反馈后，放大器的输出电流非常稳定，相当于恒流源的特性，而恒流源的电阻是很大的。可以证明电流负反馈放大器的输出电阻R_{of}为

$$R_{of} = (1+AF)R_o$$

即电流负反馈放大器的输出电阻是无负反馈的输出电阻的$(1+AF)$倍。

实训任务 22　负反馈放大器反馈类型的判断

 **任务实施**

一、放大器反馈类型的判断

要求：判断给定电路图的反馈类型，并将结果填入表7-4中。

表 7-4　电路反馈类型和负反馈组态的判断

电路图号	正、负反馈？	交流、直流反馈？	电压电流反馈？	串联并联反馈？	本级反馈还是级间反馈？
图7-9					
图7-10					
图7-11					
图7-12					
图7-13					
图7-14					
图7-15					
图7-16					
图7-17					
图7-18					

二、放大器负反馈组态的判断

要求：判断给定电路图的负反馈组态，并将结果填入表 7 – 5 中。

表 7 – 5　电路负反馈组态的判断

电路图号	负反馈组态？
图 7 – 9	
图 7 – 10	
图 7 – 11	
图 7 – 12	
图 7 – 13	
图 7 – 14	
图 7 – 15	
图 7 – 16	
图 7 – 17	
图 7 – 18	

7.3　集成运放的线性应用

集成运算放大器工作在线性区时，可以实现反相比例运算、同相比例运算、加法运算、减法运算、对数运算、指数运算、积分运算、微分运算、乘法运算、除法运算以及它们的复合运算。

7.3.1　运算电路

运算放大器最早应用于模拟信号的运算，至今，信号的运算仍是集成运放的一个重要且基本的应用领域。在各种运算电路中，要求电路的输出和输入的模拟信号之间实现一定的数学运算关系，因此运算电路中的集成运放一定要工作在线性区。

理想集成运放工作在线性区时的"虚短"和"虚断"是分析运算电路的出发点。

1. 比例运算电路

将输入信号按比例放大的电路，称为比例运算电路。按输入信号加在集成运放输入端的不同，比例运算又分为反相比例运算和同相比例运算。

1）反相比例运算电路

反相比例运算电路如图 7 – 21 所示。

图 7-21 中的 R_1 是电路的输入电阻，R_f 是反馈电阻，它引入了并联电压负反馈。由于集成运放的开环增益 A_{od} 非常大，所以 R_f 引入的是深度负反馈，保证了集成运放工作在线性区。

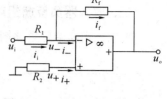

因为集成运放在线性区有"虚断"和"虚短"的特点，所以有

$$i_+ = i_- = 0, \quad u_+ = u_-$$

因为

$$i_1 = i_f$$

所以有

图 7-21 反相比例运算电路

$$\frac{u_i - u_-}{R_1} = \frac{u_- - u_o}{R_f}$$

由上述关系可求得反相比例运算电路的交流参数。

电压放大倍数为

$$A_{uf} = \frac{u_o}{u_i} = -\frac{R_f}{R_1}$$

电路的输入电阻为

$$R_{if} = \frac{u_i}{i_i} = R_1$$

电路的输出电阻很小，可以认为

$$R_o = 0$$

重要结论：

（1）反相比例运算电路实际上是一个电压并联负反馈电路。在理想情况下，反相输入端的电位等于零，称为"虚地"，因此加在集成运放输入端的共模输入电压很小。

（2）反相比例运算电路的电压放大倍数 $A_{uf} = -\dfrac{R_f}{R_1}$，即输出电压与输入电压的相位相反，比值 $|A_{uf}|$ 取决于电阻 R_f 和 R_1 之比，而与集成运放的各项参数无关。只要 R_f 和 R_1 的阻值比较准确而稳定，就可以得到准确的比例运算关系。根据电阻取值的不同，比例 $|A_{uf}|$ 可以大于 1，也可以小于 1，这是该电路的一个重要特点。

（3）当 $R_f = R_1$ 时，$A_{uf} = -1$，此时的电路称为单位增益倒相器，或叫作反相器，用于在数学运算中实现变号运算。

（4）R_2 称为平衡电阻，其阻值为 $R_2 = R_1 /\!/ R_f$。

反相比例运算电路引入了电压并联负反馈，因此该电路的输入电阻不高，输出电阻很低。

2）同相比例运算

同相比例运算电路如图 7-22 所示。在电路中电阻 R_1 与 R_f 引入串联电压负反馈，保证集成运放工作在线性区。R_2 是平衡电阻，应保证 $R_2 = R_1 /\!/ R_f$。

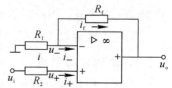

在图 7-22 中，根据集成运放工作于线性区时有"虚短"和 图 7-22 同相比例运算电路
"虚断"的特点，可以得到

$$i_+ = i_- = 0, \quad u_+ = u_-$$

故

$$u_- = \frac{R_1}{R_1 + R_f} u_o$$

而且

$$u_- = u_+ = u_i$$

由以上两式可得

$$\frac{R_1}{R_1 + R_f} u_o = u_i$$

则同相比例运算电路的电压放大倍数为

$$A_{uf} = \frac{u_o}{u_i} = 1 + \frac{R_f}{R_1}$$

理论分析可得出，同相比例放大电路的输入电阻为

$$R_{if} = (1 + A_{od}F)R_{id}$$

F 是反馈系数：

$$F = \frac{u_f}{u_o} = \frac{R_1}{R_1 + R_f}$$

电路的输出电阻很小，可以认为

$$R_o = 0$$

重要结论：

（1）同相比例运算放大电路是一个电压串联负反馈电路。因为 $u_- = u_+ = u_i$，所以不存在"虚地"现象，在选用集成运放时要考虑到其输入端可能具有较高的共模输入电压，要选用输入共模电压高的集成运放器件。

（2）同相比例运算放大电路的电压放大倍数 $A_{uf} = 1 + \frac{R_f}{R_i}$，即输出电压与输入电压的相位相同。也就是说，电路实现了同相比例运算。比例值也只取决于电阻 R_f 和 R_i 之比，而与集成运放的参数无关，所以同相比例运算的精度和稳定性主要取决于电阻 R_f 和 R_i 的精确度和稳定度。

值得注意的是，比例值恒大于等于 1，所以同相比例运算放大电路不能完成比例系数小于 1 的运算。

（3）当将电阻取值为 $R_f = 0$ 或 $R_1 = \infty$ 时，显然有 $A_{uf} = 1$，这时的电路称为电压跟随器，在电路中用于驱动负载和减轻对信号源的电流索取。电压跟随器的电路如图 7-23 所示。

由于同相比例运算在电路中引入了电压串联负反馈，因此同相比例运算放大电路的输入电阻很高，输出电阻很低。

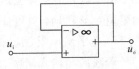

图 7-23　电压跟随器电路

2. 加法与减法运算

1）加法运算

如果在集成运放的反相输入端增加若干个输入电路，则构成反相加法运算电路，如图 7-24 所示。

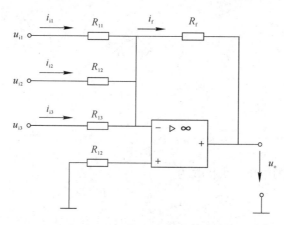

图 7-24　反相加法运算电路

由集成运放工作于线性区有"虚短"和"虚断"的特点，可列出

$$i_{11}=\frac{u_{i1}}{R_{11}}, \quad i_{12}=\frac{u_{i2}}{R_{12}}, \quad i_{13}=\frac{u_{i3}}{R_{13}}$$

由基尔霍夫结点电流定律可得出

$$i_f=i_{11}+i_{12}+i_{13}$$

又

$$i_f=-\frac{u_o}{R_f}$$

由上列各式可得

$$u_o=-\left(\frac{R_f}{R_{11}}u_{i1}+\frac{R_f}{R_{12}}u_{i2}+\frac{R_f}{R_{13}}u_{i3}\right)$$

当 $R_{11}=R_{12}=R_{13}=R_1$ 时，上式可写为

$$u_o=-\frac{R_f}{R_1}(u_{i1}+u_{i2}+u_{i3})$$

又当 $R_1=R_f$ 时，上式则成为

$$u_o=-(u_{i1}+u_{i2}+u_{i3})$$

由此可见，该电路实现了几个输入量的加法运算。

由上式可知，加法运算电路的结果也与集成运放器件本身的参数无关，只要各个电阻的阻值足够精确，就可保证加法运算的精度和稳定性。

R_2 是平衡电阻，应保证 $R_2=R_{11}\ /\!/\ R_{12}\ /\!/\ R_{13}\ /\!/\ R_f$。

若在同相输入端增加若干个输入电路，则可构成同相加法运算电路，如图 7-25 所示，R_f 与 R_1 引入了串联电压负反馈，所以集成运放工作在线性区。

同相加法电路的数学表达式比较复杂，而且在电路调试时，当需要改变某一项的系数而改变某一电阻值时，必须同时改变其他电阻的值，以保证满足电路的平衡条件。尽管同相求和电路与反相求和电路相较而言，同相求和电路的调试比较麻烦，但因为其输入电阻比较大，对信号源所提供的信号衰减小，所以

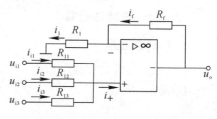

图 7-25　同相加法电路

在仪器仪表电路中仍得到广泛的使用。

2）减法运算

在集成运放的同相输入端和反相输入端同时加入两个信号，再使集成运放工作于线性区，就可以实现两个信号的比例减法运算，如图 7 - 26 所示。

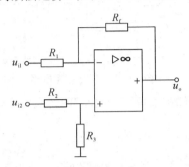

图 7 - 26 单集成运放组成的减法电路

对这个电路的分析要用到叠加定理，表达式也比较复杂，若取 $\dfrac{R_3}{R_2}=\dfrac{R_f}{R_1}$，再取 $R_f=R_1$，则会得到

$$u_o=u_{i2}-u_{i1}$$

显然，在电路的设计和调试中，是很难做到这一点的，尤其是平衡电阻的取值很难使电路既满足运算关系又能达到电路的平衡。

在实际中常常采用反相比例求和的方法来实现两个甚至是多个量的减法运算，其电路如图 7 - 27 所示。

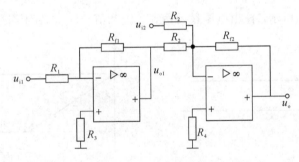

图 7 - 27 采用两级集成运放组成的减法电路

在电路中采用两级反相比例运算电路，作为被减数的信号从第一级的反相输入端输入，其输出与作为减数的信号在第二级的反相输入端做求和运算，将每个反相比例放大器的比例系数都取作 1，则在第二级的输出端就实现了两个量的减法运算，其表达式为

$$u_o=u_{i1}-u_{i2}$$

若改变对每个输入信号的比例系数，则可以实现两个量或几个量的比例减法运算。

用这种方法很容易实现在电路中各个元件参数的选取，并且每个电路的平衡电阻也非常容易取值。

3. 积分和微分运算

1）积分运算

在反相比例运算电路中，用电容 C_f 代替 R_f 作为反馈元件，引入并联电压负反馈，就成为积分运算电路, 如图 7-28 所示。

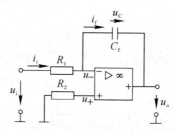

图 7-28 积分运算电路

由集成运放工作于线性区的"虚短"和"虚断"的特点, 可列出

$$u_- \approx 0$$

故

$$i_1 = i_f = \frac{u_i}{R_i}$$

再由电容量的定义, 可导出

$$u_o = u_C = -\frac{1}{C_f} \int i_f \mathrm{d}t = -\frac{1}{R_1 C_f} \int u_i \mathrm{d}t$$

上式表明 u_o 与 u_i 的积分成比例, 式中的负号表示输出电压与输入电压两者在相位上是相反的。式中的 $R_1 C_f$ 称为积分时间常数。

当 u_i 为阶跃电压, 如图 7-29(a)所示时, 则输出电压为

$$u_o = -\frac{U_i}{R_1 C_f} t$$

其波形如图 7-29(b)所示, 输出电压最后达到负饱和值 $-U_{o(sat)}$ 后不再变化。

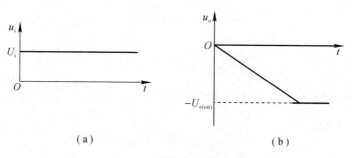

(a)   (b)

图 7-29 积分运算电路的阶跃响应

在仅由电阻和电容组成的积分电路中, 当输入信号 u_i 为一常数时, 电路的输出电压 u_o 随电容元件的被充电而按指数规律变化, 其线性度较差。而采用集成运算放大器组成的积分电路, 由于充电电流基本是恒定的 $\left(i_f \approx i_1 \approx \frac{U_i}{R_1} \right)$, 故输出电压 u_o 是时间 t 的一次函数, 从而提高了它的线性度。

积分电路除用于信号运算外, 在信号波形变换、自动化控制和自动测量系统中也应用广泛。

2) 微分运算

微分是积分的逆运算, 电路的输出电压与输入电压呈微分关系, 其电路如图 7-30(a)所示。

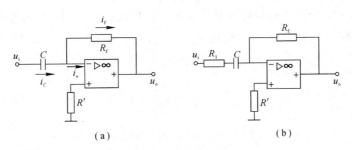

图 7-30　微分运算电路

在电路图中，反馈电阻 R_f 引入并联电压负反馈，保证集成运放工作在线性区。

由集成运放工作于线性区的"虚短"和"虚断"的特点，并考虑到集成运放的"一"端是"虚地"，所以有

$$u_o = -RC\frac{\mathrm{d}u_i}{\mathrm{d}t}$$

可见输出电压 u_o 与输入电压 u_i 对时间的微分成正比关系。

基本微分电路由于对输入信号中的快速变化分量敏感，所以它对输入信号中的高频干扰不能有效的抑制，使电路的性能下降。在实际的微分电路中，通常在输入回路中串联一个小电阻，如图 7-30(b) 所示，可以提高电路的抗干扰能力。但是，这将影响到微分电路的精度，故要求 R_1 的取值要适当，一般要在现场通过实验来确定。

7.3.2　集成运放在实际工程中的线性应用

1. 集成运放组成测量放大器

在自动控制和非电量测量等系统中，常用各种传感器将非电量（如温度、应变、压力等）的变化转变为电压信号，然后再输入系统。由于这些非电量的变化经常是比较缓慢，所以导致产生的电信号的变化量常常很小（一般只有几毫伏到几十毫伏），这就需要将电信号加以放大。最为实用的测量放大器（也称数据放大器或仪表放大器）的原理电路如图 7-31 所示。

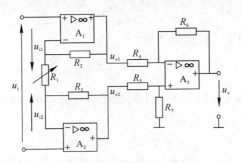

图 7-31　测量放大器电路原理图

电路由三个集成运放组成，其中，每个集成运放都接成比例运算电路的形式。电路中包含了两个放大级，A_1、A_2 组成第一级，二者均接成同相输入方式，因此整个电路的输入电阻很高，有利于接收微弱的电信号。由于电路在设计上是一种对称的结构，使各个集成运放的温度漂移和失调都有互相抵消的作用。A_3 接成双端差分输入、单端输出的形式，可以将无极性信号转换为有极性的信号输出，以方便驱动负载。

在图 7 - 31 中,当加上差模输入信号 u_i 时,若集成运放 A_1 和 A_2 的参数对称,且 $R_2 = R_3$,则电阻 R_1 的中点将为地电位,此时 A_1、A_2 的工作情况如图 7 - 32 所示。

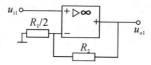

图 7 - 32 A_1、A_2 的工作情况分析

因为

$$\frac{u_{o1}}{u_{i1}} = 1 + \frac{R_2}{R_1/2} = 1 + \frac{2R_2}{R_1}$$

则

$$u_{o1} = \left(1 + \frac{2R_2}{R_1}\right) u_{i1}$$

同理

$$u_{o2} = \left(1 + \frac{2R_3}{R_1}\right) u_{i2} = \left(1 + \frac{2R_2}{R_1}\right) u_{i2}$$

因此

$$u_{o1} - u_{o2} = \left(1 + \frac{2R_2}{R_1}\right)(u_{i1} - u_{i2}) = \left(1 + \frac{2R_2}{R_1}\right) u_i$$

则第一级放大器的电压放大倍数为

$$\frac{u_{o1} - u_{o2}}{u_i} = 1 + \frac{2R_2}{R_1}$$

由上式可知,只要改变电阻 R_1 的取值,即可灵活地调节测量放大器的增益。当 R_1 开路时,$\frac{u_{o1} - u_{o2}}{u_i} = 1$,得到单位增益。

A_3 为差分输入比例放大电路,在设计中,通常取 $R_4 = R_5$,$R_6 = R_7$,则可得到表达式:

$$\frac{u_o}{u_{o1} - u_{o2}} = -\frac{R_6}{R_4}$$

因此,该测量放大器总的电压放大倍数为

$$A_u = \frac{u_o}{u_i} = \frac{u_o}{u_{o1} - u_{o2}} \cdot \frac{u_{o1} - u_{o2}}{u_1} = -\frac{R_6}{R_4}\left(1 + \frac{2R_2}{R_1}\right)$$

测量放大器的差模输入电阻等于两个同相比例电路的输入电阻之和,在电路参数对称的条件下,可得

$$R_i = 2(1 + A_{od} F) R_{id}$$

式中,A_{od} 和 R_{id} 分别是集成运放 A_1 和 A_2 的开环差模增益和差模输入电阻,F 为反馈系数,由图 7 - 32 可知

$$F = \frac{R_1/2}{R_1/2 + R_2} = \frac{R_1}{R_1 + 2R_2}$$

所以,测量放大器的输入电阻为

$$R_i = 2\left(1 + \frac{R_1}{R_1 + 2R_2} A_{od}\right) R_{id}$$

必须指出，在测量放大器中，R_4、R_5、R_6、R_7 四个电阻必须采用高精密度的电阻，并且要精确匹配，否则不仅给放大器的增益带来误差，而且将降低整个电路的共模抑制比。

现在已经有用于测量放大器的专用集成电路，参考型号为 AD622、AD622AN，其效果相当好，使用也非常方便。

2. 集成运放组成滤波器

滤波器的作用是允许信号中的某一部分频率的信号通过，而将其他频率的信号加以衰减，使其不能通过。

按其工作频率的不同，滤波器可分为：

低通滤波器：允许低于某一频率的信号通过，将高于此频率的信号衰减。

高通滤波器：允许高于某一频率的信号通过，将低于此频率的信号衰减。

带通滤波器：允许在某一频带范围内的信号通过，将此频带以外的信号衰减。

带阻滤波器：将某一频带范围内的信号衰减，允许此频带以外的信号通过。

1）无源滤波器

利用电阻、电容等无源器件可以构成简单的滤波器，称为无源滤波器。图 7-33(a)、图 7-33(b) 所示的电路分别为低通滤波器和高通滤波器。图 7-33(c)、图 7-33(d) 分别为它们的幅频特性。

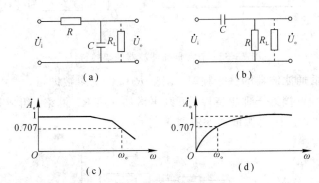

图 7-33　无源滤波器及其幅频特性

无源滤波器主要存在如下问题：

(1) 电路的增益小，最大仅为 1。

(2) 带负载能力差。如在无源滤波器的输出端接上一个负载电阻 R_L，如图 7-33(a)、图 7-33(b) 中的虚线所示，则其截止频率和增益均随 R_L 的变化而变化。

为了克服上述缺点，可将 RC 无源网络接至集成运放的输入端，组成有源滤波器。

2）有源滤波器

在有源滤波器中，集成运放起着放大作用，提高了电路的增益，而且因集成运放的输入电阻很高，故集成运放本身对 RC 网络的影响小，同时由于集成运放的输出电阻很低，因而大大增强了电路的带负载能力。由于在有源滤波器中，集成运放是作为放大元件，所以其一定要工作在线性区。

(1) 有源低通滤波器。

低通滤波器如图 7-34 所示，在图 7-34(a) 中，无源滤波网络将 R 和 C 接至集成运放的同相输入端，在图7-34(b)中，R_f和C接至集成运放的反相输入端。

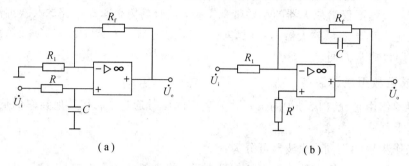

（a） （b）

图7-34 有源低通滤波器

实验给出有源低通滤波器的幅频特性，如图7-35(b)所示，图7-35(a)是有源低通滤波器的理想特性。

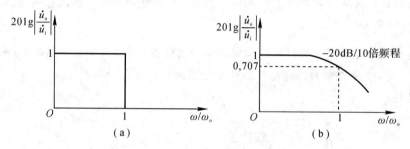

（a） （b）

图7-35 有源低通滤波器的幅频特性

如需改变有源低通滤波器的截止频率，调整R和C的参数即可。

为了使幅频特性更接近于理想特性，可以再增加一级RC网络，组成如图7-36所示的电路，这种电路也叫作二阶有源低通滤波器。

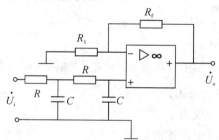

图7-36 二阶有源低通滤波器

（2）有源高通滤波器。

有源高通滤波器如图7-37所示。图7-37(a)为同相输入式；图7-37(b)为反相输入式。

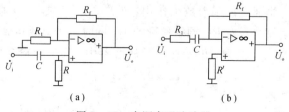

（a） （b）

图7-37 有源高通滤波器

实验给出有源高通滤波器的幅频特性如图 7-38(b)所示。

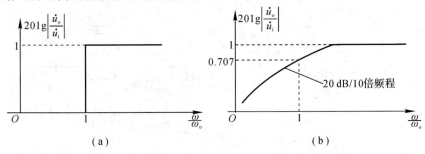

图 7-38　有源高通滤波器的幅频特性

　　与有源低通滤波器相似，一阶电路在低频处衰减太慢，为此可再增加一级 RC 网络，组成二阶有源高通滤波器，使其幅频特性更接近于理想特性，有源高通滤波器的理想幅频特性如图 7-38(a)所示。二阶有源高通滤波器如图 7-39 所示。

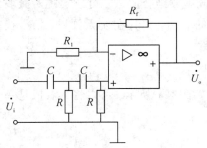

图 7-39　二阶有源高通滤波器

（3）有源带通滤波器和有源带阻滤波器。

　　将低通滤波器和高通滤波器进行不同的组合，就可获得带通滤波器和带阻滤波器。如图 7-40(a)所示，将一个低通滤波器和一个高通滤波器"串接"组成带通滤波器。图 7-40(b)为一个低通滤波器和一个高通滤波器"并联"组成的带阻滤波器。

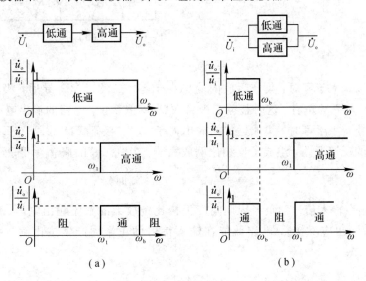

图 7-40　带通滤波器和带阻滤波器的组成原理图

有源带通滤波器和有源带阻滤波器的典型电路如图 7-41 所示。

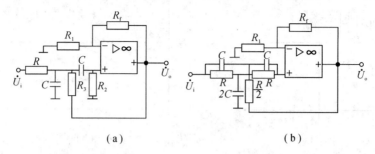

（a） （b）

图 7-41 有源带通滤波器和有源带阻滤波器的典型电路

3. 集成运放组成精密整流电路

由于 PN 结死区电压的存在，当信号比较微弱时，单纯用二极管组成的整流电路就不能输出信号。将二极管和集成运放结合起来，可以实现对微弱信号的整流，在信号检测和自动化控制系统中有着广泛的应用，尤其在航天领域，信号极其微弱，不采用精密整流电路，是无法检测出信号的。

1）精密半波整流电路

精密半波整流电路如图 7-42(a)所示。可以将其看成是一个包括整流二极管在内的反相比例放大器。

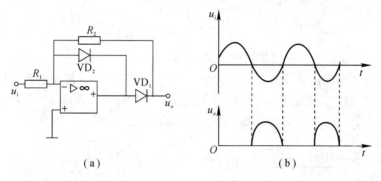

（a） （b）

图 7-42 精密半波整流电路

当输入信号 u_i 大于零时，集成运放的输出小于零，二极管 VD_2 导通，集成运放的输出电压被钳位在 -0.7 V 左右。这时整流二极管 VD_1 反偏截止，电路的输出电压 u_o 等于零。

当输入信号 u_i 小于零时，集成运放的输出大于零，二极管 VD_1 导通、VD_2 截止，VD_1 和 R_2 构成放大器的反馈通路，组成了反相比例放大器。由"虚地"的概念，可得到输出电压为

$$u_o = -\frac{R_2}{R_1}u_i \qquad (u_i \leqslant 0 \text{ 时})$$

可见，电路在输入信号的负半周期间产生按比例放大的整流输出电压。若将整流二极管反接（此时 VD_2 也应反接），电路就能在输入信号的正半周产生按比例放大的整流输出电压。

2）精密全波整流电路

精密全波整流电路如图 7-43(a)所示。此电路由集成运放 A_1 构成的精密半波整流电路

和集成运放 A_2 构成的反相输入比例求和电路组成。

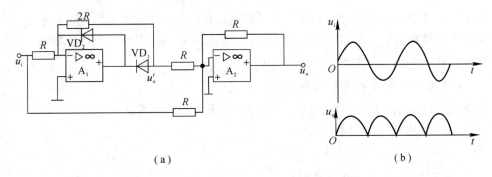

（a）　　　　　　　　　　　　　（b）

图 7-43　精密全波整流电路

在输入信号的正半周，A_1 的输出为 $-2u_i$，在 A_2 的输入端与 u_i 求和（注意 A_2 的比例系数为 1），则 A_2 的输出为

$$u_o = -(-2u_i + u_i) = u_i$$

在输入信号的负半周，A_1 没有输出，A_2 只有一个信号输入为 $-u_i$，经过 A_2 到相后，A_2 的输出为

$$u_o = u_i$$

由此可见，电路实现了全波整流输出，在信号特别微弱时，这种电路对提高仪器检测信号的灵敏度有很重要的意义。

【新器件】　　　　轨对轨运算放大器（rail - to - rail operational amplifier）

运放的输入电位通常要求高于负电源某一数值，而低于正电源某一数值。经过特殊设计的运放可以允许输入电位在从负电源到正电源的整个区间变化，甚至稍微高于正电源或稍微低于负电源也被允许。这种运放称为轨到轨（rail - to - rail）输入运算放大器。轨至轨输入，有的称之为满电源摆幅（R-R）性能，可以获得零交越失真，适合驱动模数转换 ADC，而不会造成差动线性衰减。

简单点说就是，一般的运放的工作电压与输出会相差 1～2 V，而轨对轨运放的输出电压可以与电源电压相当，从而充分利用了电源所提供的电压空间。"轨到轨"指输出（或输入）电压范围与电源电压相等或近似相等，从而扩大了动态范围，最大限度地提高了放大器的整体性能。

轨对轨运算放大器的典型型号有 AD627。

7.4 集成运放的非线性应用

7.4.1 基本电压比较器

随着计算机技术的普及，运算放大器在非线性方面的运用越来越广泛。电压比较器是模拟电路和数字电路的接口，广泛应用于自动控制和测量系统中，可以实现报警、模/数转换以及诸如矩形波、锯齿波等各种非正弦信号的产生及变换等。

1. 基本电压比较器电路

集成运放工作在非线性区可用来作信号的电压比较器，即对模拟信号进行幅值大小的比较，在集成运放的输出端则以高电平或低电平来反映比较的结果。电压比较器是信号发生、波形变换、模拟/数字转换等电路常用的单元电路。

1) 基本电压比较器的电压传输特性

如图 7-44 所示，是基本电压比较器的电路和其电压传输特性。

由集成运放的特点，可以分析出：

当输入信号 u_i 小于比较信号 U_R 时，有 $u_o = +U_{opp}$；

当输入信号 u_i 大于比较信号 U_R 时，有 $u_o = -U_{opp}$。

U_{opp} 是集成运放工作于非线性区时的输出电压最大值。

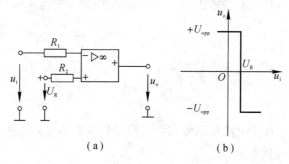

（a） （b）

图 7-44 基本电压比较器电路及其电压传输特性

2) 过零电压比较器

当比较电压 $U_R = 0$ 时，即输入电压和零电平进行比较，此时的电路称为过零电压比较器，其电路和传输特性如图 7-45 所示。

当输入信号 u_i 为正弦波电压时，则输出信号 u_o 为矩形波电压，如图 7-46 所示，电路实现了波形变换的功能。

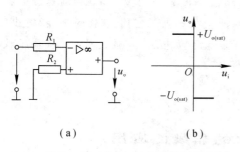

（a） （b）

图 7-45 过零电压比较器电路及其
电压传输特性

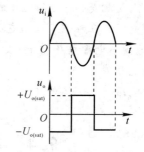

图 7-46 过零电压比较器将正弦波
电压变换为矩形波电压

3) 有限幅输出的过零电压比较器电路

有时为了将输出电压限制在某一特定值，以便与接在输出端的数字电路的电平配合，可在电压比较器的输出端与反相输入端之间跨接一个双向稳压管 VD_Z，作双向限幅用，其电路和电压传输特性如图 7-47 所示。电路中稳压管的稳定电压为 U_Z，输入信号 u_i 与零电平比较后，在输出端的输出电压 u_o 被限制为 $+U_z$ 和 $-U_z$ 这两个规定值。

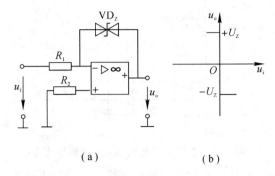

（a）　　　　　　　　　　　　　（b）

图 7-47　有限幅输出的过零电压比较器

2. 迟滞电压比较器

基本电压比较器电路简单，但除了用于纯粹的电压比较外，几乎没有实用价值。因为在实际生产和实验中，不可避免地会有干扰信号，干扰信号的幅值如果恰好在比较电压附近，就会引起电路输出的频繁变化，致使电路的执行元件产生误动作。在这种情况下，电路的灵敏度高反而成了不利因素。如何将干扰信号滤除而又使电路能正常工作呢？采用迟滞电压比较器就可以解决这个矛盾。

1) 迟滞电压比较器电路

迟滞电压比较器的电路如图 7-48 所示。在电路中，引入了一个正反馈，使集成运放工作在非线性区，电路的输出只有两个值(高电平或低电平)。

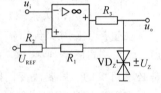

2) 迟滞电压比较器的门限电压

图 7-48　迟滞电压比较器电路

当输入电压 U_i 很低且没有达到比较电平(又叫作门限电压)时，集成运放 A 输出为

$$u_o = +U_z$$

随着输入电压的增加，当 U_i 达到门限电压 U_{TH+} 时，即

$$U_{TH+} = \frac{R_1}{R_1+R_2}U_{REF} + \frac{R_2}{R_1+R_2}U_z$$

若输入信号 U_i 再稍微大一点，电压比较器的输出电平就会发生翻转，输出变为低电平。此时电路的输出电压为

$$u_o = -U_z$$

随着输出电压的改变，门限电压也随之发生改变，门限电压变为

$$U_{TH-} = \frac{R_1}{R_1+R_2}U_{REF} + \frac{R_2}{R_1+R_2}(-U_z)$$

3) 迟滞电压比较器的抗干扰作用

当输入电压从高逐渐降低时，要一直降低到小于新的门限电压 U_{TH-}，电压比较器才能发生再次翻转，输出电压由低电平变为高电平：$u_o = +U_z$，这就是迟滞名称的由来。当输入信号在两个门限电压之间时，电压比较器的输出不发生变化。若干扰信号正好处在这两个门限电压之间，则因为电路的输出没有变化，相当于把干扰信号给滤除掉了，其波形如图 7-49 所示。

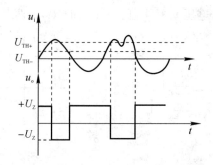

图 7-49 迟滞电压比较器对干扰信号的滤除

迟滞电压比较器的特性还经常用电压传输特性来表示，如图 7-50 所示。

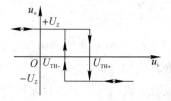

图 7-50 迟滞电压比较器的电压传输特性

一般将 $(U_{TH+} - U_{TH-})$ 称为回差电压，回差电压的取值范围要按照电路的实际工作地点对干扰信号进行实验测量后才能决定。

在生产实践中，经常需要对温度、水位进行控制，这些都可以用迟滞电压比较器来实现。如东芝 GR 系列电冰箱的温控就采取了电子温控电路，在这个电路中，迟滞电压比较器是必不可少的，只要改变门限电压的值，就改变了电冰箱的温控值。

迟滞电压比较器还经常用于对信号的整形，例如将一个波形比较差的矩形波整形成为比较理想的矩形波，如图 7-51 所示。

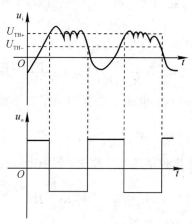

图 7-51 迟滞电压比较器用于对矩形波的整形

7.4.2 专用集成电压比较器 LM339 及其应用

1. 专用集成电压比较器 LM339 的主要参数

LM339 是专用集成电压比较器，其集成块内部装有四个独立的电压比较器，故也常称之为四电压比较器。

LM339 的主要参数均比一般的用运算放大器制作的电压比较器要好一些。

2. LM339 的封装与管脚功能

LM339 集成块采用 C-14 型封装，其外形及管脚排列图如图 7-52 所示。由于 LM339 使用灵活，应用广泛，所以世界上各大集成电路生产厂家和公司竞相推出自己的四电压比较器，如 IR2339、ANI339、SF339 等，它们的参数基本一致，其外形及管脚功能也相同，可以互换使用。

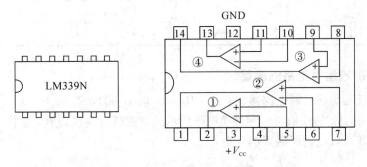

图 7-52　LM339 集成块外形及管脚排列图

实训任务 23　集成运放的应用

任务实施

一、反相比例运算电路的测量

（1）按反相比例运算电路连线，在输入端 u_i 加直流电压，按表 7-6 所给的数值进行测试，并计算出电压增益；改变阻值后再进行测量，将测量结果填入表 7-6 中。

注意：在测量时，每次改变电阻 R_1 的阻值时应同时变化平衡电阻的阻值，保证 $R=R_1 /\!/ R_f$。

表 7-6　反相比例运算电路加直流电压的测试数据

u_i/mV		100	200	300	−300	−200	−100
$R_1 = 100\ k\Omega$	u_o（计算值）						
	u_o（测量值）						
	A_f（计算值）						
$R_1 = 51\ k\Omega$	u_o（计算值）						
	u_o（测量值）						
	A_f（计算值）						
$R_1 = 510\ k\Omega$	u_o（计算值）						
	u_o（测量值）						
	A_f（计算值）						

（2）将 u_i 改换为音频信号，取其频率为 1 kHz，幅度为 100 mV，按表 7-7 所给的数值，用示波器进行观测，记录波形，用毫伏表测定信号的大小并计算相应电压增益；改变阻值后再测量，并将结果填入表 7-7 中。

注意：在测量时，每次改变电阻 R_1 的阻值时应同时变化平衡电阻的阻值，保证 $R=R_1 /\!/ R_f$。

表 7-7　反相比例运算电路加音频信号的测量数据

电阻	u_i	u_o	A_f
$R_1 = 10$ kΩ	波形：u_i/mV	波形：u_o/mV	
$R_1 = 51$ kΩ	波形：u_i/mV	波形：u_o/mV	
$R_1 = 510$ kΩ	波形：u_i/mV	波形：u_o/mV	

二、反相加法运算电路的测量

（1）按照反相加法运算电路接线，R_1、R_2、R_3 取 10 kΩ，R_f 取 100 kΩ，R' 取 3.3 kΩ，输入信号 u_{i1}、u_{i2}、u_{i3} 的获取可按照图 7-53 所示的电路进行连线得到，电位器 R_P 的下端接负电源，这样就可以得到所需要的负电压。

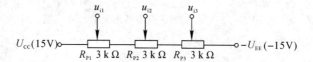

图 7-53　加法运算各输入端电压的获取电路

（2）将输入信号 u_{i1}、u_{i2}、u_{i3} 接入反相加法运算电路中，按照表 7-8 所给定的数据进行测试输出电压，并计算电压增益，将测量结果填入表 7-8 中。

表 7-8　反相加法运算电路加直流电压的测试数据

u_{i1}/mV	40	80	100	200	300
u_{i2}/mV	20	60	80	100	200
u_{i3}/mV	10	40	60	80	100
u_o（计算值）					
u_o（测量值）					
A_f（计算值）					

三、电压比较器的输入和输出波形

（1）按照图 7-54 接线，在集成运放的输出端接上示波器，在集成运放的输入端接上信号发生器，电源用 ±12 V。

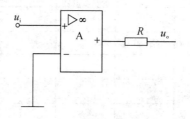

图 7-54　电压比较器的实验电路

（2）先将两个输入端短路，观察输出端示波器的波形。

（3）再将两个输入端打开，观察输出端示波器的波形。由于集成运放的开环增益很高，这时即使在两个输入端有非常微小的差值信号存在，也会使集成运放的输出达到饱和状态，输出信号与输入信号不成线性关系，这说明集成运放已经工作在非线性区了。

（4）在同相输入端接入频率为 1000 Hz 的正弦波信号，观察示波器上的输出波形。显然，在示波器上看到的是与正弦波同频同相的方波信号。

（5）在反相输入端接入比较电压 U_R，如图 7-55 所示，U_R 的值可以变化。在同相输入端接入正弦波信号，观察示波器上的输出波形。显然，在示波器上看到的是与正弦波同频同相的矩形波信号。当 U_R 的值变化时，矩形波信号的占空比也随之发生变化。

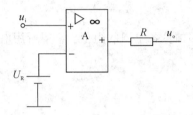

图 7-55 有比较电压 U_R 的电压比较器电路

练 习 题

7-1 理想集成运放的 $A_{od} =$ _____ ，$r_{id} =$ _____ ，$r_o =$ _____ ，$I_B =$ _____ ，$K_{CMR} =$ _____ 。

7-2 理想集成运放工作在线性区和非线性区时各有什么特点？各得出什么重要关系式。

7-3 集成运放应用于信号运算时工作在什么区域？

7-4 试比较反相输入比例运算电路和同相输入比例运算电路的特点（如闭环电压放大倍数、输入电阻、共模输入信号、负反馈组态等）。

7-5 同相比例运算电路如图 7-56 所示，图中 $R_1 = 3$ kΩ，若希望它的电压放大倍数等于 7，试估算电阻 R_f 和 R' 的值。

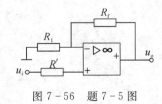

图 7-56 题 7-5 图

7-6 在图 7-57 中，$\dfrac{\dot{U}_o}{\dot{U}_i}$ 约为（ ）。

A．-10 B．$+10$ C．$+20$

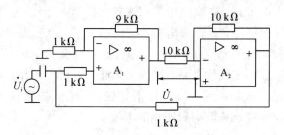

图 7 - 57　题 7 - 6 图

7 - 7　试设计一个比例运算放大器，实现以下运算关系：

$$A_{\text{uf}} = \frac{u_o}{u_i} = 0.5$$

要求画出电路原理图，并估算各电阻的阻值。希望所用电阻的阻值为 20～200 kΩ。

项目 8　集成功放及其应用

项目导言

功率放大电路是电子电路的最末级，担负着驱动负载的任务。它将信号以符合要求的功率和尽可能小的失真传递给负载，是功率放大电路要重点解决的问题。

在实际电子产品中，普遍使用的是集成功率放大电路。特别是近些年来异军突起的"傻瓜"功率放大器和最新的 D 类放大器已经在电子产品中占据了重要位置。

知识目标

（1）学习功率放大器的基本知识，掌握功率放大器的技术指标。

（2）熟悉集成功率放大器的特点。

（3）掌握不同功率集成功率放大器的典型应用。

技能目标

（1）会用万用表对集成功率放大器进行正确测量，并对其质量作出评价。

（2）会按照电路图连接集成功率放大器的应用电路。

（3）会对集成功率放大器的应用电路进行调试。

8.1　功率放大电路

8.1.1　功率放大电路的任务及功率晶体管的特点

电压放大电路均属小信号放大电路，它们主要用于增强信号的电压或电流的幅度。实际上，很多电子设备的输出要带动一定的负载，如驱动扬声器，使之发出声音；驱动电表，使其指针偏转；控制电机工作等，这就要求放大电路要向负载提供足够大的信号功率。能输出信号功率足够大的电路就是功率放大电路，简称功放。

1. 功率放大电路的任务

电子设备中的放大器一般由前置放大器和功率放大器组成，其组成框图如图 8-1 所示。前置放大器的主要任务是不失真地提高输入信号的电压或电流的幅度，而功率放大器的任务是在信号失真允许的范围内，尽可能输出足够大的信号功率，即：不但要输出大的信号电压，还要输出大的信号电流，以满足负载正常工作的要求。

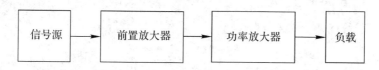

图 8-1 放大器组成方框图

担任功率放大的晶体管习惯上称为功放管，一般由晶体三极管来担任，近些年来，随着场效应管制造工艺的提高，许多功放管已经被场效应管所取代，因为场效应管不需要太大的驱动功率。在电路中，功率晶体管都工作在接近于管子参数的极限状态，故选择功率管时要注意不要超过管子的极限参数，并且要留有一定的余量，同时要考虑在电路中采取必要的过流保护、过压保护措施，还要解决好管子的散热问题。在电路中，广泛使用复合管作为功率管。

2. 功率放大电路的主要技术指标

（1）输出功率：功放电路根据负载要求向负载提供的有用信号功率。

一般对功率放大器都用最大输出功率来衡量它的放大能力。最大输出功率是指在输入信号为正弦波时，电路的输出波形不超过规定的非线性失真指标时，放大器的最大输出电压和最大输出电流有效值的乘积，即

$$P_{\text{omm}} = \frac{U_{\text{omm}}}{\sqrt{2}} \frac{I_{\text{omm}}}{\sqrt{2}} = \frac{1}{2} U_{\text{omm}} I_{\text{omm}}$$

（2）效率：放大电路提供给负载的功率是由直流电源提供的。放大电路的效率定义为放大电路输出给负载的功率与直流电源所提供的功率之比，即

$$\eta = \frac{P_{\text{o}}}{P_{\text{DC}}}$$

当直流电源所提供的功率一定时，为了向负载提供尽可能大的信号功率，则必须减少功率放大电路自身的损耗。

（3）管耗：功放电路中直流电源提供的功率除了供给负载外，其他部分主要被功率管所消耗，这部分功率称为管耗：

$$P_{\text{C}} = P_{\text{DC}} - P_{\text{o}}$$

（4）非线性失真：由于在功率放大电路中，三极管的工作点在大范围内变动，输出波形的非线性失真比小信号放大电路要严重得多。在实际的功率放大电路中，应根据负载的要求来规定允许的信号失真范围。

3. 使用功率晶体管需要注意的问题

功率管的作用是把直流电源的能量按照输入信号的变化规律传送给负载。电路工作在大信号情况下，功率管的管耗较大，必须考虑其散热问题。又由于功率管处于大电流、高电压状态，故需考虑其安全和保护问题。

为了确保功率管的安全使用，在设计电路时，应使管子工作于其伏安特性的安全区内，尽量减少电路产生过压和过流的可能性。其次要采取适当的过压保护和过流保护电路。为了防止感性负载使电路产生过压或过流，可在感性负载的两端并联阻容网络。

8.1.2　功率放大电路的类型

1. 按照功放管静态工作点分类

功率放大电路按照功放管静态工作点的不同，可分为甲类、乙类和甲乙类，在高频功放中还有丙类和丁类之分。

甲类功放的三极管其静态工作点在放大区的中间，所以在输入信号的整个周期内，管子中都有电流流过。甲类放大电路的优点是失真小，缺点是管耗大，效率低，它主要用于小功率放大电路中。电压放大电路由于信号比较小，实际上都工作在甲类放大状态。

乙类功放的三极管其静态工作点在放大区与截止区的交线上，在输入信号的一个周期内，管子只在半个周期内有电流流过，显然，乙类放大电路需要两个管子分别对信号的正负半周进行放大，才能完成对信号的放大。

甲乙类功放的三极管其静态工作点在靠近截止线的放大区内，在信号的一个周期内，管子有半个多周期内有电流流过，显然，甲乙类放大电路也需要两个管子才能完成对信号的放大。这三种类型的功放其三极管的集电极电流如图 8 - 2 所示。

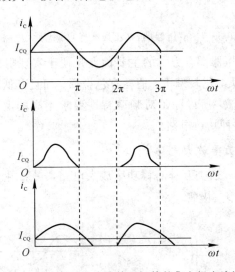

图 8 - 2　三种类型的功放其三极管的集电极电流波形

甲类功放电路的优点是失真波形小，缺点是静态工作点电流大，管耗大，放大电路效率低，它主要用于小功率放大电路中。乙类和甲乙类放大电路的优点是管耗小，放大电路效率高，故在功率放大电路中得到广泛应用。在实际电路中，均采用两管轮流导通的推挽电路来减小失真和增大输出功率。

2. 按功放电路中输出信号与负载的耦合方式分类

按功放电路中输出信号与负载的耦合方式，可分成变压器耦合功放电路、OTL 功放电路、OCL 功放电路和 BTL 电路等。

1）变压器耦合功率放大电路

传统的功率放大电路常常采用变压器耦合方式的功率放大电路。图 8 - 3 所示为一个典型的变压器耦合功率放大电路的原理图及工作波形图。在图中 T₁ 为输入变压器，T₂ 为输出变压器，当输入电压 u_i 为正半周时，VT_1 导通，VT_2 截止；当输入电压 u_i 为负半周时，VT_2 导通，VT_1 截止。两个三极管的集电极电流 i_{c1} 和 i_{c2} 均只有半个正弦波，但通过输出变压器 T_2 耦合到负载上，负载电流 i_L 和输出电压 u_o 则基本上是正弦波。

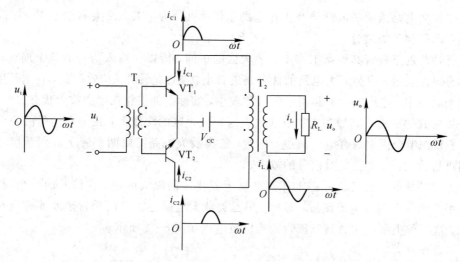

图 8-3 变压器耦合（乙类推挽）功率放大电路

功率放大电路采用变压器耦合方式的主要优点是便于实现阻抗匹配，有利于信号的最大传输。但变压器体积庞大，比较笨重，消耗有色金属，而且其低频和高频特性不好，在引入负反馈时还容易产生自激，所以除了对频率特性要求不高的电路（如实习用的单波段收音机）外，一般都不采用这种功放电路。

2）OCL 互补对称式功率放大电路

图 8-4(a)是一个 OCL 乙类互补对称功率放大电路，它采用正、负双电源供电，VT_1、VT_2 为两个特性相同的异型三极管。

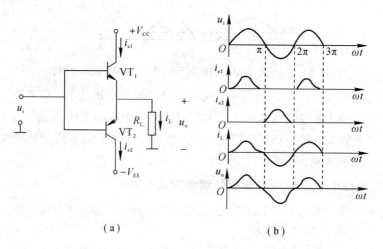

（a）   （b）

图 8-4 OCL 乙类互补对称功率放大电路

当 $u_i=0$ 时，VT_1、VT_2 均处于零偏置，两管的基极电流 $I_{BQ}=0$，集电极电流 $I_{CQ}=0$，输出电压 $u_o=0$，此时管子不消耗功率。

在有正弦信号 u_i 输入时：

在信号 u_i 的正半周，VT_2 因发射结反偏而截止，VT_1 因发射结正偏而导通，此时正电源 V_{CC} 通过 VT_1 向 R_L 提供电流 i_{c1}，输出电压 $u_o \approx u_i$。如图 8-4(b)所示。

在信号 u_i 的负半周，VT_1 因发射结反偏而截止，VT_2 因发射结正偏而导通，此时负电源 V_{EE} 通过 VT_2 向 R_L 提供电流 i_{c2}，输出电压 $u_o \approx u_i$。

可见 VT_1、VT_2 两管轮流导通，使负载 R_L 上得到了与输入信号波形相近、功率放大了的信号。由于 VT_1、VT_2 两管都只在半个周期内中有电流流过，故此电路属于乙类放大电路。又由于该电路输出端没有采用电容与负载耦合，故又称为 OCL（没有输出耦合电容）电路。

在 OCL 互补对称放大电路中，若输入信号的幅度足够大，其最大不失真输出电压的幅度要受三极管饱和压降的影响，故最大不失真输出电压的幅度为

$$U_{omm} = V_{CC} - U_{CE(sat)} \approx V_{CC}$$

式中，$U_{CE(sat)}$ 为三极管的饱和压降，通常较小（硅管为 0.3 V，锗管为 0.1 V），可以忽略不计。

OCL 互补对称放大电路的最大输出功率为

$$P_{om} = \frac{1}{2} U_{omm} I_{omm} = \frac{U_{omm}^2}{2R_L} = \frac{(V_{CC} - U_{CE(sat)})^2}{2R_L} \approx \frac{V_{CC}^2}{2R_L}$$

由于每个管子只在半个周期内有电流流过，故每个管子的集电极电流平均值为

$$I_{C1} = I_{C2} = \frac{1}{2\pi} \int_0^\pi I_{cm} \sin\omega t \, d(\omega t) = \frac{I_{cm}}{\pi}$$

电路中正负电源所提供的总功率为

$$P_{DC} = 2 I_{C1} V_{CC} = \frac{2 V_{CC} I_{cm}}{\pi} = \frac{2 V_{CC}(V_{CC} - U_{CE(sat)})}{\pi R_L} \approx \frac{2 V_{CC}^2}{\pi R_L}$$

所以 OCL 互补对称功放的效率为

$$\eta = \frac{P_o}{P_{DC}} = \frac{\pi}{4} \cdot \frac{U_{om}}{V_{CC}}$$

可以算出，乙类功放的最大理论效率为

$$\eta_m = \frac{\pi}{4} \cdot \frac{U_{omm}}{V_{CC}} = \frac{\pi}{4} \cdot \frac{V_{CC} - U_{CE(sat)}}{V_{CC}} \approx \frac{\pi}{4} \times 100\% = 78.5\%$$

但由于功率管的饱和压降和元件损耗等因素，乙类互补对称放大电路的效率仅能达到 60% 左右。

理论分析表明，当电路的输出功率最大时，三极管的管耗并不是最大，这也正是功放管可以工作在极限值的原因之一。

在乙类功率放大电路中，当输入电压 u_i 的幅度小于三极管输入特性曲线上的死区电压时，VT_1、VT_2 均不能导电，故输出信号的波形在过零点附近的一个区域内将出现明显的失真，这种失真称为交越失真，其波形见图 8.4(b)所示。

为了减小乙类放大器特有的交越失真，改善电路的输出波形，又要考虑到电路的效率，通常给功率管的发射结加一个很小的正向偏置电压，使两管在静态时均处于微导通状态，这样当两个三极管轮流工作导通时，输出信号的交替比较平滑，从而减小了交越失真，此时管子已工作在甲乙类工作状态。

图 8-5 是一个 OCL 甲乙类互补对称功率放大电路。在图中的 R、VD_1、VD_2 加在 VT_1、VT_2 两管的基极之间，以供给 VT_1、VT_2 一定的偏压。在工程估算中，由于静态电流较小，所以这种电路仍可以用乙类互补对称电路的有关公式来估算电路的输出功率和效率等性能指标。

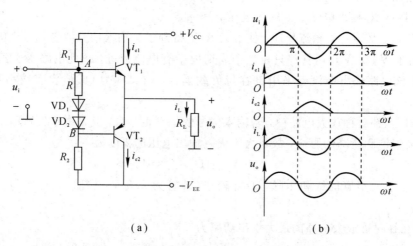

（a）　　　　　　　　　　（b）

图 8-5　OCL 甲乙类互补对称功率放大电路

在 OCL 甲乙类互补对称功率放大电路中常用的偏置电路还有 U_{BE} 扩大电路，如图 8-6 所示。只要调节电路中的电阻 R_1 和 R_2 的比值便可满足电路中对偏置电压的需要。

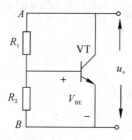

图 8-6　U_{BE} 扩大电路

例 8-1　在如图 8-5 所示的 OCL 功率放大电路中，已知 $V_{CC}=V_{EE}=12$ V，$R_L=8$ Ω，试估算该放大电路的最大不失真输出电压 U_{omm}、最大输出功率 P_{om}、此时电源供给的功率 P_{DC}。

解　最大不失真输出电压幅度

$$U_{omm} \approx V_{CC} = 12 \text{ V}$$

最大输出功率

$$P_{om} = \frac{V_{CC}^2}{2R_L} = \frac{12^2}{2 \times 8} = 9 \text{ W}$$

电源供给功率

$$P_{DC} = \frac{2V_{CC}^2}{\pi R_L} = \frac{2 \times 12^2}{\pi \times 8} = 11.5 \text{ W}$$

3）OTL 互补对称式功率放大电路

图 8-7 为典型的 OTL 互补对称功率放大电路。

OTL(没有输出变压器)互补对称功率放大电路与变压器耦合功率放大电路及 OCL 功率放大电路相比,其主要特点是:

① 没有输出变压器;

② 只用一路直流电源 V_{CC};

③ 用电容 C 代替了 OCL 电路中负电源的作用。

OTL 互补对称功率放大电路工作在静态时,调整电阻 R_1 和 R_4 的值,使两管的发射极电位为 $\dfrac{V_{CC}}{2}$,则电容 C 两端的电压也为 $\dfrac{V_{CC}}{2}$。VT_2 导通时则依靠电容上所充的电压供电。

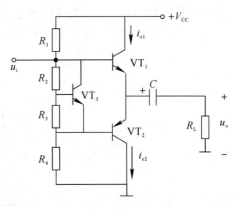

图 8-7　OTL 互补对称功率放大电路

调节电阻 R_2 和 R_3 的阻值,可以使 VT_1、VT_2 有一定的静态电流,用来保证功率管工作在甲乙类状态,从而消除交越失真。

OTL 互补对称功率放大电路工作在动态时,在输入信号 u_i 的正半周,VT_1 导通,VT_2 截止,此时 $V_{CC}-V_{CC}/2=V_{CC}/2$ 的直流电压通过 VT_1 向 R_L 提供电流 i_{c1},且 V_{CC} 向电容 C 充电。

在输入信号 u_i 的负半周,VT_1 截止,VT_2 导通,此时电容 C 两端的电压 $V_{CC}/2$ 通过 VT_2 向 R_L 提供电流 i_{c2}。

由于 OTL 互补对称功率放大电路的 VT_1、VT_2 两管实际工作电压仅为 $V_{CC}/2$,故其指标的估算与 OCL 不尽相同。OTL 电路与 OCL 电路性能指标估算结果的比较如表 8-1 所示。

表 8-1　OTL 电路与 OCL 电路性能指标估算结果的比较

性能指标	OCL 功放电路	OTL 功放电路
最大输出电压(U_{omm})	$V_{CC}-U_{CE(sat)}$	$\dfrac{V_{CC}}{2}-U_{CE(sat)}$
最大输出功率(P_{om})	$\dfrac{(V_{CC}-U_{CE(sat)})^2}{2R_L}$	$\dfrac{\left(\dfrac{V_{CC}}{2}-U_{CE(sat)}\right)^2}{2R_L}$
电源供给功率(P_{DC})	$\dfrac{2V_{CC}^2}{\pi R_L}$	$\dfrac{V_{CC}^2}{2\pi R_L}$
单管管耗(P_{C1m})	$0.2\,P_{om}$	$0.2\,P_{om}$
最大理论效率(η)	78.5%	78.5%
对功率管的要求	$U_{(BR)CEO}\geqslant 2V_{CC}$ $I_{CM}\geqslant I_{C1m}=\dfrac{V_{CC}}{R_L}$ $P_{om}\geqslant P_{C1m}=0.2P_{om}$	$U_{(BR)CEO}\geqslant V_{CC}$ $I_{CM}\geqslant I_{C1m}=\dfrac{V_{CC}}{2R_L}$ $P_{om}\geqslant P_{C1m}=0.2P_{om}$

4) 采用复合管的功放电路

如图 8-8 是由复合管组成的甲乙类互补对称功率放大电路。由于组成复合管的大功率管是同种类型的管子，但组成的复合管却是两种类型，所以由复合管组成的功放电路又称为"准互补对称电路"，这种电路解决了两种不同类型的大功率管不好配对的问题。

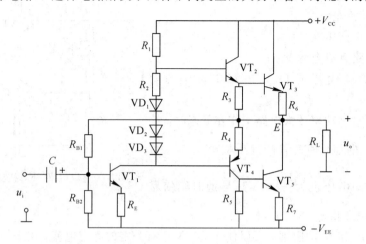

图 8-8 由复合管组成的甲乙类互补对称功率放大电路

各元器件的作用如下：

（1）VT_1、R_{B1}、R_{B2}、R_E 组成前置电压放大级，R_{B1} 接至 E 点，构成电压并联负反馈，并且是交、直流负反馈，既改善了电路的信念，又用来稳定电路的静态工作点；

（2）VT_2、VT_3 两管组成 NPN 型复合管，VT_4、VT_5 两管组成 PNP 型复合管。由于 VT_3、VT_5 为同一类型的大功率管，使电路有较好的对称性；

（3）R_2、D_1、D_2、D_3 构成输出级的小正偏电路，用来消除交越失真；

（4）R_3、R_5 是泄放电阻，给小功率管的穿透电流提供回路，以免使之流入大功率管，可以提高复合管的温度稳定性；

（5）R_4 是 VT_2、VT_4 管的平衡电阻，可保证 VT_2、VT_4 管的输入电阻对称；

（6）R_6、R_7 是阻值很小的电阻，具有负反馈作用，以提高电路的工作稳定性，同时还具有过流保护作用。

8.2 集成功率放大器及其典型应用

集成功率放大器除具有一般集成电路的特点外，还具有温度稳定性好、电源利用率高、功耗低、非线性失真小等优点。有时还将各种保护电路如过流保护、过压保护、过热保护等电路集成在芯片内部，使集成功率放大器的使用更加安全可靠。

集成功放的种类很多，从用途上分，有通用型功放和专用型功放；从芯片内部的电路构成划分，有单通道功放和双通道功放；从输出功率来分，有小功率功放和大功率功放等。

8.2.1 小功率通用型集成功放——LM386

LM386 是目前应用较广的一种小功率通用型集成功率放大电路，其特点是电源电压范围宽（4～16 V）、功耗低（常温下是 660 mW）、频带宽（300 kH）。此外，电路的外接元件少，应用时不必加散热片,广泛应用于收音机、对讲机、双电源转换、方波和正弦波发生器等。

图 8 - 9(a)为 LM386 的内部电路图,图 8 - 9(b)为其管脚排列图。此管采用 8 脚双列直插式塑料封装,管脚 1 和 8 之间外接阻容电路可改变集成功放的电压放大倍数(20～200),当 1 脚和 8 脚间开路时电压放大倍数为 20,1 和 8 脚间短路时,电压放大倍数为 200。

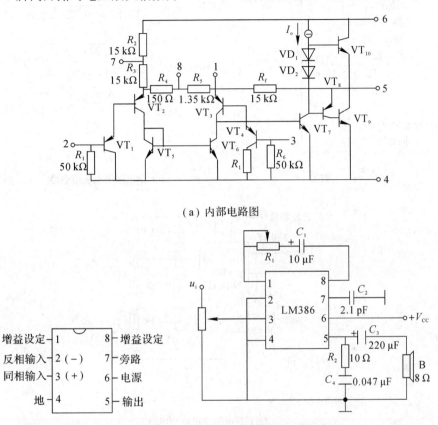

（a）内部电路图

（b）引脚图　　　　　　（c）典型应用电路

图 8 - 9　LM386 集成功率放大电路

图 8 - 9(c)为 LM386 的典型应用电路,用于对音频信号的放大。图中 R_1、C_1 是用来调节电压放大倍数的;C_2 是去耦电路,它可防止电路产生自激;R_2、C_4 组成容性负载,用以抵消扬声器部分的感性负载,可以防止在信号突变时,扬声器感应出较高的瞬时电压而导致器件的损坏,且可改善音质;C_3 为功放的输出电容,使集成电路构成 OTL 功放电路,这样整个电路使用单电源,降低了对电源的要求。

8.2.2　中功率集成功率放大电路——TDA2616/Q

TDA2616/Q 是 PHILIPS 公司生产的具有静噪功能的 12 W 双声道高保真功率放大器,主要用于对音频信号的放大,多用在立体声录音机中。TDA2616/Q 采用 9 脚单列直插式封装,各引脚功能见图 8 - 10(a)所示。其中 2 脚为静音控制端,当该脚接低电平时,TDA2616/Q 处于静音状态,输出端停止输出;2 脚接高电平时,TDA2616/Q 处于工作状态。

TDA2616/Q 的最大输出功率为 15 W,失真度不大于 0.2%。TDA2616/Q 既可以采用单电源供电,也可采用双电源供电,这是它的一个特点,非常方便使用。采用单电源供电时的应用电路如图 8 – 10(b)所示,这时电路构成了 OTL 电路;采用双电源供电时的应用电路如图 8 – 10(c)所示,这时电路构成了 OCL 电路。当然两种形式的电路其输出功率是不同的。

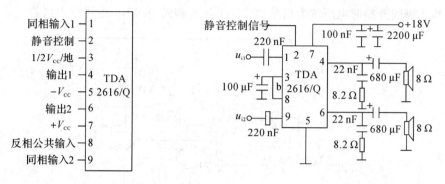

（a）引脚图　　　　　　　　　　（b）单电源供电应用电路

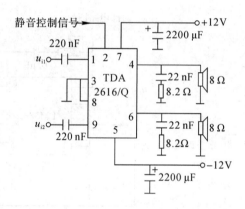

（c）双电源供电应用电路

图 8 – 10　TDA2616/Q—中功率集成功放及其典型应用

8.2.3　大功率集成功放——LM1875

LM1875 的外形和引脚如图 8 – 11 所示。LM1875 的额定输出功率为 30 W。

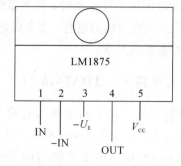

图 8 – 11　LM1875 的外形和引脚图

在图中,1 脚是同相输入端,2 脚是反相输入端;电路采用单电源供电时,3 脚接地;电路采用双电源供电时，3 脚接负电源；4 脚是输出端，5 脚接正电源。

LM1875 适合用在音频放大、伺服放大、测试系统中的功率放大场合，其外围元件少，最大不失真功率达 30 W，最大输出电流 4 A。用单、双电源均能工作，电路内还自备过载、过热以及抑制反电动势的安全保护电路（用于感性负载时）。

用 LM1875 集成功率放大器可以构成 OTL 电路，如图 8 - 12 所示。还可以构成 OCL 电路，如图 8 - 13 所示。

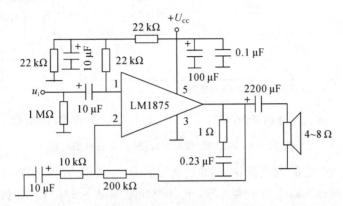

图 8 - 12 用 LM1875 集成功放构成 OTL 电路

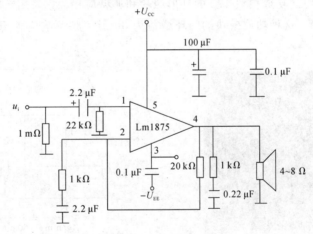

图 8 - 13 用 LM1875 集成功放构成 OCL 电路

用 LM1875 做成的音响放大电路其音域宽广，音色诱人，输出的功率与性能均优于同类产品。

8.2.4 "傻瓜"型集成功放模块

近几年来，市场上出现了一种号称为"傻瓜功放"的集成功放，这是一个功能电路模块，其内部电路与 OTL 或 OCL 电路大体相同。

图 8 - 14(a)为 1006 型"傻瓜功放"的内部电路框图，可以看到，它也是由前置级、驱动级和互补推挽输出级组成，另外还包括了滤波、静噪和一些保护电路。这些电路的全部元器件都集成在一块基片上，然后加以封装，模块的外部只需接上音源、扬声器和电源，不需要进行复杂的调试就能令人满意地工作，是一种使用方便、性能良好的通用型集成功放模块。

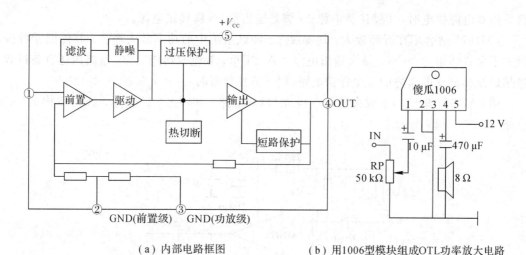

（a）内部电路框图　　　　　　　（b）用1006型模块组成OTL功率放大电路

图 8-14　1006 型"傻瓜功放"模块及其典型应用

图 8-14（b）是"傻瓜"功放模块 1006 的典型应用，它组成了一个 OTL 音频功率放大电路。"傻瓜 1006"的最大输出功率为 6 W，电源电压范围是 8～18 V，负载阻抗为 4～8 Ω。1006 功放模块是"傻瓜"系列中输出功率最小的一个品种，俗称"小傻瓜"。

图 8-15 是"傻瓜"功放模块 175 的外形照片和典型应用。它采用 ±35 V 电源供电，最大输出功率为 75 W。这种功放模块的闭环增益为 30 dB，频率响应为 10 Hz～50 kHz，失真度不大于 0.7%。

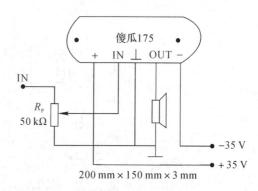

图 8-15　"傻瓜"功放模块 175 的外形照片及其典型应用电路

【新器件】　　　　　　　　　**D 类功率放大器**

随着人民生活水平的提高，许多人特别是音响发烧友们对音频功率放大器能否完美不失真还原声音的要求近乎于苛刻。模拟的功率放大器经过了几十年发展，在这方面的技术已经相当成熟，可以说是达到了登峰造极的地步。

随之而来的是环保与能量的利用率渐渐成为人们所关注的问题，正因为这样，广大消费者对功放的效率要求越来越高。但是模拟功率放大器在这方面几乎达到了极限。另外模拟磁带播放机如录音机逐步被淘汰，数字播放机如 CD、DVD 等已占据主流。

针对这一现实，数字功放应运而生。音响中用的功率放大器，常用的是甲（A）类或者甲乙（AB）类功放，近年来，利用脉宽调制原理设计的 D 类功放也进入音响领域。D 类放大器比较特殊，功率管只有两种工作状态：不是通就是断。因此，它不能直接输入模拟音频信号，而是需要将信号进行某种变换后再放大。人们把此种具有"开关"方式的放大，称为"数字放大器"，又叫作 D 类放大器。

D 类放大器与模拟功放相比有如下一些明显优势：

1. 整个频段内无相对相移，声场定位准确

由于采用无负反馈的放大电路、数字滤波器等处理技术，可以将输出滤波器的截止频率设计得较高，从而保证在 20 Hz～20 kHz 内得到平坦的幅频特性和很好的相频特性。

2. 瞬态相应好，即"动态特性"好

由于它不需传统功放的静态电流消耗，所有能量几乎都是为音频输出而储备，加之无模拟放大、无负反馈的牵制，故具有更好的"动力"特征。

3. 无过零失真

传统功放由于对管配对不对称及各级调整不佳容易产生交越失真。

4. 效率高、可靠性高、体积小

D 类功放中的功率晶体管工作在开关状态，其效率高达 80%～90%，使用时不需要对功率管加装散热器，或者只需要一只很小的散热器，特别适合用在汽车等场合。在 D 类功放中的开关管绝大多数采用的是金属氧化物半导体场效应晶体管（MOSFET 管），它的开关导通电阻较小，一般远远小于 1 Ω，所以热损耗很小。

目前的 Hi-Fi 音响和家庭影院系统中，输出声道多至 2～6 个，每声道功率达 20～80 W，甲类、乙类和甲乙类功放的效率按 30% 计算，电源功率需达三百多瓦，而采用 D 类放大器，电源的功率仅需要 125 W。

这里介绍一个用 555 电路制作的简易 D 类放大器，如图 8-16 所示。

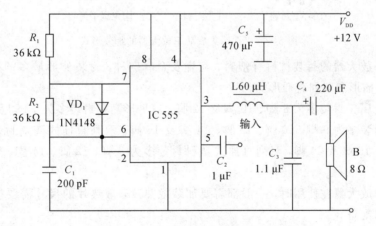

图 8-16 用 555 制作的 D 类放大器

IC 555 和 R_1、R_2、C_1 等组成 100 kHz 多谐振荡器，占空比为 50%，在控制端 5 脚输入音频信号，从 3 脚便可输出一个脉宽与输入信号幅值成正比的脉冲信号，经 L、C_3 进行低通滤波后，将音频信号送到扬声器发声。此电路不需调试，自己做很容易成功。

现在常用的几种型号的 D 类功率放大器的型号有：

TPA2000D2：是一种无需滤波器的新型 D 类音频功率放大集成电路。

TPA20102：6 W/5 V/8 Ω：适用于音频功率放大。

96085X/200210/8391030TDA7480：(10 W)适用于音频功率放大。

TDA 7481C：(18 W)适用于视频功率放大。

TDA7482：(25 W)适用于音频功率放大。

实训任务 24　集成功率放大器的制作

任务实施

一、看一看

(1) 看一看如图 8-17 所示的一些集成功率放大器的外形，认识这些功率集成电路的封装形式。

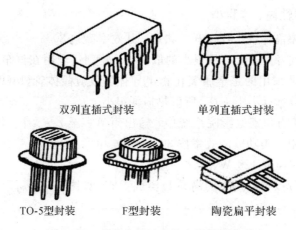

双列直插式封装　　　　单列直插式封装

TO-5型封装　　　F型封装　　　陶瓷扁平封装

图 8-17　常用集成功率放大器的封装形式

集成功率放大器的封装材料有塑料、陶瓷及金属三种。封装外形最多的是圆筒形、扁平形、单列直插形和双列直插形。

圆筒形金属壳封装多为 8 脚、10 脚及 12 脚，扁平形陶瓷封装多为 12 脚及 14 脚，单列直插式塑料封装多为 9 脚、10 脚、12 脚、14 脚及 16 脚，双列直插式陶瓷封装多为 8 脚、12 脚、14 脚、16 脚及 24 脚，双列直插式塑料封装多为 8 脚、12 脚、14 脚、16 脚、24 脚、42 脚及 48 脚。

集成功率放大器在使用时，一般都需要加装散热片，散热片的尺寸需要按照集成功率放大器的要求配备。

集成功率放大器的封装外形不同，其引脚排列顺序也不一样。对圆筒形金属壳封装的集成电路，识别引脚时应面向引脚(正视)，由定位标记所对应的引脚开始，按顺时针方向依次数到底即可。常见的定位标记有突耳、圆孔及引脚不均匀排列等。

对单列直插式集成功放电路，识别其引脚时应使引脚向下，面对型号或定位标记，自定位标记对应一侧的头一只引脚数起，依次为①、②、③、…脚。这一类集成电路上常用的定位标记为色点、凹坑、小孔、线条、色带、缺角等。

对双列直插式集成电路,识别其引脚时,若引脚向下,即其型号、商标向上,定位标记在左边,则从左下角第1只引脚开始,按逆时针方向,依次为①、②、③、…脚;若引脚向上,即其型号、商标向下,定位标志位于左边,则应从左上角第1只引脚开始,按顺时针方向,依次为①、②、③、…脚。顺便指出,有个别型号集成电路的引脚,在其对应位置上有缺脚(即无此输出引脚)。

(2)集成功率放大器型号的认读。

对各种集成功率放大器进行实物认识,读出印刷在集成功率放大器上的字母和数字,填在表8-2中。

表 8-2　集成功率放大器的认读记录表

序　号	集成功率放大器上的字母和数字	查手册判断属于哪种额定功率的集成放大器	生产厂家
1			
2			
3			
4			
5			
6			

二、用万用表对集成功率放大器进行测量

操作步骤:

(1)将指针式万用表的挡位选择在 R×100 挡,对 LM386 集成功率放大器进行测量。按照表8-3中的要求,分别测量出集成功率放大器的各管脚对地间的正向电阻值和反向电阻值,将测量值填在表8-3中。

(2)将数字式万用表的挡位选择在测量二极管的挡位,对各种集成功率放大器的各管脚对地间进行测量,将测量值填在表8-3中。

表 8-3　用万用表对 LM386 集成功率放大器的测量记录表

管脚序号	各管脚对地间的正向电阻值	各管脚对地间的反向电阻值	万用表挡位 R×	用测量二极管的挡位测量各管脚对地间的电压降	备　注
1					
2					
3					
4					
5					
6					
7					
8					

三、用 D2006 制作集成功率放大器

D2006 是一种单电源供电、额定输出功率达 6 W 的集成功率电路。集成功放 D2006 的外形如图 8-18 所示，其各个引脚的作用见表 8-4。

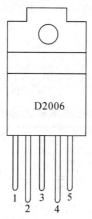

图 8-18   集成功放 D2006 的外形图

表 8-4   集成功放 D2006 各引脚的作用

引脚序号	1	2	3	4	5
功能作用	输入端	输入接地端	输出接地端	输出端	电源正极

（1）按照图 8-19 将电路装配好。

（2）调节直流稳压电源，使之输出＋12 V 电源。将＋12 V 电源接到集成功放电路中。

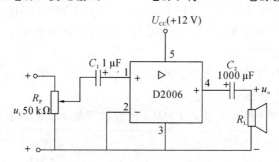

图 8-19   D2006 组成的集成功率放大器电路图

（3）调节信号发生器，使之输出幅值为 20 mV、频率为 1 kHz 的正弦波信号 u_i，接到电路的输入端，用毫伏表测量输出电压 u_o。

（4）在电路的输出端接上示波器，观察波形，读出幅值。

（5）调节 R_P，观察电路的交越失真现象；再调节 R_P，使输出波形不失真，测出此时的 u_o，计算出 P_o。

（6）接入扬声器，试听扬声器发出的声音，调节 R_P，听声音的变化。

练 习 题

8-1 简答题。

（1）功率放大电路的主要任务是什么？

（2）功率放大电路与电压放大电路相比有哪些区别？

（3）与甲类相比，乙类互补对称功率放大电路的主要优点是什么？

（4）大功率放大电路中为什么要采用复合管？

（5）什么是交越失真？如何克服交越失真？

（6）OTL 电路与 OCL 电路有哪些主要区别？

8-2 判断下列说法是否正确，并说明理由。

（1）在乙类功放电路中，输出功率最大时，管耗也最大。

（2）功率放大电路的主要作用，是在信号失真允许的范围内，向负载提供足够大的功率信号。

（3）在 OCL 电路中，输入信号越大，交越失真也越大。

（4）由于 OCL 电路的最大输出功率为 $P_{om}=V_{CC}^2/2R_L$，可见其输出功率只与电源电压及负载有关，而与功率管的参数无关。

（5）所谓电路的最大不失真输出功率，是指输入正弦信号幅度足够大，而输出信号基本不失真，并且输出信号的幅度最大时，负载上获得的最大直流功率。

（6）在推挽功率放大电路中，由于总有一只三极管是截止的，故输出波形必然失真。

（7）在推挽式功率放大电路中，只要两只三极管具有合适的偏置电流，就可以消除交越失真。

（8）实际的甲乙类功放电路，电路的效率可达 78.5%。

（9）在输入电压为零时，甲乙类互补对称电路中的电源所消耗的功率是零。

项目 9　数字逻辑电路基础

 **项目导言**

　　世界已经进入了数字时代，而数字时代是建立在数字电子技术的基础上的。数字电子技术在近三十年来得到了飞速发展，已经渗透到了各个领域，极大地改变了世界的面貌。

　　数字电子技术的理论基础是逻辑代数，它虽然是一门有着近两百年历史的数学学科，却是指导和设计数字电路的理论基础和强大工具。原本枯燥无味的数字 0 和 1 在这里竟然变得如此奇妙。逻辑代数开启了一扇分析和设计数字电路的大门，在此基础上发明的逻辑电路将带人们迈入数字电子世界的殿堂。

 知识目标

　　(1) 了解数字系统中的计数体制和编码，熟悉 BCD8421 码的特点。
　　(2) 了解三种基本逻辑运算，熟悉三种基本逻辑运算符号。
　　(3) 了解逻辑代数中的基本定律和规则。
　　(4) 了解半导体开关器件的特性。
　　(5) 认识三种基本逻辑电路。

 技能目标

　　(1) 会进行二进制、八进制、十进制和十六进制之间的相互转换。
　　(2) 会运用二极管和三极管作为开关器件。
　　(3) 能将最基本的逻辑关系用逻辑符号表示出来。
　　(4) 能进行简单逻辑函数的化简。

9.1　数字系统中的计数体制和编码

　　在日常生产生活中，人们已经习惯了使用十进制的计数体系，而在电子电路系统中，采用二进制计数体系则更加方便和实用。

　　数制是计数体制的简称，在电子技术领域常用到的数制除了二进制外，还有八进制和十六进制。这些数制所用的数字符号叫作数码；某种数制所用数码的个数称为基数。

9.1.1 数字系统中常用的数制

1. 二进制数

常用的十进制数，由 0、1、2、…、9 十个数码组成，十进制数数制的基数为十。数的组成从左向右由高位到低位排列，计数时"逢十进一，借一当十"。数码在不同的位置上，其代表的数值不同，称为"位权"，或简称为"权"。

二进制数只有两个数码，用 0 和 1 表示，两个数码按一定的规律排列起来，可以表示数值的大小，其计数规律是"逢二进一，借一当二"。二进制数数制的基数是二。

例如 1011 这个 4 位二进制数，它可以写成

$$1011 = 1 \times 2^3 + 0 \times 2^2 + 1 \times 2^1 + 1 \times 2^0$$

它们是从低位到高位依次排列，低位在右，高位在左。

2. 八进制数

八进制数有 0～7 共八个数码，基数为八，计数时"逢八进一，借一当八"。其组成也是从左向右由高位到低位排列，每一位的位权值为 8 的整数次幂。八进制数按位权展开的方法与二进制数相同，例如 $(371)_8$ 这个三位八进制数，它可以写成

$$371 = 3 \times 8^2 + 7 \times 8^1 + 1 \times 8^0$$

3. 十六进制数

十六进制数比二进制数和八进制数的位数少，因此在现代计算机技术中得到广泛使用。十六进制数有 0～9 和 A、B、C、D、E、F 共 16 个数码，基数为十六，计数时"逢十六进一，借一当十六"。数的组成也是从左向右由高位到低位排列，每一位的位权值为 16 的整数次幂。例如 3FA2 这个四位十六进制数，它可以写成：

$$3FA2 = 3 \times 16^3 + 15 \times 16^2 + 10 \times 16^1 + 2 \times 16^0$$

9.1.2 不同进制数的相互转换

有了权的概念，就能够很容易地将不同进制的数进行相互转换。

1. 二进制数和十进制数的相互转换

欲将二进制数转换成十进制数，只要将二进制数中为 1 的那些位的权相加，所得的值就是它所对应的十进制数。例如将二进制数 1011 转换成十进制数，可写成

$$(1011)_2 = 1 \times 2^3 + 1 \times 2^1 + 1 \times 2^0 = 8 + 2 + 1 = (11)_{10}$$

欲将十进制数换算为二进制数，可采用"除二取余法"。即将十进制数连续除以 2，直至商为零。十进制数被 2 相除时，每次所得的余数非 1 即 0，将余数由下到上依次排列，就得到相应的二进制数。例如：

<pre>
                        余数
          2 ⌞ 29   … 1   低
          2 ⌞ 14   … 0   位
          2 ⌞ 7   … 1   ↑
          2 ⌞ 3   … 1   高
          2 ⌞ 1   … 1   位
              0
</pre>

结果为

$$(29)_{10} = (11101)_2$$

2. 十六进制数、八进制数和十进制数的互换

将十六进制数、八进制数转换成十进制数的方法和将二进制数转换成十进制数的方法相似,只需将十六进制数或八进制数的各位数码与该位位权的乘积求和,例如将十六进制数 4A5F 转换成十进制数,可写成

$$(4A5F)_{16} = 4 \times 16^3 + 10 \times 16^2 + 5 \times 16^1 + 15 \times 16^0 = (19039)_{10}$$

将八进制数 $(247)_8$ 转换成十进制数,可写成

$$(247)_8 = 2 \times 8^2 + 4 \times 8^1 + 7 \times 8^0 = (167)_{10}$$

将十进制数转换成十六进制、八进制数的方法和将十进制数转换成二进制数的方法相似,只需将十进制数分别除以十六或除以八再取余,一直除到商为零为止。第一次得到的余数为最低位。例如十进制数 125 转换成十六进制、八进制数,可分别写成

$$
\begin{array}{r|l}
 & \text{余数} \\
8 \underline{\smash{)}\,125} & \cdots\ 5 \qquad \text{低位} \\
8 \underline{\smash{)}\,15} & \cdots\ 7 \qquad \uparrow \\
8 \underline{\smash{)}\,1} & \cdots\ 1 \qquad \text{高位} \\
0 &
\end{array}
$$

结果为

$$(125)_{10} = (175)_8$$

$$
\begin{array}{r|l}
 & \text{余数} \\
16 \underline{\smash{)}\,125} & \cdots\ D \qquad \text{低位} \\
16 \underline{\smash{)}\,7} & \cdots\ 7 \qquad \uparrow \\
0 & \qquad\qquad \text{高位}
\end{array}
$$

结果为

$$(125)_{10} = (7D)_{16}$$

3. 二进制数和十六进制数、八进制数的互换

由于十六进制数的基数为 $16 = 2^4$,因此一个四位二进制数就相当于一个一位十六进制数。所以将二进制数转换成十六进制数的方法是,将一个二进制数从低位向高位,每四位分成一组,每组对应转换成一位十六进制数。例如:

$$(100110111)_2 = (137)_{16}$$

八进制数的基数为 $8 = 2^3$,因此一个三位二进制数就相当于一个一位八进制数。所以将二进制数转换成八进制数的方法是,将一个二进制数从低位向高位,每三位分成一组,每组对应转换成一位八进制数。例如:

$$(100110111)_2 = (467)_8$$

将十六进制数转换成二进制数的方法,是从高位向低位开始,将每一位十六进制数转换成四位二进制数。

将八进制数转换成二进制数的方法,是从高位向低位开始,将每一位八进制数转换成三位二进制数。例如:

$$(A19)_{16} = (101000011001)_2$$

$$(712)_8 = (111001010)_2$$

9.1.3　二进制数的四则运算

和十进制数一样，二进制数也能进行四则运算。

1. 四则运算规则

（1）加法运算规则：

$$0+0=0,0+1=1,1+0=1,1+1=10$$

（2）乘法运算规则：

$$0\times 0=0,0\times 1=0,1\times 0=0,1\times 1=1$$

（3）减法和除法运算规则：

减法和除法运算为加法和乘法的逆运算。举例如下：

$$
\begin{array}{r}
1110\\
+1001\\
\hline
10111
\end{array}
\qquad
\begin{array}{r}
1011\\
-101\\
\hline
110
\end{array}
\qquad
\begin{array}{r}
1101\\
\times 101\\
\hline
1101\\
0000\\
1101\\
\hline
1000001
\end{array}
\qquad
\begin{array}{r}
11\\
110\,\overline{)10010}\\
110\\
\hline
110\\
110\\
\hline
0
\end{array}
$$

（加法）　　　（减法）　　　　（乘法）　　　　　（除法）

（4）进位规则和借位规则：

在二进制数的加法计算中，进位规则是逢二进一，即：$1+1=10$。

在二进制数的减法计算中，借位规则是借一当二，即当某位被减数小于减数时，要向相邻高位借位。

9.1.4　数字系统中常用的编码

1. 代码与编码

在数字系统中，常常采用一定位数的二进制码来表示各种图形、文字、符号等特定信息，通常称这种二进制码为代码。建立这种代码与图形、文字、符号或特定对象之间一一对应关系的过程，就称为编码。

2. 几种常见的二进制码

在数字系统中，所有的代码都是用二进制数码"0"和"1"的不同组合构成。在这里的二进制数并不表示数值的大小，而是仅仅表示某种特定信息。n 位二进制数码有 2^n 种不同的组合，可以代表 2^n 种不同的信息。

1）BCD 码

BCD 码是最常见的二进制码。BCD 码用四位二进制数来表示一位十进制数。由于四位二进制数有 16 种不同的状态组合，而十进制数只有 0～9 十个数码，所以只需选择其中的十种状态组合，就可以实现编码。从十六种组合中选择十种组合有多种方案，所以 BCD 码有多达 8008 种方案。

2）常用的 BCD 码

如表 9-1 所示，为 0～9 十个数码的常用的 BCD 码编码方案。

表 9 – 1　几种常用的 BCD 码

十进制数	8421 码	5421 码	2421 码	余三码
0	0000	0000	0000	0011
1	0001	0001	0001	0100
2	0010	0010	0010	0101
3	0011	0011	0011	0110
4	0100	0100	0100	0111
5	0101	1000	1011	1000
6	0110	1001	1100	1001
7	0111	1010	1101	1010
8	1000	1011	1110	1011
9	1001	1100	1111	1100

3）8421BCD 码

8421BCD 码是一种最基本最常用的编码，它是一种有权码。"8421"是指在这种编码中，代码从高位到低位的位权值分别为 8、4、2、1。用 8421BCD 代码对十进制数进行编码，正好和十进制数的各位数字分别用四位二进制数表示出来相吻合。

例如要将十进制数 $(57)_{10}$ 用 8421BCD 代码来表示，就是

$$(57)_{10} = (0101\ 0111)_{8421BCD}$$

虽然在一组 8421BCD 代码中，每位的位权值与四位二进制数的位权值相同，但二者的意义是完全不同的，一个是代码，一个是数值。在 8421BCD 代码中，每一组的四位数之间是二进制关系，组与组之间却是十进制的关系。

实训任务 25　计数体制的转换和编码的认识

任务实施

（1）将下列二进制数转换成十进制数。

① 1011　　　　　　② 1010010　　　　　　③ 111101

（2）将下列十进制数转换成二进制数。

① 25　　　　　　② 100　　　　　　③ 1025

（3）将下列十进制数转换成八进制数和十六进制数。

① 45　　　　　　② 127　　　　　　③ 1024

（4）将下列八进制数转换成十进制数。

① 45　　　　　　② 127　　　　　　③ 1024

（5）将下列十六进制数转换成十进制数。

① 2A　　　　　　② D12　　　　　　③ 1024

（6）将下列二进制数转换成八进制数和十六进制数。

① 1011　　　　　　② 1010010　　　　　　③ 111101

（7）将下列八进制数转换成二进制数。

　① 45　　　　　　　　　② 127　　　　　　　　　③ 1024

（8）将下列十六进制数转换成二进制数。

　① 2A　　　　　　　　　② D12　　　　　　　　　③ 1024

（9）将下列十进制数用 8421BCD 码写出来。

　① 27　　　　　　　　　② 138　　　　　　　　　③ 5209

（10）将下列 8421BCD 码所对应的十进制数写出来。

　① 100100101000001100100　　　　　　　　　② 10000101.0011

9.2　逻辑代数基础

逻辑代数是研究逻辑电路的数学工具。因为逻辑代数是英国数学家乔治·布尔在十九世纪中叶首先提出的，所以逻辑代数又称为布尔代数。

9.2.1　逻辑变量和基本逻辑运算

1. 逻辑变量

在数字电路中，经常遇到电平的高与低、脉冲的有与无、灯泡的亮与暗、开关的通与断等现象，这类现象都存在着相互对立的两种结果。这种相互对立的逻辑关系，可以用仅有两个取值（0 和 1）的变量来表示，这种二值变量称为逻辑变量。

逻辑代数与普通代数相比，都用字母来表示变量，但在逻辑代数中的变量，其取值范围只有"0"和"1"，而且"0"和"1"并不表示具体的数量大小，而是表示两种相互对立的逻辑状态。例如，可以用"1"表示开关接通，用"0"表示开关断开；用"1"表示灯亮，用"0"表示灯暗；用"1"表示高电平，用"0"表示低电平等，这与普通代数有着截然的不同。

2. 最基本的逻辑关系和逻辑运算

所谓逻辑，是指事物本身的规律，即事物的条件与结果之间的因果关系。最基本的逻辑关系有三种，分别叫作"与"逻辑、"或"逻辑和"非"逻辑。在逻辑代数里有三种最基本的逻辑运算，即："与"运算、"或"运算和"非"运算。

1）与逻辑和与运算

当决定某事件的全部条件同时具备时事件才会发生，这种因果关系叫作"与"逻辑。如图 9-1(a)所示，只有当开关 A、B、C 都闭合时（全部条件同时具备），灯 Y 才能点亮（事件发生）。

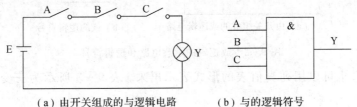

（a）由开关组成的与逻辑电路　　　　（b）与的逻辑符号

图 9-1　与逻辑的示意电路和逻辑符号

将逻辑变量之间的逻辑关系用列表的形式表示出来，称为真值表。表9-2所示为三变量的与逻辑的真值表。

表9-2 与逻辑的真值表

输　　入			输　　出
A	B	C	Y
0	0	0	0
0	0	1	0
0	1	0	0
0	1	1	0
1	0	0	0
1	0	1	0
1	1	0	0
1	1	1	1

与逻辑关系可以用口诀概括为："有0出0，全1出1"。

和与逻辑关系相对应的逻辑运算为与运算。与运算可以用逻辑表达式来表示：

$$Y = A \cdot B \cdot C$$

这个式子与普通代数的乘法式子相似，故逻辑与又称作逻辑乘，又常常写作：$Y = ABC$。读作Y等于A与B与C。与运算的运算规则为

$$0 \cdot 0 = 0$$
$$0 \cdot 1 = 0$$
$$1 \cdot 0 = 0$$
$$1 \cdot 1 = 1$$

2）或逻辑和或运算

在决定某事件的条件中，只要任一条件具备，事件就会发生，这种因果关系叫作或逻辑。如图9-2(a)所示，只要开关A、B、C中有一个闭合（任一个条件具备），灯Y就会点亮（事件就发生）。

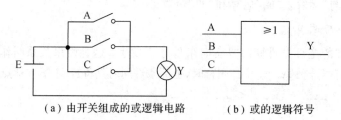

（a）由开关组成的或逻辑电路　　　（b）或的逻辑符号

图9-2 或逻辑的示意电路和逻辑符号

或逻辑关系也可以用列真值表的形式表示出来。表9-3所示为三变量的或逻辑真值表。

表 9 - 3 或逻辑的真值表

输	入		输	出
A	B	C		Y
0	0	0		0
0	0	1		1
0	1	0		1
0	1	1		1
1	0	0		1
1	0	1		1
1	1	0		1
1	1	1		1

或逻辑可以用口诀概括为："有 1 出 1，全 0 出 0"。或逻辑关系对应的逻辑运算叫作或运算，也称为逻辑和。其逻辑表达式为

$$Y=A+B+C$$

读作 Y 等于 A 或 B 或 C。

或运算的运算规则为

$$0+0=0$$
$$1+0=1$$
$$0+1=1$$
$$1+1=1$$

3）非逻辑和非运算

决定某事件的条件只有一个，当条件出现时事件不发生，而条件不出现时事件才发生，这种因果关系叫作非逻辑。如图 9 - 3(a)所示，开关 A 闭合（条件出现），灯 Y 熄灭，（事件不发生）；开关 A 断开，灯 Y 点亮。

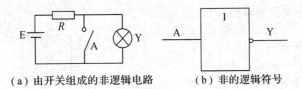

（a）由开关组成的非逻辑电路　　　（b）非的逻辑符号

图 9 - 3 非逻辑的示意电路和逻辑符号

表 9 - 4 所示为非逻辑的真值表。

表 9 - 4 非逻辑的真值表

输　　入	输　　出
A	Y
0	1
1	0

非逻辑可以用口诀概括为："入0出1，入1出0"。

图9-3(b)是非逻辑的符号，输出端上的小圆圈用来表示非的意思。

其逻辑表达式为

$$Y = \overline{A}$$

式中，"$\overline{A}$"读作"A非"。非运算的运算规则如下：

$$\overline{0} = 1$$
$$\overline{1} = 0$$

3. 常用的复合逻辑关系和逻辑运算

除上述三种基本的逻辑关系和逻辑运算外，还有一些复合的逻辑关系和逻辑运算。

1）与非逻辑关系和与非逻辑运算

与非逻辑由与逻辑和非逻辑组合而成，先与后非。三输入变量的与非逻辑结构图如图9-4(a)所示。

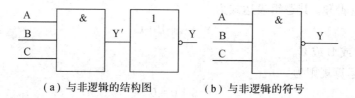

（a）与非逻辑的结构图　　　　（b）与非逻辑的符号

图9-4　与非逻辑的结构和逻辑符号

与非的逻辑功能可以用口诀概括为："全1出0，有0出1"。

与非逻辑的表达式为

$$Y = \overline{ABC}$$

与非逻辑的逻辑符号如图9-4(b)所示。

2）或非逻辑关系和或非逻辑运算

或非逻辑是由或逻辑和非逻辑组合而成，先或后非。三变量的逻辑结构图如图9-5(a)所示。图9-5(b)是或非逻辑的符号。

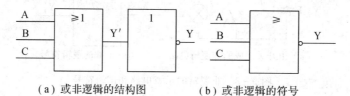

（a）或非逻辑的结构图　　　　（b）或非逻辑的符号

图9-5　或非逻辑的结构图和逻辑符号

或非逻辑的逻辑功能可以用口诀概括为："全0出1，有1出0"。

或非逻辑的表达式为

$$Y = \overline{A + B + C}$$

3）与或非逻辑关系和与或非逻辑运算

与或非逻辑由与逻辑、或逻辑和非逻辑组合而成，先与再或后非。四变量的与或非逻辑结构图如图9-6(a)所示。图9-6(b)是与或非逻辑的符号。

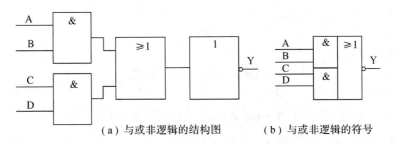

（a）与或非逻辑的结构图　　　（b）与或非逻辑的符号

图 9-6　与或非逻辑的结构图和逻辑符号

与或非逻辑的逻辑表达式为

$$Y=\overline{AB+CD}$$

4）异或逻辑关系和异或逻辑运算

异或逻辑：若两个输入变量 A、B 取值相异，则输出变量 Y 的取值为 1；若 A、B 的取值相同，则输出变量 Y 的取值为 0。图 9-7(a)所示是异或逻辑的逻辑符号。

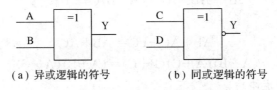

（a）异或逻辑的符号　　　　　（b）同或逻辑的符号

图 9-7　异或逻辑和同或逻辑的符号

异或逻辑的表达式为

$$Y=\overline{A}B+A\overline{B}=A\oplus B$$

读作：Y 等于 A 异或 B。

5）同或逻辑关系和同或逻辑运算

同或逻辑：若两个输入变量 A、B 的取值相同，则输出变量 Y 的取值为 1；A、B 的取值相异，则输出变量 Y 的取值为 0。

图 9-7(b)所示是同或逻辑的逻辑符号。同或逻辑的表达式为

$$Y=\overline{A}\ \overline{B}+AB=A\cdot B$$

读作：Y 等于 A 同或 B。

异或逻辑和同或逻辑互为反函数。

9.2.2　逻辑代数的基本定律和运算规则

从与、或、非这三种基本的运算规则，可以推导出逻辑代数的一些基本定律和运算规则。这些定律和规则是设计和分析逻辑电路的理论基础。

1. 逻辑代数的基本定律

0-1律：

$$A\cdot 1=A,\quad A+1=1$$
$$A\cdot 0=0,\quad A+0=A$$
$$A\overline{A}=0,\quad A+\overline{A}=1$$

还原律：

$$\overline{\overline{A}} = A$$

同一律：

$$A \cdot A = A, \quad A + A = A$$

交换律：

$$A \cdot B = B \cdot A, \quad A + B = B + A$$

结合律：

$$A(BC) = (AB)C, \quad A + (B + C) = (A + B) + C$$

分配律：

$$A(B + C) = AB + AC, \quad A + BC = (A + B)(A + C)$$

吸收律：

$$A + AB = A, \quad A(A + B) = A$$
$$A + \overline{A}B = A + B, \quad A(\overline{A} + B) = AB$$
$$AB + A\overline{B} = A, \quad (A + B)(A + \overline{B}) = A$$

冗余定理：

$$AB + \overline{A}C + BC = AB + \overline{A}C$$
$$(A + B)(\overline{A} + C)(B + C) = (A + B)(\overline{A} + C)$$

反演律（德·摩根定律）：

$$\overline{A + B} = \overline{A} + \overline{B}, \quad \overline{AB} = \overline{A} + \overline{B}$$

在上述的众多公式中，反演律（德·摩根定律）比较特殊，应该特殊掌握。

以上定律的正确性，可以用列真值表的方法加以证明。若等式两边函数的真值表相同，则等式就成立。

例 9 - 1 证明公式：$A + \overline{A}B = A + B$。

证明：列出等式两边的真值表，如表 9 - 5 所示，然后进行比较。由于等式两边的真值表相同，所以等式成立。

表 9 - 5 例 9 - 1 题表

A	B	$A + \overline{A}B$	$A + B$
0	0	0	0
0	1	1	1
1	0	1	1
1	1	1	1

2. 逻辑代数的基本运算规则

在逻辑代数中除上述基本定律外，还有三个重要的运算规则：代入规则、对偶规则和反演规则。这些规则和基本定律相结合，可以对任何逻辑问题进行描述、推导和变换。

1）代入规则

在任何逻辑等式中，如果将等式两边的某一变量用同一个逻辑函数替代，则等式仍然成立，这个规则称为代入规则。

利用代入规则，可以扩展等式的应用范围。如基本定律：$A+\overline{A}B=A+B$，用 $\overline{A}$ 替换 A，则有 $\overline{A}+AB=\overline{A}+B$。这可以看作是原定律的一种变形，这种变形可以扩大原定律的应用范围。

例 9 - 2　已知：$\overline{AB}=\overline{A}+\overline{B}$，试证明用 BC 替代 B 后，等式仍然成立。

证明：
$$左边=\overline{A(BC)}=\overline{A}+\overline{BC}=\overline{A}+\overline{B}+\overline{C}$$
$$右边=\overline{A}+\overline{BC}=\overline{A}+\overline{B}+\overline{C}$$

因为左边＝右边，所以等式成立。

2）对偶规则

对任一逻辑函数 Y，如果将函数中所有的"·"换成"＋"，"＋"换成"·"，1 换成 0，0 换成 1，而变量保持不变，就得到一个新函数 Y'，则 Y 和 Y' 互为对偶式，这就是对偶规则。使用对偶规则时要注意，变换前后的运算顺序不能改变。

例 9 - 3　求 $Y_1=A(B+C)$ 和 $Y_2=A+BC$ 的对偶式。

解
$$Y_1'=A+BC$$
$$Y_2'=A(B+C)$$

对偶规则的意义在于：若两个逻辑函数相等，则其对偶式也必然相等。因此，将对偶规则应用于逻辑等式，可以得到新的逻辑等式。应用对偶规则，还可以将前述的众多公式只记住一半，另一半可以用对偶规则来得到。

例如，在分配率的两个公式中，式：
$$A(B+C)=AB+AC$$

比较容易记住，而另外一个公式：
$$A+BC=(A+B)(A+C)$$

则比较难记。利用对偶规则，只要将公式：$A(B+C)=AB+AC$，对其两边分别求对偶式，就很容易得到：
$$A+BC=(A+B)(A+C)。$$

3）反演规则

对任一逻辑函数 Y，如果将函数中所有的"·"换成"＋"，"＋"换成"·"，1 换成 0，0 换成 1，原变量换成反变量，反变量换成原变量，则得到原来逻辑函数 Y 的反函数 $\overline{Y}$。这一规则称为反演规则。应用反演规则时应注意：

（1）变换前后的运算顺序不能变，必要时可以加括号来保证原来的运算顺序；

（2）反演规则中的反变量和原变量的互换只对单个变量有效。若在"非"号的下面有多个变量，则在变换时，此"非"号要保持不变，而对"非"号下面的逻辑表达式使用反演规则。

实际上，反演规则是德·摩根定律的推广。利用反演规则求逻辑函数的反函数，可以简化很多运算。比如，某个逻辑函数的表达式很复杂，而它的反函数却很简单，就可以先写出它的反函数，再利用反演规则求出这个逻辑函数。在实际设计和分析逻辑电路时，常常用到这种方法。

例 9 - 4　求：$Y=A\overline{B}+\overline{A}B$ 的反函数 $\overline{Y}$。

解
$$\overline{Y}=(\overline{A}+B)(A+\overline{B})=\overline{A}\ \overline{B}+AB$$

在这里添加了括号，是为了保证原来的运算顺序。

9.3 逻 辑 函 数

描述逻辑关系的函数称为逻辑函数，前面讨论的与、或、非都是逻辑函数，是从生活和生产实践中抽象出来的，只有那些能明确地用"是"或"否"作出回答的事物，才能定义为逻辑函数。

9.3.1 逻辑函数的表示方法

一般地讲，若输入逻辑变量 A、B、C、…的取值确定以后，输出逻辑变量 Y 的值也唯一确定，则称 Y 是 A、B、C、…的逻辑函数。写作

$$Y = F(A、B、C、\cdots)$$

一个逻辑函数有四种表示方法，即真值表、函数表达式、逻辑图和卡诺图。

1. 真值表

真值表是将输入逻辑变量的各种可能取值和相应的函数值排列在一起而组成的表格。为避免遗漏，各变量的取值组合应按照二进制递增的次序排列。如前面各种逻辑关系的真值表。

真值表的特点是直观明了。用真值表表示逻辑函数时，变量的各种取值与函数值之间的关系一目了然。把一个实际的逻辑问题抽象成一个逻辑函数时，使用真值表是最方便的。因此在对一个逻辑问题建立逻辑函数时，常常是先写出真值表，再得到逻辑表达式。真值表的缺点是当变量比较多时，真值表比较大，显得过于繁琐。

2. 函数表达式

逻辑函数表达式就是由逻辑变量和"与""或""非"三种运算符构成的表达式。如与非逻辑的函数表达式为

$$Y = \overline{ABC}$$

3. 逻辑图

逻辑图就是由逻辑符号及它们之间的连线而构成的图形。与或非逻辑的逻辑图如图 9-8 所示。

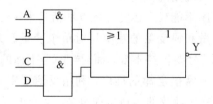

图 9-8 与或非逻辑的逻辑图

9.3.2 逻辑函数表示形式的变换

1. 由真值表转换为逻辑函数式

具体方法是：

① 找出真值表中使逻辑函数等于 1 的那些输入变量取值的组合。

② 写出每组输入变量取值的组合，其中取值为 1 的写原变量，取值为 0 的写反变量，得出对应的乘积项。

③ 将各乘积项相加，即可得出真值表对应的逻辑函数。

2. 由逻辑函数式转换为真值表

具体方法是：

① 画出真值表的表格，将变量及变量的所有取值组合按照二进制递增的次序列入表格左边。

② 按照表达式，依次对变量的各种取值组合进行运算，求出相应的函数值。

③ 将求出的函数值，填入表格右边对应的位置，即得真值表。

3. 由逻辑函数式画出逻辑图

具体方法是：用图形符号代替逻辑式中的运算符号，可得和逻辑式对应的逻辑图。

例 9-5　画出 $L = A \cdot B + \overline{A} \cdot \overline{B}$ 的逻辑图。

解　函数 $L = A \cdot B + \overline{A} \cdot \overline{B}$ 的逻辑图如图 9-9 所示。

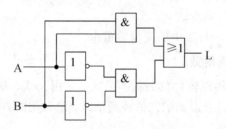

图 9-9　$L = A \cdot B + \overline{A} \cdot \overline{B}$ 的逻辑图

4. 由逻辑图写出逻辑函数式

具体方法是：从输入端到输出端逐级写出每个图形符号的逻辑式，可得对应的逻辑函数式。

例 9-6　写出图 9-10 所示逻辑图的逻辑函数式。

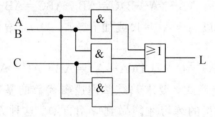

图 9-10　例 9-6 的逻辑图

解　如图 9-10 所示的逻辑图，是由基本的"与""或"逻辑符号组成的，可由输入至输出逐步写出逻辑表达式：$L = AB + BC + AC$。

9.3.3　逻辑函数的化简

通常由实际问题得到的逻辑函数式比较复杂，为了便于了解逻辑函数的逻辑功能，使逻辑电路的结构更简单，常需要对逻辑函数进行化简。

利用前述逻辑代数的定理和规则，可实现逻辑函数的化简。逻辑代数的化简常用的方法有代数法(公式法)和卡诺图法，这里只介绍介绍用代数法(公式法)化简函数。

1. 逻辑函数的最简形式

一个逻辑函数的某种表达式，可以对应地用一个逻辑电路来描述；反之，一个逻辑电路也可以对应地用一个逻辑函数来表示。但是，一个逻辑函数的表达式不是唯一的，可以有多种形式，并且能互相转换。常见的逻辑式主要有 5 种形式，例如：

$$L_1 = AC + \overline{A}B \qquad\qquad 与或表达式$$
$$L_2 = (A+B)(\overline{A}+C) \qquad 或与表达式$$
$$L_3 = \overline{\overline{AC} \cdot \overline{\overline{A}B}} \qquad\qquad 与非与非表达式$$
$$L_4 = \overline{\overline{A+B} + \overline{\overline{A}+C}} \qquad 或非或非表达式$$
$$L_5 = \overline{\overline{AC} + \overline{A}B} \qquad\qquad 与或非表达式$$

在上述表达式中，"与或"表达式是逻辑函数的最基本表达形式。因此，在化简逻辑函数时，通常是将逻辑式化简成最简"与或"表达式，然后再根据需要转换成其他形式。

最简"与或"表达式含义为：

(1) 逻辑函数中的与项最少；

(2) 在条件(1)下，每一与项中的变量数最少。

2. 用代数法化简逻辑函数

代数化简法是反复利用逻辑代数的基本公式、常用公式、基本定理消去函数式中多余的乘积项和多余的因子，以求得函数式的最简形式。最常用的方法有：并项法、吸收法、消项法、消因子法、配项法等。

(1) 并项法：利用互补律，将两项合并，从而消去一个变量。如 $L = AB\overline{C} + ABC = AB(\overline{C}+C) = AB$。

(2) 吸收法：利用吸收律 $A + AB = A$，将 AB 项消去。A、B 可以是任何复杂的函数式。如 $L = A\overline{B} + A\overline{B}(C+DE) = A\overline{B}$。

(3) 消去法：运用吸收律 $A + \overline{A}B = A + B$ 消去多余的因子。A、B 可以是任何复杂的逻辑式。如 $L = AB + \overline{A}C + \overline{B}C = AB + (\overline{A}+\overline{B})C = AB + \overline{AB}C = AB + C$。

(4) 配项法。先通过乘以 $A + \overline{A}(=1)$ 或加上 $A\overline{A}(=0)$，增加必要的乘积项，再用以上方法化简。如：

$L = AB + \overline{A}C + BCD = AB + \overline{A}C + BCD(A+\overline{A}) = AB + \overline{A}C + ABCD + \overline{A}BCD = AB + \overline{A}C$

应用代数法化简逻辑函数式，要求熟练掌握逻辑代数的基本公式、常用公式、基本定理，且技巧性强，需通过大量的练习才能做到应用自如。这种方法在许多情况下还不能断定所得的最后结果是否已是最简，故有一定的局限性。

例 9 - 7 应用代数法化简逻辑函数 $Y = AD + A\overline{D} + AB + \overline{A}C + BD + A\overline{B}EF + \overline{B}EF$。

解

$$Y = AD + A\overline{D} + AB + \overline{A}C + BD + A\overline{B}EF + \overline{B}EF$$
$$= A + AB + \overline{A}C + BD + A\overline{B}EF + \overline{B}EF$$
$$= A + \overline{A}C + BD + A\overline{B}EF + \overline{B}EF$$
$$= A + C + BD + \overline{B}EF$$

3. 逻辑函数的卡诺图化简法

卡诺(Karnaugh,美国工程师)图化简法的基本原理是利用代数法中的并项法原则,即 $A+\overline{A}=1$,消去一个变量。这种方法能直接得到最简与或表达式和最简或与表达式,并且其化简技巧相对公式化简法更容易掌握。

卡诺图实质上是将代表逻辑函数的最小项用方格表示,并将这些方格按相邻原则排列而成的方块图。由于任何一个逻辑函数都可以表示为若干最小项之和的形式,因此,也就可以用卡诺图来表示任意一个逻辑函数。

由于卡诺图具有的相邻性,保证了几何位置相邻的两方格所代表的最小项只有一个变量不同,当两个相邻项的方格都为 1 时,可以利用式 $AB+A\overline{B}=A$,使两项合并为一项,消去两方格中不同的那个变量。

在实际的逻辑电路中,经常会遇到某些最小项的取值可以是任意的,或者说这些最小项在电路工作时根本不会出现,例如 BCD 码,用 4 位二进制数组成的 16 个最小项中的 10 个编码,其中 6 个冗余项是不会出现的,这样的最小项称为任意项。在卡诺图和真值表中用 ϕ 表示这些任意项。由于任意项的取值可为 1 或 0,利用卡诺图化简时,应根据对逻辑函数的化简过程是否有利来决定任意项的取值。

二变量、三变量的卡诺图如图 9-11 和图 9-12 所示。

A\B	0	1
0	m_0	m_1
1	m_2	m_3

A\BC	00	01	11	10
0	m_0	m_1	m_3	m_2
1	m_4	m_5	m_7	m_6

图 9-11 二变量的卡诺图   图 9-12 三变量的卡诺图

9.4 基本逻辑门电路

能实现一定逻辑关系的电路被称为逻辑门电路。门电路可以用二极管、三极管等分立元件组成,称作分立元件门电路;也可以通过半导体的集成电路制造工艺,将电路中的所有元件都做在一块硅片上,成为一个不可分割的整体,称作为集成门电路。

9.4.1 数字电路概述

1. 数字信号和数字电路

如果被传递和处理的信号在时间和数量上都是连续变化的,称为模拟信号,如在模拟广播电视体系中传送的语言和图像信号,如图 9-13(a)所示。用于传递和处理模拟信号的电路称为模拟电路。如果被传递和处理的信号在时间和数量上都是离散的,称为数字信号,如图 9-13(b)所示。用于传递和处理数字信号的电路称为数字电路。

数字信号的波形具有突变性和间断性，这种波形又称作脉冲波，所以数字电路又称作脉冲数字电路。

在数字电路中，用 0 和 1 这两个量来表示脉冲的有和无，并规定每个 0 或 1 有相同的时间间隔，这样一串脉冲信号就可以用一串由 0 和 1 组成的数码来表示，如图 9-14 所示。

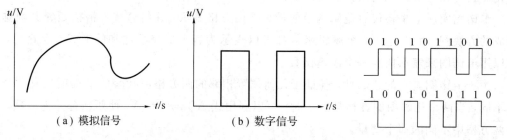

图 9-13　模拟信号与数字信号　　　　　图 9-14　数字信号组成的数码

在数字电路中，用数字信号代表电路的状态。例如二极管的导通状态用数码 1 表示，则数码 0 就表示二极管的截止状态；三极管的饱和状态用数码 1 表示，则数码 0 就表示三极管的截止状态。当然也可以反过来定义。

2. 脉冲波的特点和主要参数

凡是断续出现的电压或电流都可称为脉冲电压或脉冲电流。从信号波形上来说，除了正弦波和由若干个正弦波分量合成的连续波以外，都可以称为脉冲波。常见脉冲波有矩形波、锯齿波、尖脉冲、阶梯波等，如图 9-15 所示。

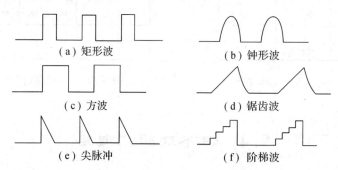

图 9-15　常见的脉冲信号波形

由于脉冲波是各种各样的，因此用来描述各种不同脉冲波形的参数也不一样。一般说来，描述脉冲波形的参数有以下几个，如图 9-16 所示。

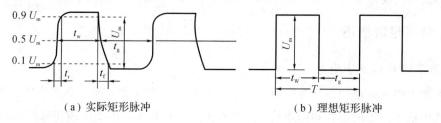

图 9-16　矩形脉冲波形的参数

（1）脉冲幅度 U_m：脉冲波的最大变化幅度。

（2）脉冲宽度 t_{m}：脉冲波前后沿 $0.5U_{\mathrm{m}}$ 处的时间间隔。

（3）上升时间 t_{r}：脉冲前沿从 $0.1U_{\mathrm{m}}$ 上升到 $0.9U_{\mathrm{m}}$ 所需要的时间。

（4）下降时间 t_{f}：脉冲后沿从 $0.9U_{\mathrm{m}}$ 下降到 $0.1U_{\mathrm{m}}$ 所需要的时间。

（5）脉冲周期 T：在周期性重复的脉冲中，两个相邻脉冲前沿之间或后沿之间的时间间隔。有时也用频率 $f=1/T$ 来表示单位时间内脉冲重复的次数。

（6）脉冲间隔 t_{g}：在 $0.5U_{\mathrm{m}}$ 处前一个脉冲的后沿与后一个脉冲的前沿之间的时间间隔。

9.4.2 半导体开关器件

在数字电路中，二极管和三极管都工作在开关状态。对于一个理想开关，应具备的条件是：

（1）开关接通时，相当于短路状态，其接触电阻为零；开关断开时，相当于开路状态，其接触电阻为无穷大，流过的电流等于零。

（2）开关状态的转换能在瞬间完成，即转换速度要快。

1. 二极管的开关特性

一个理想二极管相当于一个理想的开关，如图 9-17 所示。二极管导通时相当于开关闭合，即短路，不管流过其中的电流是多少，它两端的电压总是 0 V；二极管截止时相当于开关断开，即断路，不管它两端的电压有多大，流过其中的电流均为 0 A；状态的转换能在瞬间完成。当然，实际上并不存在这样的二极管。下面以硅二极管为例，分析一下实际二极管的开关特性。

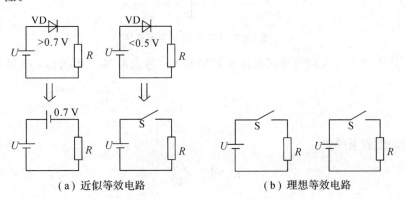

（a）近似等效电路　　　　　　　　（b）理想等效电路

图 9-17 二极管开关电路

（1）导通条件及导通时的特点：

由二极管的伏安特性可知，当二极管两端所加的正向电压 U_{D} 大于死区电压时，管子开始导通，此后电流 I_{D} 随着 U_{D} 的增大而急剧增加，在 $U_{\mathrm{D}}=0.7$ V 时，伏安特性曲线已经很陡，即 I_{D} 在一定范围内变化，U_{D} 基本保持在 0.7 V 不变，因此在数字电路中，常常把 $U_{\mathrm{D}} \geqslant 0.7$ V 看成是硅二极管导通的条件。而且二极管一旦导通，就近似认为 U_{D} 保持为 0.7 V 不变，如同一个具有 0.7 V 压降的闭合开关，如图 9-17(a) 所示。

（2）截止条件及截止时的特点：

由硅二极管的伏安特性可知，当 U_{D} 小于死区电压时，I_{D} 已经很小，因此在数字电路中常把 $U_{\mathrm{D}}<0.5$ V 看成硅二极管的截止条件，而且一旦截止，就近似认为 $I_{\mathrm{D}}\approx0$ A，如同断开的开关，如图 9-17(b) 所示。

2. 三极管的开关特性

三极管有三种工作状态：放大状态、截止状态和饱和状态。在数字电路中，三极管是最基本的开关元件，通常工作在饱和区和截止区。下面以 NPN 型的管子为例，分析三极管的开关特性。

（1）饱和导通条件及饱和时的特点：

由三极管组成的开关电路如图 9-18 所示。当输入正的阶跃信号 u_i 时（设阶跃电平为 5 V），发射结正向偏置，当其基极电流足够大时，将使三极管饱和导通。三极管处于饱和状态时，其管压降 U_{CES} 很小（硅管约为 0.3 V，锗管约为 0.1 V），在工程上可以认为 $U_{CES}=0$，即集电极与发射极之间相当于短路，在电路中相当于开关闭合。这时的集电极电流：

$$I_{CS}=\frac{U_{CC}}{R_C}$$

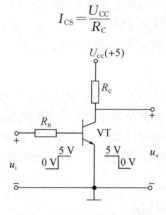

图 9-18　三极管开关电路

晶体管处于放大与饱和两种状态边缘时的状态，称为临界饱和状态，临界饱和的基极电流为

$$I_{BS}=\frac{I_{CS}}{\beta}=\frac{U_{CC}}{\beta R_C}$$

所以三极管的饱和条件是

$$I_B \geqslant I_{BS}=\frac{U_{CC}}{\beta R_C}$$

三极管饱和时的特点是：$U_{CE}=U_{CES}\leqslant 0.3$ V，如同一个闭合的开关。

（2）截止条件及截止时的特点：

当电路无输入信号时，三极管的发射结偏置电压为 0 V，所以其基极电流 $I_B=0$ A，集电极电流为 $I_C=0$，$U_{CE}=U_{CC}$，三极管处于截止状态，即集电极和发射极之间相当于断路。因此通常把 $u_i=0$ V 作为截止条件。

9.4.3　集成逻辑门电路

基本逻辑门电路有三种，分别称为与门、或门和非门。现在这三种基本逻辑门电路都已经实现了集成化，而且有多种复合门电路产品。

1. 集成门电路的类型

集成门电路按电路结构的不同，可由三极管组成，或由绝缘栅型场效应管组成。前者的输入级和输出级均采用三极管，故称为晶体管-晶体管逻辑电路，简称作 TTL 门电路；后者为金属-氧化物-半导体场效应管逻辑电路，简称作 MOS 门电路。

2. TTL 集成门电路的特点

TTL 门电路的特点是运行速度快，电源电压固定（5 V），有较强的带负载能力。在 TTL 门电路中，与非门的应用最为普遍。

如图 9-19 所示，为 TTL 集成 4-2 输入与非门 74LS00 的管脚排列图，其内部的四个与非门互相独立，可以单独使用，但电源是共用的。

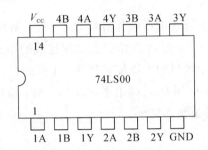

图 9-19   74LS00 4-2 输入与非门的管脚排列图

3. TTL 门多余输入端的处理

TTL 与非门有多个输入端。当输入信号的数目较少时，对闲置端要保证其接在该逻辑的无效电平上。对与逻辑而言，高电平是无效电平，所以可以按照以下几种方法进行处理：

（1）将闲置端悬空（相当于高电平，即 1 态），这样处理的缺点是电路易受干扰；

（2）将闲置端与其他的信号输入端并联，这样处理的优点是可以提高工作的可靠性，缺点是增加了前级门的负载；

（3）通过一个数千欧的限流电阻将闲置端接到电源 U_{CC} 的正极。

4. 集成 TTL 与非门的主要参数

TTL 与非门空载时的输出电压 U_o 随输入电压 U_i 变化的关系曲线称为电压传输特性，如图 9-20 所示。它是通过实验得出的。当 U_i 从零开始增加时，在一定范围内，输出高电平基本上不变化。当 U_i 上升到一定值后，输出端很快下降为低电平，这时即使 U_i 继续增加，输出低电平也基本不变。如果输入电压从大到小变化，输出电压也将沿曲线作相反的变化。通过电压传输特性曲线，可以获得 TTL 与非门的一些特性参数：

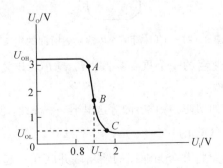

图 9-20   TTL 与非门的电压传输特性

1）输出高电平 U_{OH}

U_{OH} 是指输入低电平时的输出电压值。一般 $U_{OH}=3.6$ V。

2）输出低电平 U_{OL}

U_{OL} 是指输入端全为高电平时的输出电压值。一般 $U_{OL} \leqslant 0.3$ V。

3）开门电平 U_{on}、关门电平 U_{off} 和阈值电压 U_T

保持输出为高电平的最大输入电压叫作关门电平 U_{off}，对应图 9-20 中的 A 点，TTL 门电路的产品规定：$U_{off} \geqslant 0.8$ V。

保持输出为低电平的最小输入电压叫作开门电平 U_{on}，对应图 9-20 中的 C 点，TTL 门电路的产品规定：$U_{on} \leqslant 2.0$ V。把 A 点和 C 点之间连线的中点 B 所对应的输入电压值称为阈值电压，用 U_T 表示。对于理想的电压传输特性，A 点到 C 点的变化是陡直的，即 $U_{on}=U_{off}=U_T$，当 $U_i<U_T$ 时，输出电压 U_o 为高电平，$U_i>U_T$ 时，输出电压 U_o 为低电平。值得注意的是：U_{off}、U_{on}、U_T 都指的是输入电压。

4）扇出系数 N_0

与非门输出为额定低电平时，能够驱动后级同类与非门的个数称为扇出系数 N_0，它表示与非门带负载的能力。TTL 与非门的产品规定为：$N_0 \geqslant 8$。特殊制作的所谓"驱动器"的扇出系数可以大于 20。

5）平均传输延迟时间 T_{pd}

在 TTL 门电路中，晶体三极管工作状态的变化，如由导通到截止，或从截止到导通，均需经过一定时间才能完成，因此输出波形比输入波形要滞后一段时间，如图 9-21 所示。T_{rd} 为导通延迟时间，T_{fd} 为截止延迟时间，其平均传输延迟时间 T_{pd} 定义为

$$T_{pd}=\frac{T_{rd}+T_{fd}}{2}$$

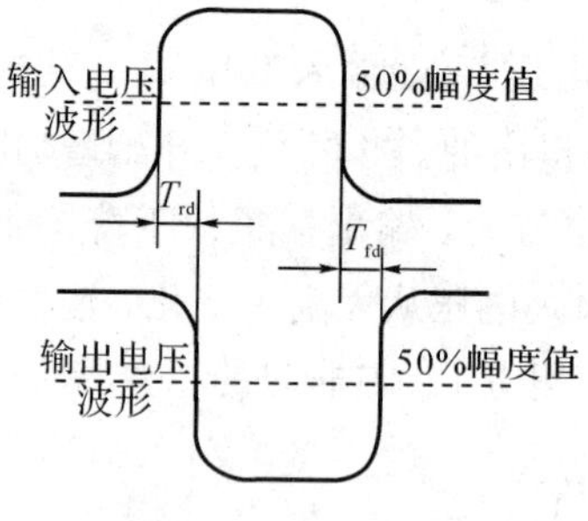

图 9-21　TTL 门平均传输延迟时间的定义

T_{pd} 是衡量门电路开关速度的一个重要参数，T_{pd} 越小，开关速度越快。TTL 与非门的 T_{pd} 一般为几纳秒至几十纳秒。

TTL 与非门的其他参数如功耗、噪声容限等这里不一一介绍，使用时请查阅有关手册。

5. 集电极开路与非门（OC 门）

在实际应用中，有时需要将几个与非门的输出端并联在一起，这叫作门电路的"线与"，即各个与非门的输出均为高电平时，并联输出才是高电平；任一个门输出为低电平，并联

输出就为低电平。前面讨论的 TTL 与非门的输出端不允许并联,即不能进行"线与"运算,否则当一个门输出高电平,而另一个门输出低电平时,会产生一个很大的短路电流,造成门电路的损坏。

OC 门可以实现"线与",其典型电路如图 9 - 22 所示,其特点是将原 TTL 与非门电路中的输出管 VT_3 的集电极开路,并取消了集电极电阻,因此,使用 OC 门时必须外接上拉电阻 R_L 和外接电源。多个 OC 门的输出端相连时,可以共用一个上拉电阻。

OC 门还用于实现不同门电路之间的电位转换,其输出高电平的数值由外接电源的数值来决定。如图 9 - 23 电路所示,其输出:$Y = Y_1 \cdot Y_2 \cdot Y_3 = \overline{AB} \cdot \overline{CD} \cdot \overline{EF} = \overline{AB + CD + EF}$,实际上是完成了一个与或非逻辑运算。当其输出高电平时,$Y = 12 \text{ V}$,而不再是 3.6 V。

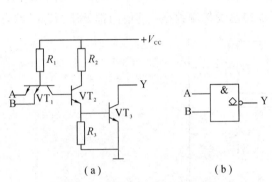

图 9 - 22 OC 与非门的电路图和逻辑符号

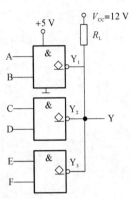

图 9 - 23 OC 门实现"线与"和电位转换

6. 三态输出与非门

三态门的输出状态中除了高电平、低电平,还有第三种状态,即高阻状态,也称为禁止状态。三态与非门的逻辑符号如图 9 - 24 所示。其中 EN 为控制端,也称作使能端,在图 9 - 24(a)中,控制端是高电平有效,当 EN = 1 时,$Y = \overline{AB}$,当 EN = 0 时,电路处于高阻状态,其真值表如表 9 - 6 所示;在图 9 - 24(b)中,控制端是低电平有效,当 EN = 0 时,$Y = \overline{AB}$,当 EN = 1 时,电路处于高阻状态,其真值表如表 9 - 7 所示。

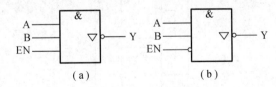

图 9 - 24 三态与非门的逻辑符号

表 9 - 6 三态与非门的真值表(EN = 1 有效)

输 入			输 出
EN	A	B	Y
0	×	×	高阻
1	0	0	1
1	0	1	1
1	1	0	1
1	1	1	0

表 9 - 7 三态与非门的真值表(EN=0 有效)

输　入			输　出
EN	A	B	Y
1	×	×	高阻
0	0	0	1
0	0	1	1
0	1	0	1
0	1	1	0

三态门可以实现在总线上分时传输数据,如图 9 - 25 所示。在计算机的控制下,在任何时刻,都只有一个三态门处于选通状态,可以向总线传输数据,其他门都处于"禁止"状态。

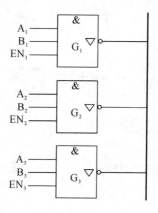

图 9 - 25 三态门利用总线进行数据分时传输

三态门还可以实现数据的双向传输,如图 9 - 26 所示。当 EN=0 时,门 G_1 选通,门 G_2 禁止,数据由 A 传向 B;当 EN=1 时,门 G_2 选通,门 G_1 禁止,数据由 B 传向 A。

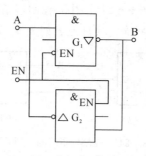

图 9 - 26 用三态门实现双向传输数据

实训任务 26　逻辑电路的制作

🏃 **任务实施**

用与非门制作一个触摸式延时开关。

触摸式延时开关可用于楼道灯的控制电路或定时报警器电路，电路图如图9-27所示。

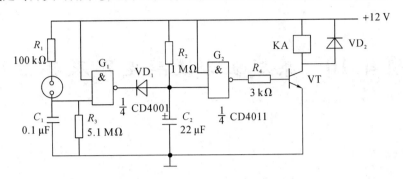

图 9-27　触摸式延时开关

这个电路由与非门 G_1、G_2，三极管 VT 和继电器 KA 等器件组成。当人用手触摸用两个铜片做成的开关时（可用单面敷铜板刻一道缝制成），继电器就会吸合，可控制灯泡或报警器。手离开开关后，经过一定时间的延迟，继电器才释放，被控的灯泡熄灭或是报警器停止报警。

这个电路中的与非门可用 CD4011，三极管可用 9013，继电器用直流 12 V 的小型继电器，二极管 VD_1 用 1N4148，VD_2 用 1N4007 即可。改变 R_2 和 C_2 的值，就可以改变延时的长短。

找一块面包板，将元器件插上。按照图9-27进行连接，只要连接无误，即可正常工作。

练　习　题

9-1　用代数法对函数进行化简。

① 化简 $L = (AB + A\bar{B} + \bar{A}B)(A + B + D + \bar{A}\bar{B}\bar{D})$

② 化简 $L = ABC + \bar{A} + \bar{B} + \bar{C} + D$

9-2　写出下列逻辑函数的对偶式和反演式。

① $Y = \bar{A}B + CD$

② $Y = (A + B + C)\overline{ABC}$

③ $Y = \overline{\overline{AB} + \overline{CD}} + \overline{AB}$

9-3　列出下述问题的真值表，并写出其逻辑表达式。

① 设三个变量 A、B、C，当输入变量的状态不一致时，输出为 1，反之为 0。

② 设三个变量 A、B、C，当变量组合中出现偶数个 1 时，输出为 1，反之为 0。

项目 10　集成组合逻辑电路及其应用

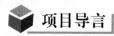

项目导言

逻辑电路分成组合逻辑电路和时序逻辑电路两部分。组合逻辑电路在结构上是由各种门电路组成的。

当逻辑电路在任一时刻的输出状态仅取决于在该时刻的输入信号，而与电路原有的状态无关时，叫作组合逻辑电路。

组合逻辑电路是数字电子技术最基本的电路，这些电路实现了各种复杂的逻辑关系，为数字电子技术的实现奠定了基础。

知识目标

（1）了解组合逻辑电路的概念。
（2）了解集成编码器、译码器的型号和特点。
（3）掌握组合逻辑电路的分析方法和设计方法。
（4）了解七段 LED 数码显示器件的基本结构和类型。

技能目标

（1）会识别集成编码器和集成译码器的引脚，并掌握其功能。
（2）会根据真值表设计一个四裁判表决电路。
（3）会使用七段 LED 数码显示器件进行编码显示。

10.1　组合逻辑电路

10.1.1　组合逻辑电路的分析

分析逻辑电路的目的，就是找出给定的逻辑电路的输入、输出变量之间的逻辑关系，写出逻辑表达式，分析电路所具有的逻辑功能。

组合逻辑电路的分析步骤：

（1）根据已知的逻辑图写出逻辑表达式。一般从输入端开始，逐级写出各个逻辑门所对应的逻辑表达式，最后写出该电路的逻辑表达式。

（2）对写出的逻辑表达式进行化简。一般用公式法或卡诺图法进行化简。

（3）列出真值表，根据真值表就可以分析出电路的逻辑功能。

例 10-1　试分析如图 10-1 所示电路的逻辑功能。

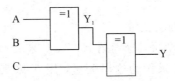

图 10-1　例 10-1 电路图

解　（1）分步写出各个输出端的逻辑函数表达式：
$$Y_1 = A \oplus B$$
$$Y = Y_1 \oplus C = A \oplus B \oplus C$$

（2）列出该逻辑函数的真值表，如表 10-1 所示。

表 10-1　例 10-1 电路的真值表

输　入			输　出
A	B	C	Y
0	0	0	0
0	0	1	1
0	1	0	1
0	1	1	0
1	0	0	1
1	0	1	0
1	1	0	0
1	1	1	1

（3）分析该逻辑电路功能。

从真值表中可以看出，该电路是一个奇耦校验电路。即当输入奇数个 1 时，整个电路的输出为 1；当输入偶数个 1 时，整个电路的输出为 0。

从这个例题可见，如果根据逻辑图写出的原始表达式，对列真值表来说比较简单，就可以不化简为最简与或表达式，也就是说组合逻辑电路的分析步骤不是一成不变的，而是可以根据实际情况灵活应用。

10.1.2　组合逻辑电路的设计

组合逻辑电路的设计就是根据实际工程对逻辑功能的要求设计出逻辑电路，要在满足逻辑功能的基础上，使设计出的电路达到最简，最后画出逻辑电路图。

设计一个组合逻辑电路，可以按照下列步骤进行：

（1）认真分析实际问题对电路逻辑功能的要求，确定变量，进行逻辑赋值。

（2）根据分析得到的逻辑功能列出真值表。需要指出，各变量状态的赋值不同，得到的真值表将不同。

（3）根据真值表写出相应的逻辑函数表达式，并用公式法或卡诺图法进行化简，最后转换成命题所要求的逻辑函数表达形式。

（4）根据最简逻辑函数表达式，画出相应的逻辑电路图。

例 10-2 试用与非门设计一个三人表决电路。当表决提案时，多数人同意，提案才能通过。

解 （1）分析设计要求，确定变量。

将三个人的表决作为输入变量，分别用 A、B、C 来表示，规定变量取"1"表示同意，变量取"0"表示不同意。将表决结果作为输出变量，用 Y 来表示，规定 Y 取"1"表示提案通过，Y 取"0"表示提案不通过。

（2）根据上述逻辑功能列出真值表，如表 10-2 所示。

表 10-2 例题 10-2 的真值表

输 入			输 出
A	B	C	Y
0	0	0	0
0	0	1	0
0	1	0	0
0	1	1	1
1	0	0	0
1	0	1	1
1	1	0	1
1	1	1	1

（3）根据真值表，写出与或表达式，并转换为与非表达式：

$$Y = \overline{A}BC + A\overline{B}C + AB\overline{C} + ABC$$
$$= AB + BC + CA$$
$$= \overline{\overline{AB} \cdot \overline{BC} \cdot \overline{CA}}$$

（4）画出逻辑电路图如图 10-2 所示。

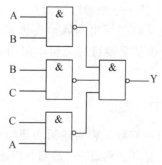

图 10-2 三人表决电路的逻辑电路图

例 10-3 试用与非门设计一个一位十进制数判别器，当输入的 8421BCD 码表示的十进制数≥4 时，输出 Y=1；反之，Y=0。

解 （1）分析设计要求，确定变量。

将 8421BCD 码的四位数作为输入变量，用 A、B、C、D 表示，将电路的判别结果作为输出变量，用 Y 来表示。规定当 8421BCD 码所代表的十进制数≥4 时，Y=1；反之，Y=

0。并且要考虑到输入变量有如下约束条件：

$$\sum d(10,11,12,13,14,15)=0$$

可以利用这些约束条件简化电路。

（2）列出真值表如表 10-3 所示。

表 10-3　例题 10-3 的真值图

输 入				输 出
A	B	C	D	Y
0	0	0	0	0
0	0	0	1	0
0	0	1	0	0
0	0	1	1	0
0	1	0	0	1
0	1	0	1	1
0	1	1	0	1
0	1	1	1	1
1	0	0	0	1
1	0	0	1	1
1	0	1	0	×
1	0	1	1	×
1	1	0	0	×
1	1	0	1	×
1	1	1	0	×
1	1	1	1	×

（3）根据真值表，写出最简的与或表达式，并转换为与非表达式：

$$Y=A+B=\overline{\overline{A}\cdot\overline{B}}$$

（4）画出逻辑电路图，如图 10-3 所示。

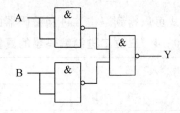

图 10-3　一位十进制数判别器的逻辑电路图

10.2　集成组合逻辑电路

随着电子技术的发展，集成逻辑电路已经取代了分立件逻辑电路。集成组合逻辑电路种类繁多，一些特殊的逻辑电路也可以通过这些集成组合逻辑电路的扩展和组合加以实现，根本不需要进行单独设计。

10.2.1 编码器

能够实现编码操作过程的器件被称为编码器。

集成编码器有二进制编码器、优先编码器和 BCD 码编码器等。

1. 二进制编码器

二进制编码器是将 2^n 个信号转换成 n 位二进制代码的电路。

图 10-4 是由与非门和非门组成的三位二进制编码器。

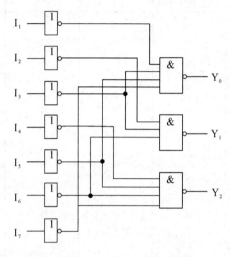

图 10-4 三位二进制编码器

$I_0 \sim I_7$ 是 8 个需要编码的输入信号，Y_2、Y_1、Y_0 为输出的三位二进制代码。由图 10-4 可写出该编码器的输出逻辑表达式：

$$Y_2 = \overline{\overline{I_7}\ \overline{I_5}\ \overline{I_6}\ \overline{I_4}}$$

$$Y_1 = \overline{\overline{I_7}\ \overline{I_6}\ \overline{I_3}\ \overline{I_2}}$$

$$Y_0 = \overline{\overline{I_7}\ \overline{I_5}\ \overline{I_3}\ \overline{I_1}}$$

由编码器的输出逻辑表达式可以得到三位二进制编码器的真值表，如表 10-4 所示。

表 10-4 三位二进制编码器的真值表

输　　入								输　　出		
I_7	I_6	I_5	I_4	I_3	I_2	I_1	I_0	Y_2	Y_1	Y_0
0	0	0	0	0	0	0	1	0	0	0
0	0	0	0	0	0	1	0	0	0	1
0	0	0	0	0	1	0	0	0	1	0
0	0	0	0	1	0	0	0	0	1	1
0	0	0	1	0	0	0	0	1	0	0
0	0	1	0	0	0	0	0	1	0	1
0	1	0	0	0	0	0	0	1	1	0
1	0	0	0	1	0	0	0	1	1	1

由真值表可知，当 $I_1 \sim I_7$ 均为 0 时，输出就是对 I_0 的编码，所以在电路中未画出 I_0 端。该电路又称为 8 线-3 线编码器。

2. 优先编码器

二进制编码器要求输入信号必须是互相排斥的，即同时只能对一个输入信号进行编码。而在实际问题中，经常会遇到同时有多个输入信号的情况。例如火车站有特快、快速和普客三列旅客列车同时请求开车，而在同一时刻，车站只能允许一列列车开出。这类问题可由优先编码器来解决。优先编码器允许电路同时输入多个信号，而电路只对其中优先级别最高的信号进行编码。

3. BCD 编码器

BCD 编码器是对输入的十进制数 0～9 进行二进制编码。如图 10-5 所示，是集成 BCD8421 码编码器 74LS147 的外引线排列图和符号图。

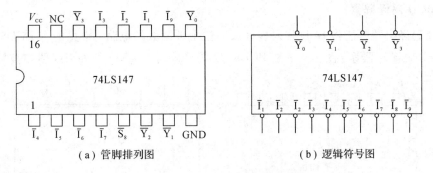

（a）管脚排列图　　　　　　　　（b）逻辑符号图

图 10-5　BCD 8421 优先编码器 74LS147

可以看出，74LS147 有 9 个输入端：$\overline{I_1} \sim \overline{I_9}$，且是输入低电平有效；在 9 个输入端中，$\overline{I_9}$ 的优先级最高。74LS147 有 4 个输出端：$\overline{Y_3} \sim \overline{Y_0}$，其输出端也是低电平有效。

10.2.2　译码器

译码是编码的逆过程，也就是将二进制代码翻译成原来信号的过程，能完成这一任务的电路称为译码器。例如数控机床中的各种操作，如移位、进刀、转速选择等，都是以二进制代码的形式给出的。如规定"100"表示移位，"011"表示进刀，"010"表示转速选择等，都需要译码器将其代码转换为特定指令，指挥机床正确运行。

译码器可分为二进制译码器、BCD 译码器和数码显示译码器三种。

1. 二进制代码译码器

二进制译码器又称为变量译码器，是用于把二进制代码转换成相应输出信号的译码器。常见的有二输入-四输出译码器（简称 2 线-4 线译码器）、3 线-8 线译码器、4 线-16 线译码器等。

74LS138 是集成 3 线-8 线二进制译码器，其逻辑图如图 10-6 所示，左边的图是管脚排列图，右边的是逻辑符号图。

可以看出，74LS138 有 3 个输入端：A_0、A_1、A_2，且是输入高电平有效；74LS138 有 8 个输出端：$\overline{Y_0} \sim \overline{Y_7}$，需要注意的是输出低电平有效。

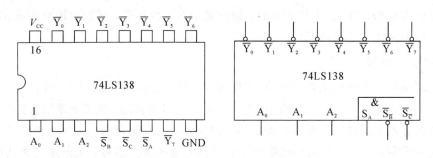

图 10-6　集成 3 线-8 线译码器 74LS138

还有 3 个使能端：S_A、$\overline{S}_B$、$\overline{S}_C$。三个使能器的有效电平是不一样的：

(1) 当 $S_A = 0$ 或 $\overline{S}_B + \overline{S}_C = 1$ 时，译码器不工作，输出端全部为 1；

(2) 当 $S_A = 1$ 且 $\overline{S}_B + \overline{S}_C = 0$ 时，译码器工作。

2. BCD 码译码器

BCD 码译码器是能将 BCD 代码转换成一位十进制数的电路，常见的有 BCD8421 码译码器、余 3 码译码器等。图 10-7 是 BCD8421 码译码器 74LS42 的外引线图和符号图。

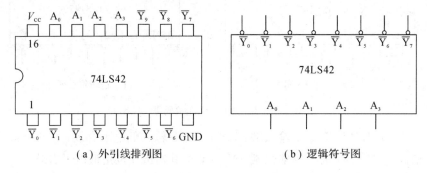

（a）外引线排列图　　　　　　　（b）逻辑符号图

图 10-7　译码器 74LS42

74LS42 有 4 个输入端：A_3、A_2、A_1、A_0，按 8421 编码输入数据，高电平有效；74LS42 有 10 个输出端：$\overline{Y}_0 \sim \overline{Y}_9$，分别对应于十进制数：0～9，低电平有效。

例如，当 $A_3 A_2 A_1 A_0 = 0000$ 时，输出端 $\overline{Y}_0 = 0$，其余输出端均为 1；

当 $A_3 A_2 A_1 A_0 = 0001$ 时，输出端 $\overline{Y}_1 = 0$，其余输出端均为 1。

表 10-5 是 74LS42 的真值表。由真值表可见，当 $A_3 A_2 A_1 A_0$ 输入为 1010～1111 时，输出端 $\overline{Y}_0 \sim \overline{Y}_9$ 均为 1，表示无输入信号，这说明 74LS42 能自动拒绝无效编码。

3. 数码显示译码器

在数字系统中常常需要把处理或测量的结果直接用十进制数的形式显示出来，因此数字显示电路是许多电子设备不可缺少的组成部分。

数字显示电路由译码器、驱动器和显示器组成，将输入代码直接译成数字、文字和符号，并加以显示。数字显示器件常用的有荧光显示器、辉光显示器、LED（半导体发光二极管）显示器。近十年来，液晶显示器和等离子显示器已经得到广泛的使用。

表 10 - 5　BCD8421 码译码器 74LS42 的真值表

十进制数	输　入				输　出									
	A_3	A_2	A_1	A_0	$\overline{Y}_0$	$\overline{Y}_1$	$\overline{Y}_2$	$\overline{Y}_3$	$\overline{Y}_4$	$\overline{Y}_5$	$\overline{Y}_6$	$\overline{Y}_7$	$\overline{Y}_8$	$\overline{Y}_9$
0	0	0	0	0	0	1	1	1	1	1	1	1	1	1
1	0	0	0	1	1	0	1	1	1	1	1	1	1	1
2	0	0	1	0	1	1	0	1	1	1	1	1	1	1
3	0	0	1	1	1	1	1	0	1	1	1	1	1	1
4	0	1	0	0	1	1	1	1	0	1	1	1	1	1
5	0	1	0	1	1	1	1	1	1	0	1	1	1	1
6	0	1	1	0	1	1	1	1	1	1	0	1	1	1
7	0	1	1	1	1	1	1	1	1	1	1	0	1	1
8	1	0	0	0	1	1	1	1	1	1	1	1	0	1
9	1	0	0	1	1	1	1	1	1	1	1	1	1	0
无效码	1	0	1	0	1	1	1	1	1	1	1	1	1	1
	1	0	1	1	1	1	1	1	1	1	1	1	1	1
	1	1	0	0	1	1	1	1	1	1	1	1	1	1
	1	1	0	1	1	1	1	1	1	1	1	1	1	1
	1	1	1	0	1	1	1	1	1	1	1	1	1	1
	1	1	1	1	1	1	1	1	1	1	1	1	1	1

1) LED 数码显示器

LED 数码显示器是一种七段显示器，它由七个发光二极管封装而成，如图 10 - 8(a)所示。七段的不同组合能显示出 10 个阿拉伯数字，如图 10 - 8(b)所示。

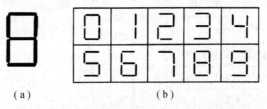

(a)　　　　　　　　(b)

图 10 - 8　七段 LED 数码显示器显示的数字

LED 数码显示器有两种电路形式，即共阴极接法和共阳极接法，如图 10 - 9 所示。采用共阴极的 LED 数码显示器时，应将高电平经过外接的限流电阻接到显示器各段的阳极，才能使显示器发光；而采用共阳极的 LED 数码显示器时，则应将 LED 数码显示器的各个阴极接在低电平，才能使显示器发光。

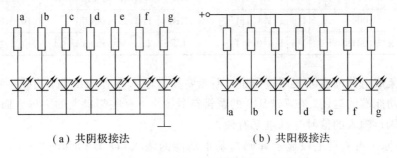

（a）共阴极接法　　　　　　　　（b）共阳极接法

图 10 - 9　七段发光二极管的两种电路形式

LED 数码显示器的优点是工作电压低，体积小，机械强度高，可靠性强，使用寿命长（1000 小时），响应速度快（1～100 ns），颜色丰富（有红、绿、橙、蓝等颜色）。

2）集成 BCD8421 译码器

集成译码器 74LS48 能将输入的 BCD8421 码直接译成七段 LED 数码显示器所需要的七位输入代码，图 10-10 所示为 74LS48 的外引线排列图和逻辑符号图。

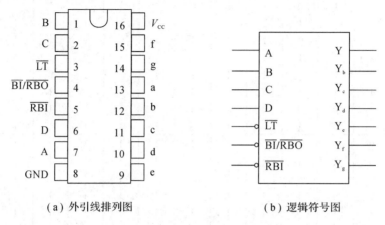

（a）外引线排列图　　　　　（b）逻辑符号图

图 10-10　集成七段显示译码器

可以看出，74LS48 译码器正常工作时，输入和输出均是高电平有效。表 10-6 是集成译码器 74LS48 的真值表。

表 10-6　集成译码器 74LS48 的真值表

十进制数或功能	输入			BI/RBO	输出							备注	十进制数或功能	输入			BI/RBO	输出							备注
	LT	RBI	DCBA		a	b	c	d	e	f	g			LT	RBI	DCBA		a	b	c	d	e	f	g	
0	H	H	0000	H	1	1	1	1	1	1	0		10	H	H	1010	H	0	0	0	1	1	0	1	
1	H	x	0001	H	0	1	1	0	0	0	0		11	H	x	1011	H	0	0	1	1	0	0	1	
2	H	x	0010	H	1	1	0	1	1	0	1		12	H	x	1100	H	0	1	0	0	0	1	1	
3	H	x	0011	H	1	1	1	1	0	0	1		13	H	x	1101	H	1	0	0	1	0	1	1	1
4	H	x	0100	H	0	1	1	0	0	1	1		14	H	x	1110	H	0	0	0	1	1	1	1	
5	H	x	0101	H	1	0	1	1	0	1	1	1	15	H	x	1111	H	0	0	0	0	0	0	0	
6	H	x	0110	H	0	0	1	1	1	1	1		BI	x	x	xxxx	L	0	0	0	0	0	0	0	2
7	H	x	0111	H	1	1	1	0	0	0	0		RBI	H	L	0000	L	0	0	0	0	0	0	0	3
8	H	x	1000	H	1	1	1	1	1	1	1		LT	L	x	xxxx	H	1	1	1	1	1	1	1	4
9	H	x	1001	H	1	1	1	0	0	1	1														

其实在集成电路的实际使用过程中，不光要知道输入端和输出端，更重要的是一些使能端和其他功能端的运用。在 74LS48 的逻辑符号图上，有些端口上的字母上面有横杠，这表示在这个端口输入的信号是低电平有效。

74LS48 除了有实现七段显示译码器基本功能的输入（DCBA）和输出（Ya～Yg）端外，

74LS48 还引入了灯测试输入端(LT)、动态灭零输入端(RBI)和既有输入功能又有输出功能的消隐输入/动态灭零输出(BI/RBO)端。

由真值表可知，74LS48 具有的逻辑功能如下：

(1) 七段译码功能(LT＝1，RBI＝1)。在灯测试输入端(LT)和动态灭零输入端(IBR)都接无效电平时，输入信号从 DCBA 四个端口经 74LS48 译码，输出高电平有效的七段字符显示器的驱动信号，显示相应字符。除 DCBA ＝ 0000 外，RBI 也可以接低电平。

(2) 消隐功能(BI＝0)。此时BI/RBO端作为输入端，该端输入低电平信号时，无论 LT 和 RBI 输入什么电平信号，不管输入 DCBA 为什么状态，输出全为"0"，七段显示器熄灭。该功能主要用于多显示器的动态显示。

(3) 灯测试功能(LT＝0)。此时 BI/RBO 端作为输出端，当 LT 输入低电平信号时，表 10-6 最后一行，与 DCBA 输入无关，输出全为"1"，显示器 7 个字段都点亮。该功能用于七段显示器测试，判别是否有损坏的字段。

(4) 动态灭零功能(LT＝1，RBI＝1)。此时 BI/RBO 端也作为输出端，LT 端输入高电平信号，RBI 端输入低电平信号，若此时 DCBA ＝ 0000，表 10-6 倒数第 2 行，输出全为"0"，显示器熄灭，不显示这个零。DCBA≠0，则对显示无影响。该功能主要用于多个七段显示器同时显示时熄灭高位的零。

10.2.3　存储器

存储器是用来存放数据、指令等信息的，它是计算机和数字系统的重要组成部分。集成存储器属于大规模集成电路。

存储器由许多存储元件构成，每一个存储元件可以存放一位二进制数，又称为存储元。若干个存储元组成一个存储单元，一个存储单元可以存放一个存储字或多个字节。

为了方便存储器中信息的读出和写入，必须将大量的存储单元区分开，即将它们逐一进行编号。存储单元的编号称为存储单元地址，简称为地址。

1. 存储器的两个重要指标

1) 存储容量

存储容量是指存储器所能容纳的二进制信息量。存储器的存储容量等于存储单元的地址数 N 与所存储的二进制信息的位数 M 之积。如果存储器地址的二进制数有 n 位，则存储器地址数是 $N＝2^n$。

存储器的容量越大，存放的数据越多，系统的功能就越强。

在学习计算机时，我们常听到"1K、1M、1G"之类的称呼，它们是指计算机内存或者硬盘容量的单位。

bit(比特)是计算机中表示数据的最小单位，1 比特就是一个二进制位，我们经常听到的 16 位机、32 位机，就是指 16 比特和 32 比特。1 比特能存放一位二进制数，16 比特是指一个数据由 16 位二进制数组成。

Byte(字节)是计算机处理数据的单位。一个字节一般由八个二进制位组成，是计算机中表示存储空间的最基本容量单位。通常我们听到的"1K""1M"和"1G"指的就是字节数，是存储空间的容量单位。

在计算机中，"1K"其实是 2 的 10 次方，即 1024，有如下关系：

1 KB＝1024 Byte

1 MB＝1024 KB

1 GB＝1024 MB

1 TB＝1024 GB

但是生产厂家都是以千为单位进行计算的，就是

1 KB＝1000 Byte

1 MB＝1000 KB

1 GB＝1000 MB

1 TB＝1000 GB

严格地说，这两者之间是有差别的。

2）存储时间

存储器的存储时间用存储器存取时间和存储周期来表示，存储周期越短，存储器的工作速度就越快。

在计算机中通常所说的内存速度就是指它的存储器的存取速度。存储器访问时间，是指从启动一次存储器操作到完成该操作所经历的时间。存储周期指连续启动两次独立的存储器操作所需间隔的最小时间。

通常存储周期略大于存取时间，其差别与主存器的物理实现细节有关。

现代计算机是以内存为中心运行的，内存性能的好坏直接影响整个计算机系统的处理能力。所以存储器的存储容量和存储时间是反映其性能的两个重要指标。

2. 半导体存储器的种类

半导体存储器的种类很多，按元件的类型来分，有双极型和 MOS 型两大类；按存取信息的方式来分，可分为只读存储器(ROM)和随机存取存储器(RAM)。

1）只读存储器 ROM

ROM 主要由地址译码器、存储矩阵及输出缓冲器组成，如图 10-11 所示。存储矩阵是存放信息的主体，它由许多存储元排列而成，每个存储元存放一位二进制数。$A_0 \sim A_{n-1}$ 是地址译码器的输入端，地址译码器共有 $W_0 \sim W_{2^n-1}$ 个输出端。输出缓冲器是 ROM 的数据读出电路，通常用三态门构成，它可以实现对输出端的控制，而且还可以提高存储器的带负载能力。

ROM 中存放的数据不能改写，只能在生产器件时将需要的数据存放在器件中。由于不同场合需要的数据各不相同，就给这种器件的大规模生产带来了一定的困难。

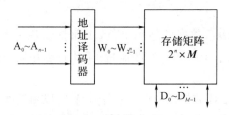

图 10-11　只读存储器 ROM 的结构

2）可编程只读存储器 PROM

可编程只读存储器 PROM 是一种通用器件，用户可以根据自己的需要，借助一定的编程工具，通过编程的方法将数据写入芯片。PROM 只可以进行一次编程，并且经过编程后的芯片仍然是只能读出，不能写入。

3）可擦除可编程的只读存储器 EPROM

EPROM 是一种可以将数据多次擦除和改写的存储器。早些年生产 EPROM 采用紫外线照射来擦除芯片中已存的内容。在 EPROM 集成电路封装的顶部中央有一个石英窗，平时石英窗应用黑色胶带粘贴，以防数据丢失。擦除 EPROM 中的内容时，将胶带取下，把器件放在专用的紫外线灯下照射约 20 分钟即可。目前这种器件已经淘汰，取而代之的是电擦除存储器。现在生产的 EPROM 均采用电擦除，使用特别方便。

4）可编程逻辑阵列 PLA

可编程逻辑器件 PLD 是 20 世纪 80 年代发展起来的新型器件，是一种由用户根据自己的需要来编程完成逻辑功能的器件。

可编程逻辑阵列 PLA 是可编程逻辑器件的一种，主要由译码器和存储阵列构成，是一个与或阵列。PLA 的与阵列和或阵列都是可编程的，PLA 能用较少的存储单元存储较多的信息。用 PLA 除了可以存储信息外，还可以实现组合逻辑电路的设计。

可编程逻辑阵列 PLA 最大的优点不仅仅是依靠编程就能改变器件的功能，而且其信号传输速度快、频带宽，可以实现视频信号的传输，这是单片机所无法比拟的。

实训任务 27　四裁判表决电路的设计与制作

🏃 任务实施

一、四裁判表决电路的设计

1. 电路设计要求

（1）设在足球比赛中有主裁判一名，副裁判三名，只要有三名裁判同意时成绩就有效，但主裁判具有最终否决权。用与非门和或非门实现上述逻辑功能。

（2）确定四个变量，分别为甲、乙、丙、丁，其中甲为主裁判，其余为三个副裁判，裁判同意时取值为 1，裁判不同意时取值为 0，成绩有效取值为 1，成绩无效取值为 0。但成绩有效取值为 1 时，主裁判必须同意才能成立。

2. 列真值表

按照上述赋值结果列出真值表。注意，必须按照四个变量共有 16 种取值组合进行赋值。

3. 写出逻辑函数表达式

根据真值表写出相应的逻辑函数表达式，将成绩有效时为 1 的项写出来，各个裁判之间的关系是与关系，同意取原变量，不同意取反变量。将各个项相加，即为该题目的逻辑函数表达式。

4. 将逻辑函数表达式化简

按照逻辑代数的公式法将逻辑函数表达式化简，并写成与非和或非表达式。

5. 画出逻辑电路图

用逻辑符号代替逻辑函数表达式，即可画出逻辑电路图。化简后的逻辑函数表达式和参考逻辑电路图如图 10 - 12 所示。

$$P=\overline{\overline{ABC}+\overline{AD}+\overline{BD}+\overline{CD}}$$

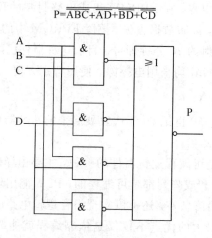

图 10 - 12　四裁判表决电路的逻辑函数表达式和参考逻辑电路图

二、四裁判表决电路的制作

(1) 用万用表对各种元器件进行测量。

(2) 按照图 10 - 12 所示电路，搭建电路(可在万用面包板上搭建此电路)。

(3) 接通电源，将 A、B、C、D 四个输入端分别组合，模拟四个裁判的表决意见，同意者接高电平，不同意者接低电平，观察发光二极管的亮灭情况，看是否实现了四裁判表决电路的功能。

练　习　题

10 - 1　组合逻辑电路的分析有哪几个步骤？

10 - 2　组合逻辑电路的设计有哪几个步骤？

10 - 3　编码器的功能是什么？常用的有哪几种编码器？

10 - 4　译码器的功能是什么？常用的有哪几种译码器？

10 - 5　七段 LED 译码器有哪两种电路形式？

10 - 6　彩色电视机中的存储器属于哪种类型？

10 - 7　试分别分析图 10 - 13 所示两个组合逻辑电路的逻辑功能。

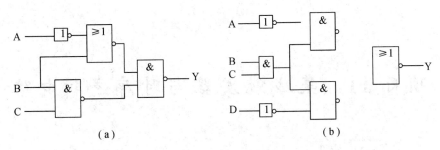

图 10-13　题 10-7 图

10-8　在举重比赛中有甲、乙、丙三名裁判,其中甲是主裁判,当两名或两名以上裁判(其中必须包括主裁判)认为运动员成绩合格时,才发出合格信号。试用与非门设计实现上述要求的电路。

项目 11　集成触发器与时序逻辑电路

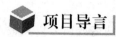 项目导言

组合逻辑电路虽然可以实现许多逻辑功能，却没有记忆能力，只要撤去输入信号，输出信号就不复存在，这显然不能满足实际要求。

具有记忆功能的逻辑电路叫作触发器，对于触发器而言，输入信号一旦输入进去，即使撤去输入信号，电路的输出仍将保持在有信号输入时的状态，这个状态会一直保持到有新的信号输入。

触发器再加上组合逻辑电路，就组成了时序逻辑电路。时序逻辑电路有了记忆功能，还能实现各种逻辑功能。

 知识目标

（1）了解触发器和时序逻辑电路的概念。

（2）熟悉常用集成触发器的型号和应用，能根据任务要求选择合适的触发器。

（3）掌握常用时序逻辑电路的型号和功能。

 技能目标

（1）能用十进制计数器和门电路实现任意进制计数器。

（2）能按照逻辑电路图选择器件，制作完成有实际应用功能的八路抢答器电路。

11.1　触　发　器

11.1.1　基本 RS 触发器

基本 RS 触发器是构成其他各种功能触发器的最基本单元。

1. 用与非门构成的基本 RS 触发器

图 11-1(a)是由两个与非门组成的基本 RS 触发器的逻辑图，Q 与 $\overline{Q}$ 是触发器的两个互补输出端，$\overline{R}$ 和 $\overline{S}$ 是两个信号输入端。显然该电路是输入低电平有效，称该电路是低电平触发。

图 11-1(b)是基本 RS 触发器的逻辑符号。规定：当 Q=1、$\overline{Q}$=0 时，称为触发器的"1"态；当 Q=0、$\overline{Q}$=1 时，称为触发器的"0"态。

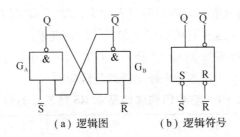

（a）逻辑图　　　　　（b）逻辑符号

图 11-1　与非门构成的基本 RS 触发器

触发器在接收触发信号之前的稳定状态称为初态或原态，用 Q^n 表示；触发器在接收触发信号之后新建立的稳定状态叫作次态，用 Q^{n+1} 表示。触发器的次态 Q^{n+1} 是由输入信号和初态 Q^n 的取值组合所决定的。

2. 基本 RS 触发器的逻辑功能

对电路进行分析可知：

(1) 当 $\bar{S}=0$，$\bar{R}=1$ 时，若原态为 0 态，即：$Q^n=0$、$\overline{Q^n}=1$，则当加入输入信号后，G_A 门的输出 $Q^{n+1}=1$，而此时 G_B 门的输出 $\overline{Q^{n+1}}=0$，触发器的状态由 0 态变为 1 态并保持稳定；若原态为 1 态，即：$Q^n=1$、$\overline{Q^n}=0$，则当加入输入信号后，触发器输出仍将稳定在 $Q=1$、$\bar{Q}=0$ 的状态。

结论：不管触发器原来处于什么状态，只要输入 $\bar{S}=0$、$\bar{R}=1$，其次态一定为 1，即 $Q^{n+1}=1$。

通常把 $\bar{S}=0$、$\bar{R}=1$ 时触发器输出状态为 1 的情况称为"置 1"，故 $\bar{S}$ 端又称为置位端。

(2) 当 $\bar{S}=1$，$\bar{R}=0$ 时，若原态 $Q^n=0$、$\overline{Q^n}=1$，则加入输入信号后，G_B 门的两个输入端均为 0，使其输出 $\overline{Q^{n+1}}=1$。而 G_A 门的两个输入均为 1，其输出 $Q^{n+1}=0$；若原态 $Q^n=1$、$\overline{Q^n}=0$，则 $\overline{Q^{n+1}}=\overline{Q^n \cdot \bar{R}}=1$，$Q^{n+1}=0$。

结论：不论触发器初始状态处于 0 态还是 1 态，只要输入端 $\bar{S}=1$，$\bar{R}=0$，触发器就稳定在 $Q=0$、$\bar{Q}=1$ 的状态，即触发器处于置 0 状态，故 $\bar{R}$ 端又称为复位端。

(3) 当 $\bar{S}=1$，$\bar{R}=1$ 时，若原态 $Q^n=0$、$\overline{Q^n}=1$，则输入信号加入后，G_A 门的两个输入均为 1，其输出 $Q^{n+1}=0$，而 G_B 门因其有一个输入端为 0，则其输出为 1；若原态 $Q^n=1$、$\overline{Q^n}=0$，则触发器输出 $Q^{n+1}=1$，即 $Q^{n+1}=Q^n$。结论：$\bar{S}=1$，$\bar{R}=1$ 时，$Q^{n+1}=Q^n$，触发器处于"保持"原有的状态不变，这个功能就是"记忆"功能。

(4) 当 $\bar{R}=0$、$\bar{S}=0$ 时，触发器两个输出端 Q 和 $\bar{Q}$ 都被置 1，这违反了触发器两个输出端应该互补的规定，破坏了触发器正常的逻辑输出关系。而且一旦输入端 $\bar{S}$、$\bar{R}$ 的低电平信号同时消失，触发器的输出状态因 G_A、G_B 两个门的翻转速度快慢不定而不能确定。因此 $\bar{S}$、$\bar{R}$ 均为 0 的输入情况，在实际使用中应当禁止。

11.1.2　触发器逻辑功能的描述方法

触发器的逻辑功能通常用特性表、特征方程和时序图来描述。

1. 特性表

描述组合逻辑电路输出与输入之间逻辑关系的表格称为真值表。由于触发器的次态

Q^{n+1}不仅与输入的触发信号有关，还与触发器原来的状态 Q^n 有关，所以应把 Q^n 也作为一个逻辑变量列入真值表中，这种真值表叫作触发器的特性表。

基本 RS 触发器的特性表如表 11-1 所示。在表 11-1 中，Q^{n+1} 与 Q^n、R、S 之间有一一对应的关系，直观地表示了基本 RS 触发器的逻辑功能。

表 11-1　与非门构成的基本 RS 触发器的特性表

输入		原态	次态	功能说明
$\overline{R}$	$\overline{S}$	Q^n	Q^{n+1}	
0	0	0	不定态	不允许
0	0	1		
0	1	0	0	置0
0	1	1	0	
1	0	0	1	置1
1	0	1	1	
1	1	0	0	保持
1	1	1	1	

2. 特性方程

反映触发器次态 Q^{n+1} 与原态 Q^n 及输入 $\overline{S}$、$\overline{R}$ 之间关系的逻辑表达式叫作特性方程。基本 RS 触发器的特性方程是

$$\begin{cases} Q^{n+1}=S+\overline{R}\cdot Q^n \\ \overline{R}+\overline{S}=1 \end{cases}$$

式中，$\overline{R}+\overline{S}=1$ 称作约束条件，表示两个输入端 $\overline{R}$、$\overline{S}$ 不能同时为 0。

3. 时序图

时序图又叫作序列图、循序图、顺序图，它通过波形来描述输入信号和输出信号之间的对应关系。图 11-2 就是一个基本 RS 触发器的时序图。

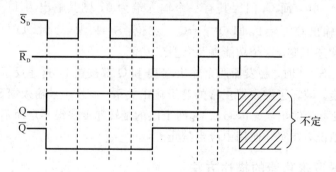

图 11-2　基本 RS 触发器的时序图

11.1.3　同步触发器

基本 RS 触发器具有直接置 0、置 1 的功能，当输入端的信号发生变化时，触发器的状

态就立即改变。在实际使用中，要求触发器按一定的时间节拍动作，即触发器的翻转时刻要受一个时钟脉冲的控制。

由时钟控制的触发器叫作同步触发器，同步触发器又分为 RS 触发器、JK 触发器、D 触发器和 T 触发器等。

1. 同步 RS 触发器

在基本 RS 触发器的基础上，再加上两个与非门即可构成同步 RS 触发器，其逻辑图和逻辑符号如图 11-3 所示。S 为置位输入端，R 为复位输入端，CP 为时钟脉冲输入端。

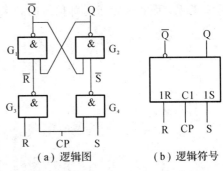

(a) 逻辑图　　(b) 逻辑符号

图 11-3　同步 RS 触发器

当 CP=0 时，G_3、G_4 门被封锁，其输出均为 1，G_1、G_2 门构成的基本 RS 触发器处于保持状态。此时，无论 R、S 输入端的状态如何变化，均不会改变 G_1、G_2 门的输出，故对触发器状态无影响。

当 CP=1 时，G_3、G_4 门打开，触发器处于工作状态。

下面仍以输入端 R、S 的四种不同状态组合来分析其逻辑功能。

(1) R=0，S=0 时，当 CP=1 时，G_3、G_4 门的输出均为 1，从而使 G_1、G_2 门组成的基本 RS 触发器输出状态保持不变。

(2) R=0，S=1 时，当 CP=1 时，G_3 门的输出为 1，G_4 门的输出为 0，从而使 G_1、G_2 门组成的基本 RS 触发器输出状态置 1，即 $Q^{n+1}=1$，$\overline{Q^{n+1}}=0$。

(3) R=1，S=0 时，当 CP=1 时，G_3 门的输出为 0，G_4 门的输出为 1，从而使 G_1、G_2 门组成的基本 RS 触发器输出状态置 0，即 $Q^{n+1}=0$，$\overline{Q^{n+1}}=1$。

(4) R=1，S=1 时，当 CP=1 时，G_3、G_4 门的输出均为 0，从而使 G_1、G_2 门组成的基本 RS 触发器的两个输出端均为 1 态，这与触发器的两个输出端状态应该互补相矛盾。并且当时钟脉冲信号由 1 变为 0 后，触发器的两个输出端将出现状态不定的情况。所以在实际应用中，应禁止这种输入情况出现。

由以上分析，可画出同步 RS 触发器的特性表如表 11-2 所示。

表 11-2　同步 RS 触发器的特性表

时钟	输入		原态	新态	功能说明
CP	R	S	Q^n	Q^{n+1}	
0	×	×	0	0	保持
0	×	×	1	1	
1	0	0	0	0	保持
1	0	0	1	1	
1	0	1	0	1	置 1
1	0	1	1	1	
1	1	0	0	0	置 0
1	1	0	1	0	
1	1	1	0	不定	不允许
1	1	1	1		

同步 RS 触发器的特性方程为

$$\begin{cases} Q^{n+1}=S+\overline{R}\cdot Q^n \\ RS=0(约束条件) \end{cases}$$

同步 RS 触发器的时序图如图 11-4 所示，可以看出，触发器状态的改变不但和输入信号有关系，而且决定于时钟信号的到来。

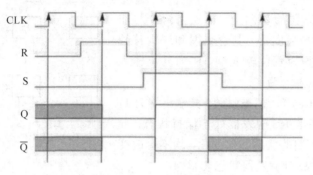

图 11-4　同步 RS 触发器的时序图

2. 同步 JK 触发器

由于同步 RS 触发器也存在着不定状态，为了从根本上消除这种情况，可将同步 RS 触发器的输出端 Q 和 $\overline{Q}$ 交叉反馈到时钟控制门的输入端，利用 Q 和 $\overline{Q}$ 互补的逻辑关系形成反馈，来解决不定态问题。同时将输入端 S 改称为 J，输入端 R 改称为 K，这样就构成了 JK 触发器。图 11-5(a)是同步 JK 触发器的逻辑图，图 11-5(b)是 JK 触发器的逻辑符号。

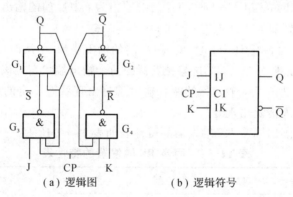

（a）逻辑图　　　　　　（b）逻辑符号

图 11-5　同步 JK 触发器

当 CP=0 时，G_3、G_4 门被封锁，J、K 端的状态变化对 G_1、G_2 门的输入无影响，触发器处于保持状态。

当 CP=1 时，如果 J、K 输入端的状态组合依次为 00、01、10，输出端 Q^{n+1} 的状态分别为保持、0 态和 1 态，与同步 RS 触发器的输出状态相同。

当 JK=11 时，若原态为 0 态（$Q^n=0$，$\overline{Q^n}=1$），由逻辑图可知 G_3 门的输出为 0，G_4 门输出为 1，触发器状态置 1；若触发器的原态为 1 态，则经分析可知 G_3 门的输出为 1，G_4 门输出为 0，触发器状态置 0。可见在 CP=1 期间，输入 JK=11 时，触发器的次态总与原态相反，这种情况称为"翻转"功能。

表 11-3 给出了 JK 触发器的特性表。

表 11 - 3   JK 触发器特性表

J K	Q^n	Q^{n+1}	功能说明
0 0	0 1	0 1	$Q^{n+1}=Q^n$ 保持
0 1	0 1	0 0	$Q^{n+1}=0$ 置 0
1 0	0 1	1 1	$Q^{n+1}=1$ 置 1
1 1	0 1	1 0	$Q^{n+1}=\overline{Q^n}$ 翻转功能

JK 触发器的特性方程为

$$Q^{n+1}=J\,\overline{Q^n}+\overline{K}Q^n$$

JK 触发器的时序图如图 11 - 6 所示。

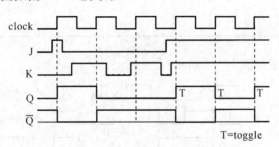

图 11 - 6   JK 触发器的时序图

3. 同步 D 触发器

为了克服同步 RS 触发器的输入端 R、S 不能同时取 1 的不足,并且有时也需要只有一个输入端的触发器,于是将 RS 触发器 G_3 门的输出与输入端 R 相连,并把输入端 S 更名为 D 接成图 11 - 7(a)所示的形式,这样就构成了只有单输入端的 D 触发器,它的逻辑符号如图 11 - 7(b)所示。

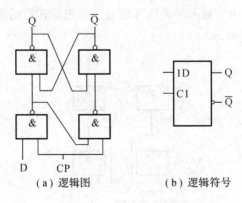

（a）逻辑图　　　　　（b）逻辑符号

图 11 - 7   同步 D 触发器

在 CP＝0 时,D 触发器同上述 JK、RS 触发器一样保持原态不变;

当 CP＝1 时，由图 11-2 可知：S＝D、R＝$\overline{D \cdot 1}$＝$\overline{D}$。

将 S＝D、R＝$\overline{D}$ 代入 RS 触发器的特性方程 $Q^{n+1}＝S＋\overline{R}Q^n$ 中，可得到 D 触发器的特性方程为

$$Q^{n+1}＝D＋\overline{\overline{D}} \cdot Q^n＝D$$

由特性方程式可见，当 CP＝1 时，如果 D＝0，无论 D 触发器的原态为 0 或 1，D 触发器输出均为 0；如果 D＝1，无论 D 触发器的原态为 0 或 1，D 触发器输出均为 1。D 触发器的特性表如表 11-4 所示。

表 11-4 D 触发器的特性表

D	Q^n	Q^{n+1}	功能说明
0 0	0 1	0 0	置 0
1 1	0 1	1 1	置 1

D 触发器的时序图如图 11-8 所示。

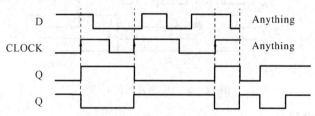

图 11-8 D 触发器的时序图

D 触发器解决了触发器出现不定态的问题，但在 CP＝1 期间，触发器的输出仍然受 D 端信号的直接控制。

4. T 和 T′ 触发器

如果把 JK 触发器的两个输入端 J 和 K 相连，并把相连后的输入端用 T 表示，就构成了 T 触发器，如图 11-9 所示。

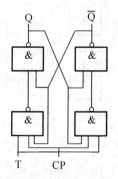

图 11-9 T 触发器的逻辑图

把 $J=K=T$ 代入 JK 触发器的特性方程：$Q^{n+1}=J\,\overline{Q^n}+\overline{K}Q^n$，可得到 T 触发器的特性方程为

$$Q^{n+1}=T\,\overline{Q^n}+\overline{T}Q^n$$

由特性方程列出其特性表如表 11 − 5 所示。

表 11 − 5　T 触发器的特性表

T	Q^{n+1}	功能说明
0	Q^n	保持
1	$\overline{Q^n}$	翻转

如果在 T 触发器中令 $T=1$，则得特性方程为

$$Q^{n+1}=\overline{Q^n}$$

此式表明：每输入一个时钟脉冲，触发器的状态就翻转一次。这种只具有翻转功能的触发器称为 T' 触发器。

同步触发器有一些共同特点：在时钟脉冲 $CP=0$ 期间，触发器的状态不受输入信号的影响，保持原状态不变；在 $CP=1$ 期间，随着输入信号的变化，触发器的状态随之变化，这种触发方式称为电平触发方式。

触发器在 $CP=1$ 期间，输出状态仅翻转一次，称为可靠翻转。如果在 $CP=1$ 期间，输入信号多次发生变化，触发器的输出也会发生相应的多次翻转，这种现象称为"空翻"。

触发器的空翻现象对于实际应用是不允许的。为了避免空翻的出现，可以将电路在结构上加以改进，使用主从触发器和边沿触发器。

11.1.4　主从 JK 触发器和边沿触发器

1. 主从 JK 触发器

主从 JK 触发器的逻辑图和逻辑符号如图 11 − 10 所示。它由主触发器、从触发器和非门组成。Q_m 和 $\overline{Q_m}$ 是主触发器输出端，Q 和 $\overline{Q}$ 是从触发器的输出端，即触发器的输出端。

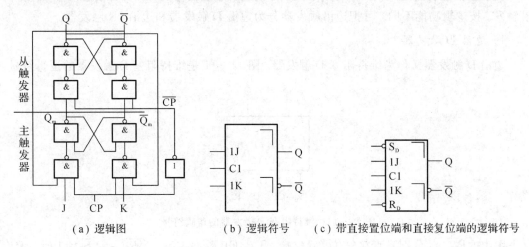

（a）逻辑图　　　　（b）逻辑符号　　（c）带直接置位端和直接复位端的逻辑符号

图 11 − 10　主从 JK 触发器

为了在时钟脉冲 CP 到来之前，预先将触发器置成某一初始状态，在集成触发器电路中设置了专门的直接置位端(用 S_D 或 $\overline{S_D}$ 表示)和直接复位端(用 R_D 或 $\overline{R_D}$ 表示)，用于直接置1和直接置0。

如图 11.10(c) 所示，是带直接置位端和直接复位端的主从 JK 触发器的逻辑符号，图中 R_D 和 S_D 输入端的小圆圈表示输入低电平有效，C1 是时钟 CP 的输入端，C1 表示受其影响的输入是以数字1标记的数据输入，如图中 1J、1K。直角符号"¬"表示主从触发器的输出是延迟输出。

当 CP＝1 时，主触发器工作，即主触发器的输出 Q_m 的状态取决于输入信号 J、K 以及从触发器原态 Q^n 的状态，而从触发器被封锁，即保持原来状态。当 CP 由1变0时(即下降沿)，主触发器被封锁，即使输入信号 J、K 发生变化，主触发器也不接受，由此克服了"空翻"现象。此时从触发器打开，从触发器输出端 Q 的状态取决于主触发器 Q_m 的状态，即 $Q＝Q_m$。

由以上分析不难理解，主从触发器的特性方程、特性表及状态图与同步 JK 触发器相同。但输出状态如何变化，则由时钟 CP 下降沿到来前一时刻的 J、K 取值决定。

2. 边沿触发器

在实际中使用的触发器都采用集成触发器，早期生产的集成 JK 触发器大多数是主从型的，如 7472、7473、7476 等都是 TTL 主从 JK 触发器的产品。但由于主从 JK 触发器的工作速度慢且易受噪声干扰，所以我国目前只保留有 CT2072 和 CT1111 两个品种的主从 JK 触发器。

随着集成电路工艺的进步，目前的 JK 触发器大都采用边沿触发的工作方式。

在集成 JK 触发器产品中，若有 n 个 J 输入端和 K 输入端，则在 J_1、J_2、…、J_n 之间是"与"的逻辑关系，在 K_1、K_2、…、K_n 之间也是"与"的逻辑关系。

边沿触发器只在时钟脉冲的上升沿(或下降沿)的瞬间，电路的输出状态才根据输入信号做出响应，也就是说，只有在时钟的边沿附近输入的信号才是真正有效的，而在 CP＝0或 CP＝1 期间，输入信号的变化对触发器的状态均无影响。

按触发器翻转所对应的 CP 时刻不同，可把边沿触发器分为 CP 上升沿触发和 CP 下降沿触发。按逻辑功能不同，可把边沿触发器分为边沿 D 触发器和边沿 JK 触发器。

1) 边沿 D 触发器

边沿 D 触发器又称为维持阻塞 D 触发器。图 11-11 是维持阻塞 D 触发器的逻辑符号。

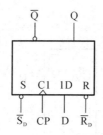

图 11-11　维持阻塞 D 触发器的逻辑符号

图中的 $\overline{R_D}$、$\overline{S_D}$ 分别是直接复位、置位端，不受 CP 脉冲控制，当 $\overline{R_D}＝0$、$\overline{S_D}＝1$ 时，无论 CP 是0还是1，触发器都能可靠置0；当 $\overline{R_D}＝1$、$\overline{S_D}＝0$ 时，无论 CP 是0还是1，触发器都

能可靠置 1。脉冲输入端 C1 的符号"＞"，表示触发器在 CP 的上升沿触发。

边沿 D 触发器只有在 CP 的上升沿到来时刻，才按照输入信号的状态进行翻转，除此之外，在 CP 的其他任何时刻，触发器都将保持状态不变。

边沿 D 触发器的特性表如表 11-6 所示。

表 11-6　边沿 D 触发器的特性表

CP	D　Q^n	Q^{n+1}
↑	0　0	0
↑	0　1	0
↑	1　0	1
↑	1　1	1

由特性表可以得出 D 触发器的特性方程为

$$Q^{n+1} = D$$

74LS74 是一种常用的集成双 D 触发器，其外引线排列如图 11-12 所示。字母符号上的横线表示输入低电平有效；在一个器件内如果包含有两个以上的触发器，称作多触发器集成器件，在同一个触发器的输入、输出符号前加同一数字，如 1D、1Q、1CP、$1\overline{R}_D$ 等，表示这些引脚属于同一触发器的引出端。

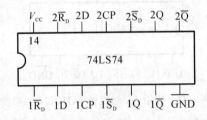

图 11-12　双 D 集成触发器 74LS74 的外引线排列图

2）边沿 JK 触发器

边沿 JK 触发器的逻辑符号如图 11-13 所示。

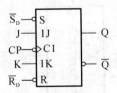

图 11-13　边沿触发的 JK 触发器的逻辑符号

需要特别说明的是，D 触发器和 JK 触发器都有 CP 上升沿触发和下降沿触发的产品，只不过大部分 D 触发器是 CP 上升沿触发，而大部分 JK 触发器是 CP 下降沿触发。表11-7 是下降沿触发型 JK 触发器的逻辑功能表。

表 11 - 7　下降沿触发型 JK 触发器的逻辑功能表

CP	$\overline{S_D}$ $\overline{R_D}$	J　K	Q^n	Q^{n+1}	功能说明
×	0　1	×　×	×	1	直接置 1
×	1　0	×　×	×	0	直接置 0
↓	1　1	0　0	0	0	$Q^{n+1} = Q^n$
↓	1　1	0　0	1	1	保持
↓	1　1	0　1	0	0	$Q^{n+1} = 0$
↓	1　1	0　1	1	0	置 0
↓	1　1	1　0	0	1	$Q^{n+1} = 1$
↓	1　1	1　0	1	1	置 1
↓	1　1	1　1	0	1	$Q^{n+1} = \overline{Q^n}$
↓	1　1	1　1	1	0	翻转功能

下降沿触发型 JK 触发器的其特性方程为

$$Q^{n+1} = J\,\overline{Q^n} + \overline{K}Q^n \quad （\text{CP 下降沿有效}）$$

集成 JK 触发器 74HC112 为双下降沿 JK 触发器,其引脚排列如图 11 - 14 所示。

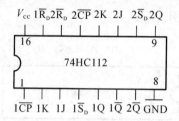

图 11 - 14　双下降沿 JK 触发器 74HC112 的引脚排列图

　　用一片 74HC112 可以组成图 11 - 15 所示的单按钮电子开关电路,通过继电器 KA,可以控制其他电器的工作状态,如台灯、电风扇,等等。

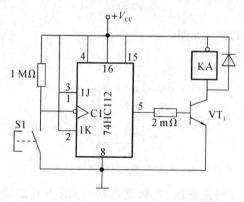

图 11 - 15　用双下降沿 JK 触发器 74HC112 构成的单按钮电子开关电路

11.2　时序逻辑电路

11.2.1　时序逻辑电路的组成和分类

1. 时序逻辑电路的组成

时序逻辑电路在任一个时刻的输出状态不仅取决于该时刻电路的输入信号，还取决于电路原来的状态。时序电路由组合逻辑电路和存储电路组成，如图 11-16 所示，是时序逻辑电路的组成框图。

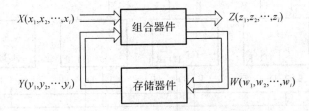

图 11-16　时序逻辑电路框图

在这个框图中，$X(x_1, x_2, \cdots, x_i)$ 代表输入信号，$Z(z_1, z_2, \cdots, z_i)$ 代表输出信号，$W(w_1, w_2, \cdots, w_i)$ 代表存储电路的输入信号，$Y(y_1, y_2, \cdots, y_i)$ 代表存储电路的输出信号。

2. 时序逻辑电路的分类

根据电路中存储电路状态转换方式的不同，时序逻辑电路分为同步时序逻辑电路和异步时序逻辑电路两大类。

在同步时序逻辑电路中，所有触发器的时钟输入端 CP 都连在一起，使所有触发器的状态变化和时钟脉冲 CP 是同步的。

在异步时序逻辑电路中，时钟脉冲只触发部分触发器，其余触发器则是由电路内部信号触发的。因此，各个触发器状态的变化有先有后，并不都和时钟脉冲 CP 同步。

3. 时序逻辑电路的分析方法

时序电路的分析就是根据已知的逻辑电路，求出电路所能实现的逻辑功能，从而了解它的用途。

具体分析步骤如下：

（1）写方程式。根据给定的时序电路写出时钟方程、驱动方程和输出方程，也就是各个触发器的时钟信号、输入信号及电路输出信号的逻辑表达式。

（2）求状态方程。把驱动方程代入相应触发器的特性方程，即可求出电路的状态方程，也就是各个触发器的次态方程。

（3）列出状态转换表。把电路的输入和现态的各种取值组合代入状态方程和输出方程进行计算，求出相应的次态和输出，填入状态转换表。

（4）用文字对电路的逻辑功能进行描述。

11.2.2 寄存器

寄存器是一种重要的时序逻辑电路,常用于接收、暂存、传递数码和指令等信息。一个触发器有两种稳定状态,可以存放一位二进制数码。存放 n 位二进制数码需要 n 个触发器。为了使触发器能按照指令接收、存放、传送数码,有时还需配备一些起控制作用的门电路。

寄存器可分为两大类:数码寄存器和移位寄存器。

1. 数码寄存器

在数字系统中,用来暂时存放数码的单元电路称为数码寄存器,它只有接收、暂存和清除原有数码的功能。74LS175 是一个四位寄存器,它的逻辑图如图 11-17 所示。

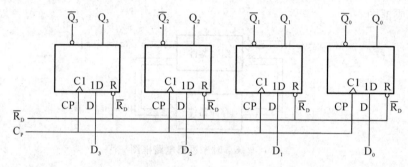

图 11-17 四位数码寄存器的逻辑图

它是由四个 D 触发器组成,$D_0 \sim D_3$ 是数据输入端,$Q_0 \sim Q_3$ 是数据输出端,$\overline{Q_0} \sim \overline{Q_3}$ 是反码输出端。各触发器的复位端(直接置 0 端)连接在一起,作为寄存器的总清 0 端 $\overline{R_D}$(低电平有效)。

74LS175 的逻辑功能见表 11-8 所示。

表 11-8　74LS175 的功能表

输　　入		输　　出	
$\overline{R_D}$	CP	Q^{n+1}	$\overline{Q^{n+1}}$
0	×	0	1
1	↑	1	0
1	↑	0	1
1	0	Q^n	$\overline{Q^n}$

该寄存器的工作过程如下:

1)异步清零

在 $\overline{R_D}$ 端加负脉冲,各触发器清零。清零后,应将 $\overline{R_D}$ 接高电平。

2)并行数据输入

在 $\overline{R_D}=1$ 的前提下,将所要存入的数据 D 加到数据输入端,例如要存入数码 1010,则寄存器的四个输入端 $D_3 D_2 D_1 D_0$ 应为 1010。在 CP 脉冲上升沿到来的时刻,寄存器的状态 $Q_3 Q_2 Q_1 Q_0$ 就变为 1010,数据被存入。

3) 记忆保持

只要使 $\overline{R_D}=1$，CP 无上升沿（通常接低电平），则各触发器保持原状态不变，寄存器处在记忆保持状态。这样就完成了接收并暂存数码的功能。这种寄存器在接收数码时是同时输入，取出数码时，也是同时取出，所以这种寄存方式称为并行输入、并行输出。

2. 移位寄存器

移位寄存器具有数码寄存和移位两个功能。所谓移位功能，就是在寄存器中所存的数据，可以在移位脉冲的作用下逐次左移或右移。若在移位脉冲（一般就是时钟脉冲）的作用下，寄存器中的数码依次向右移动，则称右移；如依次向左移动，称为左移。只能进行单向移位功能的称为单向移位寄存器；既可右移又可左移的称为双向移位寄存器。

1) 单向移位寄存器

如图 11-18 所示，电路是用 D 触发器组成的四位右移寄存器。其中 FF_3 是最高位触发器，FF_0 是最低位触发器。每个高位触发器的输出端 Q 与低一位的触发器的输入端 D 相接。整个电路只有最高位触发器 FF_3 的输入端接收数据。所有触发器的复位端接在一起作为清 0 端，时钟端连在一起作为移位脉冲的输入端 CP，显然它是同步时序电路。

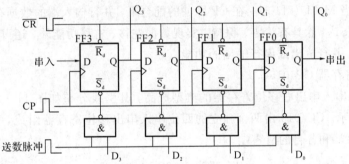

图 11-18 四位右移寄存器

2) 集成移位寄存器

（1）集成寄存器 74LS194。

74LS194 是一种典型的中规模四位双向移位寄存器。其逻辑图及逻辑符号如图 11-19 所示，功能表如表 11-9 所示。

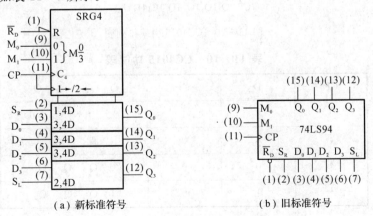

（a）新标准符号 （b）旧标准符号

图 11-19 74LS194 四位双向移位寄存器

表 11-9 74LS194 的功能表

$\overline{R_D}$	M_1 M_0	CP	S_R S_L	$D_0 D_1 D_2 D_3$	$Q_0 Q_1 Q_2 Q_3$	功能说明
0	$\times$ $\times$	$\times$	$\times$ $\times$	$\times \times \times \times$	0 0 0 0	异步置 0
1	$\times$ $\times$	0	$\times$ $\times$	$\times \times \times \times$	$Q_0 Q_1 Q_2 Q_3$	静态保持
1	0 0	↑	$\times$ $\times$	$\times \times \times \times$	$Q_0 Q_1 Q_2 Q_3$	动态保持
1	0 1	↑	D_{IR} $\times$	$\times \times \times \times$	$D_{IR} Q_0 Q_1 Q_2$	右　移
1	1 0	↑	$\times$ D_{IL}	$\times \times \times \times$	$Q_1 Q_2 Q_3 D_{IL}$	左　移
1	1 1	↑	$\times$ $\times$	$D_0 D_1 D_2 D_3$	$D_0 D_1 D_2 D_3$	并行输入

由表 11-9 可知，当清零端 $\overline{R_D}$ 为低电平时，输出端 $Q_0 \sim Q_3$ 均为低电平；当 $M_1 M_0 = 00$ 时，移位寄存器保持原来状态；当 $M_1 M_0 = 01$ 时，移位寄存器在 CP 脉冲的作用下进行右移位，数据从 S_R 端输入；当 $M_1 M_0 = 10$ 时，移位寄存器在 CP 脉冲的作用下进行左移位，数据从 S_L 端输入；当 $M_1 M_0 = 11$ 时，在 CP 脉冲的配合下，并行输入端的数据存入寄存器中。

总之，74LS194 除具有清零、保持、实现数据左移、右移功能外，还可实现数码并行输入或串行输入、并行输出或串行输出的功能。

（2）集成寄存器 CC4015。

CC4015 是串入串出右移位寄存器的典型产品，其引线分布如图 11-20 所示，功能表见表 11-10 所示。CC4015 由两个独立的四位串入串出移位寄存器组成，每个寄存器都有自己的 CP 输入端和各自的清零端。

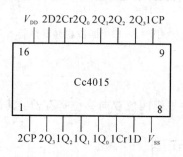

图 11-20 CC4015 引线排列图

表 11-10 CC4015 功能表

CP	D	Cr	Q_0 Q_1 Q_2 Q_3
$\times$	$\times$	1	0 0 0 0
↓	$\times$	0	保　持
↑	0	0	0 Q_0 Q_1 Q_2
↑	1	0	1 Q_0 Q_1 Q_2

3. 快速闪存技术与 U 盘

闪存也就是现在已经广泛应用的 U 盘，是一种非易失性存储器，在没有电源的情况下，可以长时间保留数据。因为其接口形状类似英语字母 U，故称其为 U 盘。

而一般的半导体存储器，无论是 SRAM 还是 DRAM，都需要用电源来保存数据，特别是 DRAM，它需要周期性的进行刷新才可以保证其存储的数据不会丢失。

闪存的主要特点如下：

(1) U 盘的可靠性极高，可以确保 100 万次以上的可靠写入。

(2) U 盘的容量大，存储密度高。产品的容量从最开始的 32 MB，发展到 32 GB 和 64 GB 的规格，现在已有 128 GB 和 256 GB 的 U 盘问世。

(3) U 盘的存储速度快。写入速度 600 KB/s，读出速度 950 KB/s，是普通光驱传输速度的 30 倍以上。

(4) U 盘使用方便。只有打火机的一半大小，携带方便，支持热插拔。

(5) U 盘还具有抗震、防潮、在高温和低温环境下都能可靠工作的优点。

11.2.3　计数器

1. 计数器的类型

计数器也是应用最为广泛的时序逻辑电路，它不仅可以累计输入脉冲的个数，而且还常用于数字系统的定时、延时、分频及构成节拍脉冲发生器等。

计数器的种类很多，分类方法也不相同。

(1) 按计数进制分可分为二进制计数器、十进制计数器、任意进制计数器。

(2) 按计数的增减可分为加法计数器、减法计数器、可逆计数器。

(3) 按计数器中各触发器的翻转是否同步可分为异步计数器、同步计数器。

2. 集成计数器

1) 二进制同步计数器

74LS161 是四位二进制同步计数器，具有计数、保持、预置、清零功能，其逻辑符号如图 11-21 所示。

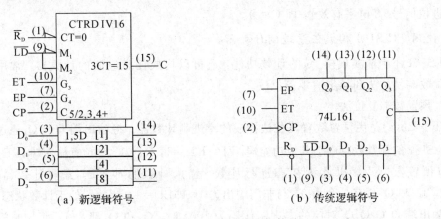

(a) 新逻辑符号　　　　　　　　　(b) 传统逻辑符号

图 11-21　74LS161 逻辑符号

在图中，$\overline{LD}$ 为同步置数控制端；D_0、D_1、D_2、D_3 为并行数据输入端；$\overline{R_D}$ 为异步置零端；EP 和 ET 为使能端；C 为进位输出端，当计数到 1111 时，进位输出端 C 送出进位信号（高电平有效），即 C＝1。表 11 - 11 是 74LS161 的功能表。

表 11 - 11　74LS161 的功能表

输　　　入									输　　　出				功能说明
CP	$\overline{R_D}$	$\overline{LD}$	EP	ET	D_0	D_1	D_2	D_3	Q_0	Q_1	Q_2	Q_3	
×	0	×	×	×	×	×	×	×	0	0	0	0	异步清零
↑	1	0	×	×	D_0	D_1	D_2	D_3	D_0	D_1	D_2	D_3	并行置数
×	1	1	0	×	×	×	×	×	Q_0	Q_1	Q_2	Q_3	保持
×	1	1	×	0	×	×	×	×	Q_0	Q_1	Q_2	Q_3	保持
↑	1	1	1	1	×	×	×	×					计数

根据功能表，可知 74LS161 具有如下功能：

（1）异步清零。

当清零控制端 $\overline{R_D}$＝0 时，输出端清零，与 CP 无关。

（2）同步预置数。

在 $\overline{R_D}$＝1 的前提下，当预置数端 $\overline{LD}$＝0 时，在输入端 $D_0 D_1 D_2 D_3$ 预置某个数据，则在 CP 脉冲上升沿的作用下，就将 $D_0 D_1 D_2 D_3$ 端的数据置入计数器。

（3）保持。

当 $\overline{R_D}$＝1、$\overline{LD}$＝1 时，只要使能端 EP 和 ET 中有一个为低电平，就使计数器处于保持状态。在保持状态下，CP 不起作用。

（4）计数。

当 $\overline{R_D}$＝1、$\overline{LD}$＝1、EP＝ET＝1 时，电路为四位二进制加法计数器。在 CP 脉冲的作用下，电路按自然二进制数递加，即由 0000→0001→…→1111。当计到 1111 时，进位输出端 C 送出进位信号（高电平有效），即 C＝1。

2）使用 74LS161 构成任意进制计数器

74LS161 不但能实现模 16 的计数功能，还可以构成任意进制的计数器。常用的方法有：预置数端复位法和异步清零复位法。

（1）预置数端复位法。

图 11 - 22(a) 是用预置数置复位法构成的十进制计数器。将输出端 Q_0、Q_3 通过与非门接至 74LS161 的预置数 $\overline{LD}$ 端，其他功能端：EP＝ET＝1，$\overline{R_D}$＝1。令预置输入端 $D_0 D_1 D_2 D_3$＝0000（即预置数"0"），以此为初态进行计数。输入计数脉冲 CP，只要计数器未计到 1001(9)，Q_0 和 Q_3 总有一个为 0，与非门输出为 1，即 $\overline{LD}$＝1，计数器处于计数状态。

当输出端 $Q_0 Q_1 Q_2 Q_3$ 对应的二进制代码为 1001 时，Q_0 和 Q_3 都为 1，使与非门输出为 0，即 $\overline{LD}$＝0，电路处于置数状态，在下一个计数脉冲（第十个）到来后，计数器进行同步预置数，使 $Q_0 Q_1 Q_2 Q_3 = D_0 D_1 D_2 D_3 = 0000$，随即 $\overline{LD} = \overline{Q_0 Q_3} = 1$，开始重新计数。

计数器的状态图如图 11-22(b)所示。

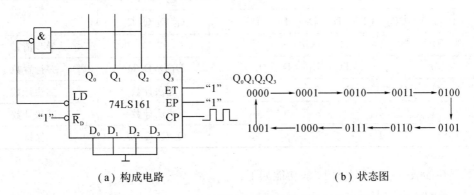

（a）构成电路　　　　　　　　（b）状态图

图 11-22　用预置数端复位法构成的十进制计数器

（2）异步清零复位法。

图 11-23(a)是采用异步清零复位法构成的十进制计数器。$ET = EP = 1$，置位端 $\overline{LD} = 1$，将输出端 Q_1 和 Q_3 通过与非门接至 74LS161 的复位端。电路取 $Q_0 Q_1 Q_2 Q_3 = 0000$ 为起始状态，则计入十个脉冲后电路状态为 1010，与非门的输出为 $\overline{Q_1 Q_3} = 0$，计数器清零。图 11-23(b)是计数状态图，图中虚线表示在 1010 状态有短暂的过渡状态。

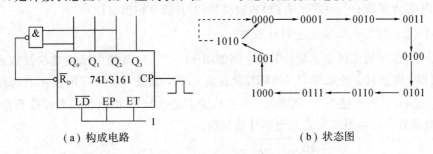

（a）构成电路　　　　　　　　（b）状态图

图 11-23　用异步清零复位法构成的十进制计数器

3）同步十进制可逆计数器

74LS192 是一个同步十进制可逆计数器，其逻辑符号如图 11-24 所示。

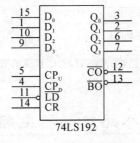

图 11-24　74LS192 的逻辑符号

表 11-12 是 74LS192 的功能表。

表 11 - 12　74LS192 的功能表

输　　入								输　　出	功能说明
CR	$\overline{LD}$	CP_U	CP_D	D_0	D_1	D_2	D_3	$Q_0\ Q_1\ Q_2\ Q_3$	
1	×	×	×	×	×	×	×	0　0　0　0	异步清零
0	0	×	×	D_0	D_1	D_2	D_3	$D_0\ D_1\ D_2\ D_3$	并行置数
0	1	↑	1	×	×	×	×	加法计数	加法计数
0	1	1	↑	×	×	×	×	减法计数	减法计数
0	1	1	1	×	×	×	×	$Q_0\ Q_1\ Q_2\ Q_3$	保持

根据功能表,可知 74LS192 的功能如下:

(1) 预置并行数据。

当预置并行数据控制端 $\overline{LD}$ 为低电平时,不管 CP 状态如何,可将预置数 $D_0D_1D_2D_3$ 置入计数器(为异步置数);当 $\overline{LD}$ 为高电平时,禁止预置数。

(2) 可逆计数。

当计数时钟脉冲 CP 加至 CP_U 端、CP_D 为高电平时,在 CP 上升沿作用下进行加计数;当计数时钟脉冲 CP 加至 CP_D 端且 CP_U 为高电平时,在 CP 上升沿作用下进行减计数。

(3) 具有清零端 CR(高电平有效)和进位端 $\overline{CO}$ 及借位输出端 $\overline{BO}$。

4) 用 74LS192 构成任意进制计数器

74LS192 也可构成任意进制计数器,例如图 11 - 25(a)就是用预置数法接成的五进制减法计数器。将预置数输入端 $D_0D_1D_2D_3$ 设置为 0101,按图 11 - 25(b)所示状态图循环计数。它是利用计数器到达 0000 状态时,将借位输出端 $\overline{BO}$ 产生的借位信号反馈到预置数端,将 0101 重新置入计数器来完成五进制计数功能。

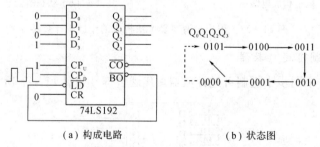

（a）构成电路　　　　　　　　（b）状态图

图 11 - 25　用预置数法将 74LS192 接成的五进制减法计数器

实训任务 **28**　八路抢答器电路的制作与调试

 任务实施

一、八路抢答器电路的制作

(1) 按照元器件清单查点元器件。

八路竞赛抢答器的各种元器件清单见表 11 - 13。

表 11 - 13　八路竞赛抢答器元器件清单

序　号	名称	型号	数量
1	8 - 3 线优先编码器	74LS148	1
2	RS 锁存器	74LS 279	1
3	4 - 7 段译码/驱动器	74LS48	1
4	共阴极数码管	BS205	1
5	4 - 2 输入与非门	74LS00	2
6	2 - 4 输入与非门	74LS20	1
7	3 - 3 输入与非门	74LS27	1
8	音乐片	KD - 9300	1
9	电阻	4.7 kΩ	11
10	电容器	0.01 μF	11
11	晶体管	9013	1
12	扬声器	8 Ω/2 W	1
13	面包板连线		若干
14	常开开关		9
15	5 V 电源	可用手机充电器	1

（2）用万用表对各种元器件进行测量。

（3）按照图 11 - 27 搭建电路（可在万用面包板上搭建此电路）。

（4）接通电源，将 S_0、S_1、S_2、S_3、S_4、S_5、S_6、S_7 八个开关分别按下，模拟八个抢答选手的动作，观察数码管的数字显示情况，看是否实现了八路竞赛抢答器电路的功能。

二、八路竞赛抢答器电路的设计提示

1. 制定八路竞赛抢答器电路的总体设计方案

八路竞赛抢答电路的总体设计参考框图如图 11 - 26 所示，电路由抢答器按键电路、8 - 3 线优先编码电路、锁存器电路、译码显示驱动电路、门控电路、"0"变"8"变号电路和音乐提示电路七部分组成。

当主持人按下再松开"清除/开始"开关时，门控电路使 8 - 3 线优先编码器开始工作，等待数据输入，此时优先按动开关的组号立即被锁存，并由数码管进行显示，同时电路发出音乐信号，表示该组抢答成功。与此同时，门控电路输出信号，将 8 - 3 线优先编码器处于禁止工作状态，对新的输入数据不再接受。

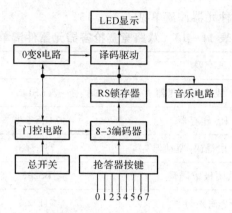

图 11 - 26　多路竞赛抢答器电路的总体设计参考框图

2. 设计八路竞赛抢答器电路

按照上述设计方案设计的八路竞赛抢答器电路图如图 11 - 27 所示。

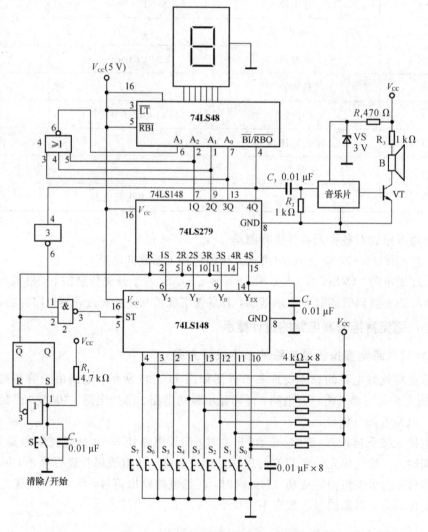

图 11 - 27　八路竞赛抢答器电路图

3. 八路竞赛抢答器各部分电路功能分析

1）门控电路的功能

门控电路采用基本 RS 触发器组成，接收由裁判控制的总开关信号，非门的使用可以使触发器输入端的 R、S 两端输入信号反相，保证触发器能够正常工作，禁止无效状态的出现。门控电路接收总开关的信号，其输出信号经过与非门 2 和其他信号共同控制 8-3 线优先编码器的工作。基本 RS 触发器可以采用现成的产品，也可以用两个与非门进行首尾连接来组成。

2）8-3 线优先编码电路 74LS148 的功能

8-3 线优先编码电路 74LS148：8-3 线优先编码 74LS148 电路完成抢答电路的信号接收和封锁功能，当抢答器按键中的任一个按键 S_n 按下使 8-3 线优先编码电路的输入端出现低电平时，8-3 线优先编码器对该信号进行编码，并将编码信号送给 RS 锁存器 74LS279。8-3 线优先编码器的优先扩展输出端 Y_{EX} 上所加电容 C_2 的作用是为了消除干扰信号。

3）RS 锁存器 74LS279 的功能

RS 锁存器 74LS279 的作用是接收编码器输出的信号，并将此信号锁存，再送给译码显示驱动电路进行数字显示。

4）译码显示驱动电路 74LS48 的功能

译码显示驱动电路 74LS48 将接收到的编码信号进行译码，译码后的七段数字信号驱动数码显示管显示抢答成功的组号。

5）抢答器按键电路

抢答器按键电路采用简单的常开开关组成，开关的一端接地，另一端通过 4 kΩ 的上拉电阻接高电平，当某个开关被按下时，低电平被送到 8-3 线优先编码电路的输入端，8-3 线优先编码器对该信号进行编码。每个按键旁并联一个 0.01 μF 的电容，其作用是为了防止在按键过程中产生的抖动所形成的重复信号。

6）音乐提示电路

音乐提示电路采用集成电路音乐片，它接受锁存器输出的信号作为触发信号，使音乐片发出音乐信号，经过三极管放大后推动扬声器发出声音，表示有某组抢答成功。

7）显示数字的"0"变"8"变号电路

因为人们习惯于用第一组到第八组表示八个组的抢答组号，而编码器是对"0"到"7"八个数字编码，若直接显示，会显示出"0"到"7"八个数字，用起来不方便。采用或非门组成的变号电路，将 RS 锁存器输出的"000"变成"1"送到译码器的 A_3 端，使第"0"组的抢答信号变成四位信号"1000"，则译码器对"1000"译码后，使显示电路显示数字"8"。若第"0"组抢答成功，数字显示的组号是"8"而不是"0"，符合人们的习惯。由于采用了或非门，所以对"000"信号加以变换时，不会影响其他组号的正常显示。

4. 八路竞赛抢答器电路的工作过程分析

在抢答开始前，裁判员合上"清除/开始"开关 S，使基本 RS 触发器的输入端 S＝0，由于有非门 1 的 0 信号输入作用，使触发器的输入端 R＝1，则触发器的输出端 Q 为 1，$\overline{Q}$ 为 0，使与非门 2 的输出为 1，74LS148 编码器的 ST 端信号为 1；ST 端为选通输入端，高电平有效，使集成 8－3 线优先编码器处于禁止编码状态，使输出端 Y_2、Y_1、Y_0 和 Y_{EX} 均被封锁。

这时触发器的输出端 $\overline{Q}$ 为 0，使 RS 锁存器 74LS279 的所有 R 端均为零，此时锁存器 74LS279 清零，使 BCD 七段译码驱动器 74LS48 的消隐输入端 $\overline{BI}/\overline{RBO}$＝0，数码管不显示数字。

当裁判员将"清除/开始"开关 S 松开后，基本 RS 触发器的输入端 S＝1，R＝0，触发器的输出端 Q 为 0、$\overline{Q}$ 为 1，使 RS 锁存器 74LS279 的所有 R 端均为高电平，锁存器解除封锁并维持原态，使 BCD 七段译码驱动器 74LS48 的消隐输入端 $\overline{BI}/\overline{RBO}$＝0，数码管仍不显示数字。

此时 RS 锁存器 4Q 端的信号 0 经非门 3 反相变 1，使与非门 2 的输入端全部输入 1 信号，则与非门 2 的输出为 0，使集成 8－3 线优先编码器 74LS148 的选通输入端 ST 为 0，74LS148 允许编码。从此时起，只要有任意一个抢答键按下，则编码器的该输入端信号为 0，编码器按照 BCD8421 码对其进行编码并输出，编码信号经 RS 锁存器 74LS279 将该编码锁存，并送入 BCD 七段译码驱动器进行译码和显示。

与此同时，74LS148 的 Y_{EX} 端信号由 1 翻转为 0，经 RS 锁存器 74LS279 的 4S 端输入后在 4Q 端出现高电平，使 BCD 七段译码驱动器 74LS48 的消隐输入端 $\overline{BI}/\overline{RBO}$＝1，数码管显示该组数码。

另外，RS 锁存器 4Q 端的高电平经非门 3 取反，使与非门 2 的输入为低电平，则与非门 2 的输出为 1，使 74LS148 的选通输入端 ST 为 1，编码器被禁止编码，实现了封锁功能。数码管只能显示最先按动开关的对应数字键的组号，实现了优先抢答功能。

5. 八路竞赛抢答器各部分电路的工作状态分析

八路竞赛抢答器电路的工作状态见表 11－14。

表 11－14　八路竞赛抢答器电路的工作状态表

功能	门控电路			RS 锁存器								编码器		译码器	数码管
	S	R	$\overline{Q}$	1R	1S	2R	2S	3R	3S	4R	4S	ST	Y_{EX}	$\overline{BI}/\overline{RBO}$	
清除	0	1	0	0	×	0	×	0	×	0	×	1	1	0	灭
开始	1	0	1	1	1	1	1	1	1	1	1	0	1	0	灭
按键	1	0	1	1	Y2	1	Y1	1	Y0	1	1	1	0	1	显示

6. 音乐集成电路的电源

当 74LS148 的 Y_{EX} 端信号由 1 翻转为 0 时，经 RS 锁存器 74LS279 的 4S 端输入后在 4Q 端出现高电平，触发音乐电路工作，发出音响。注意音乐集成电路的电源一般为 3 V，当电压高于此值时，电路将发出啸叫声，因此在电路中选用了一个 3 V 的稳压管稳定电源电压；R_4 为稳压管的限流电阻，音乐电路的输出经晶体管 VT 进行放大，驱动扬声器发出音乐。R_2、C_3 组成的微分电路为音乐电路提供触发信号，同时起到电平隔离的作用。

7. 整个电路的装配与调试

根据电路图，装配电路，检查无误后，通电进行检测，在各个集成电路正常工作后，进行模拟抢答比赛，查看数字显示是否正常，音乐电路是否正常工作。

当电路的基本功能实现后，再进行电路功能的扩展设计，并进行电路的装配和实验。

练　习　题

11-1　二进制加法计数器从零计到 3、9、15、68、255 等十进制数，需要使用多少个触发器？

11-2　如果要寄存 6 位二进制代码，至少要用几个触发器来构成寄存器？

11-3　如果要寄存 6 个十进制数的 BCD 代码，至少要用几个触发器来构成寄存器？

参考文献

[1] 刘蕴陶. 电工电子技术[M]. 北京：高等教育出版社，2016.

[2] 戴裕崴. 电工电子技术基础[M]. 2版. 北京：机械工业出版社，2014.

[3] 席德勋. 现代电子技术[M]. 北京：高等教育出版社，2015.

[4] 彭端. 应用电子技术[M]. 北京：机械工业出版社，2015.

[5] 《无线电》编辑部. 无线电元器件精汇[J]. 北京：人民邮电出版社，2000 - 2016.

[6] 《电子报》编辑部. 电子报合订本[J]. 成都：四川科学技术出版社，1995 - 2015.

[7] 国家技术监督局. 中华人民共和国国家标准 GB/T4728[M]. 北京：机械工业出版社，1996.

[8] 《电子制作》编辑部. 电子制作合订本[J]. 北京：电子制作杂志社，1998 - 2013.

[9] 沈任元. 数字电子技术基础[M]. 北京：机械工业出版社，2013.

[10] 李刚. 现代仪器电路[M]. 北京：机械工业出版社，2013.

[11] 张立. 电力电子场控器件及其应用[M]. 北京：机械工业出版社，2012.

[12] 何希才. 新型集成电路及其应用实例[M]. 北京：科学出版社，2013.

[13] 梁廷贵. 现代集成电路使用手册[M]. 北京：科学技术文献出版社，2013.

[14] 黄继昌. 数字集成电路应用 300 例[M]. 北京：人民邮电出版社，2012.

[15] 陈松. 数字逻辑电路[M]. 南京：东南大学出版社，2012.

[16] 王煜东. 传感器及应用[M]. 北京：机械工业出版社，2015.

[17] 陈尔绍. 传感器实用装置制作集锦[M]. 北京：人民邮电出版社，2014.

[18] 张中洲. 电路技术基础[M]. 重庆：重庆大学出版社，2013.

[19] 林平勇. 电工电子技术[M]. 北京：高等教育出版社，2014.

[20] 王文槿. 电工技术[M]. 北京：高等教育出版社，2013.